全国电力行业“十四五”规划教材
职业教育电力技术类项目制 新形态教材
“十四五”职业教育河南省规划教材

电力系统自动装置及运行

DIANLI XITONG ZIDONG ZHUANGZHI JI YUNXING

主　编　李全意　孙　帅
副主编　皮薇薇　王　珏　李　强
主　审　丁官元

中国电力出版社
CHINA ELECTRIC POWER PRESS

内 容 提 要

本书介绍了电网中常用自动装置的运行与维护。本书包含五个工作情境，分别为备用电源自动投入装置运行与维护、输电线路自动重合闸运行与维护、电力系统低频低压减负荷装置运行与维护、故障录波装置运行与维护、电力系统稳定控制装置运行与维护。每个情境下设置3～4个学习任务，都来自实际的继电保护工的工作内容，按由易到难的次序编排。

本书分为主体教材及活页式学生手册两部分，主体教材介绍任务实施所需的知识及技能，活页式学生手册包含任务实施过程中的任务准备、实施及评价所用的清单及表格，用于学生任务实施过程的记录、评价和拓展。

本书可作为高职院校电力技术类发电厂变电站、电力系统自动化等专业的理实一体的项目制教材，也可作为电力系统自动装置技术人员的培训用书。

图书在版编目（CIP）数据

电力系统自动装置及运行/李全意，孙帅主编．—北京：中国电力出版社，2023.8（2026.1重印）
ISBN 978-7-5198-7477-3

Ⅰ．①电… Ⅱ．①李… ②孙… Ⅲ．①电力系统－自动装置 ②电力系统运行 Ⅳ．①TM76 ②TM732

中国国家版本馆CIP数据核字（2023）第164401号

出版发行：中国电力出版社
地　　址：北京市东城区北京站西街19号（邮政编码100005）
网　　址：http://www.cepp.sgcc.com.cn
责任编辑：雷　锦（010-63412530）
责任校对：黄　蓓　常燕昆
装帧设计：王红柳
责任印制：吴　迪

印　　刷：北京九天鸿程印刷有限责任公司
版　　次：2023年8月第一版
印　　次：2026年1月北京第三次印刷
开　　本：787毫米×1092毫米　16开本
印　　张：19.5
字　　数：454千字
定　　价：65.00元

本书编写组

主　　编　李全意　孙　帅

副 主 编　皮薇薇　王　珏　李　强

编写人员（按姓氏笔画顺序）

尹相国　邓　拓　汤　超　李　绪

徐耀辉　徐　波

前言

本教材是由国家电网有限公司组织公司所属职业院校电力专业教师及公司企业专家共同开发的系列教材之一。本教材依据国家电网有限公司2018年修订的电力系统继电保护与自动化技术（继保及自控装置运维）专业人才培养方案编写。

本教材选取了电网中常用5种自动装置的部分检验为工作情境，分别为备用电源自动投入装置运行与维护、输电线路自动重合闸运行与维护、电力系统低频低压减负荷装置运行与维护、故障录波装置运行与维护、电力系统稳定控制装置运行与维护，每个情境下设置3～4个学习任务，每个学习任务又包括任务目标、任务描述、知识准备、任务准备（含工具准备、材料准备、人员准备、场地准备）、任务实施、任务评价、任务扩展等内容。各情境的学习任务都来自实际的继电保护工的工作内容，并按由易到难的次序编排。各学习任务中的知识部分完全依据学习任务的需要而编写，每个学习任务都配有评价表，以满足考核需要。

本教材分为主体教材及活页式学生手册两部分，主体教材介绍任务实施所需的知识及技能，活页式学生手册包含任务实施过程中的任务准备、实施及评价所用的清单及表格，用于任务实施的过程记录及评价。

本教材共五个情境，其中情境一各任务的任务实施部分由国网平顶山供电公司徐耀辉、国网中卫供电公司邓拓编写，情境二各任务的任务实施部分由国网郑州供电公司李绪编写，情境三各任务的任务实施部分由国网宁夏电力建设分公司徐波编写，情境四各任务的任务实施部分由国网宁夏电力检修公司尹相国、国网石嘴山供电公司汤超编写，情境五各任务的任务实施部分由国网郑州供电公司的王珏编写，情境一、二的知识部分由郑州电力高等专科学校李强编写，情境三、四的知识部分及任务拓展部分由郑州电力高等专科学校李全意编写，情境五的知识部分由郑州电力高等专科学校孙帅编写，情境一、二、五的任务拓展部分由郑州电力高等专科学校皮薇薇编写。全书由李全意、孙帅、皮薇薇、王珏、李强统稿，由李全意、孙帅担任主编。

湖北水利职业技术学院丁官元教授审阅了全稿，并提出了宝贵意见，在此表示衷心感谢。

由于编者能力有限，难免有错误及不妥之处，希望读者提出批评及指正。

编　者

2023年4月

教材使用指南

本教材选取了供电企业继电保护员日常工作中五种典型自动装置的部分检验作为工作任务，并围绕这些典型的工作任务编写了相关知识及技能，适合于行动式教学模式。

本教材各情境选择了一种特定型号（重合闸部分则根据需要选择了两种型号）的自动装置作为讲述对象，在教学实施时不能用其他型号的自动装置代替。

各情境相对独立，读者可根据实际情况调整各情境的次序。每个情境的最后一个工作任务及任务拓展部分对中级工来说难度较大，读者可以依据情况选用。

各工作任务通常有如下几个环节。

知识准备：介绍如装置的基本作用、结构、二次接线原理、工作逻辑、定值含义等，是当前任务实施必备的理论知识。

任务准备：介绍当前任务实施所需的场地、工具、仪器、仪表、资料及任务实施时的组织要求及安全措施。

任务实施：介绍工作任务的流程、工作标准、安全注意事项、技巧。

任务评价：结合任务实施阶段的标准操作流程和工艺要求而制订，用于教师对学生学习情况进行评价或学生自评。

任务拓展：介绍任务相关拓展知识、岗位更深层次的技能要求，主要用于学生自学或自我技能提升。

本教材中用到的图纸中来自实际工程案例，图中有些电气元件的文字符号与国家标准符号不一致，读者可参考附录。

本教材分为主体教材与活页式学生手册两部分，活页式学生手册用于学生学习情况的记录和评价，包含主体教材中任务准备、任务实施、任务评价中需要学生填写的部分。

目录

电力系统自动装置及
运行综合资源

前言
教材使用指南
情境一　备用电源自动投入装置运行与维护 …… 1
任务一　备用电源自动投入装置通用检验 …… 1
任务二　备用电源自动投入装置逻辑传动检验 …… 15
任务三　备用电源自动投入装置定值整定及定值检验 …… 25
任务四　备用电源自动投入装置异常判断与处理 …… 32
情境二　输电线路自动重合闸运行与维护 …… 37
任务一　输电线路三相一次自动重合闸动作逻辑检验 …… 37
任务二　输电线路三相一次自动重合闸同期功能检验 …… 54
任务三　输电线路单相重合闸功能检验 …… 64
任务四　自动重合闸的异常判断与处理 …… 74
情境三　电力系统低频低压减负荷装置运行与维护 …… 79
任务一　低频低压减负荷装置通用检验 …… 79
任务二　自动按频率减负荷动作定值及逻辑检验 …… 96
任务三　自动按电压减负荷动作定值及动作逻辑检验 …… 102
任务四　自动按频率电压减负荷装置的异常判断与处理 …… 108
情境四　故障录波装置运行与维护 …… 114
任务一　故障录波装置通用检验 …… 114
任务二　故障录波装置定值输入与启动量检验 …… 125
任务三　故障录波信息的调取与分析 …… 131
任务四　故障录波装置的异常处理 …… 139
情境五　电力系统稳定控制装置运行与维护 …… 144
任务一　电力系统稳定控制装置通用检验 …… 144
任务二　电力系统稳定控制装置动作逻辑检验 …… 161
任务三　电力系统稳定控制装置的异常判断与处理 …… 170
附录　电气文字符号释义 …… 175
参考文献 …… 177

情境一　备用电源自动投入装置运行与维护

情境描述

备用电源自动投入装置（简称备自投装置）属于电网安全自动装置。备用电源自动投入装置的检验，以及常见的异常及故障处理属于继电保护员的日常工作。继电保护及电网安全自动装置的检验可分为新安装检验、全部检验和部分检验。本情境以 RCS-9651C 型备用电源自动投入装置为工作实施对象，按照 DL/T 995—2016《继电保护和电网安全自动装置检验规程》规定的项目对该装置进行部分检验，并对装置常见的异常及故障进行处理。

情境目标

通过本情境学习，应达到以下目标：熟悉备用电源自动投入装置的工作原理、基本结构与二次回路；熟悉常见异常及故障的起因；熟悉各项检验的安全要求、目的及原理与方法，常见异常及故障的处理方法；熟悉检验报告的格式及填写要求；牢固树立安全风险防范意识，养成严谨、细致的工作态度，形成逻辑严密的思考习惯。

任务一　备用电源自动投入装置通用检验

任务目标

理解备自投装置在电力系统中的作用；理解备自投装置及其二次接线的基本原理；熟悉备自投装置基本信息的查询方法；熟知备自投装置相关的连接片的用途；理解备自投通用检验的目的、检验原理及各工具的用途、危险点分析方法及防范措施；熟悉备自投通用检验步骤；在专人监护和配合下完成备自投通用检验，并依据检验标准对检验结果进行正确的分析、判断。

任务描述

本任务主要完成备自投装置的通用检验，包括电源、装置采样、开入、开出、定值等 5 个方面的检验。本任务以 RCS-9651C 型备自投装置为例。

知识准备

一、备自投装置的作用

备用电源自动投入装置是当电力系统故障或其他原因使工作电源被断开后，能迅速将备用电源自动投入，使原来工作电源被断开的负荷能迅速恢复供电的一种自动装置。备用电源自动投入装置简称备自投装置，电气文字符号 AAT（旧称 BZT）。

备自投应用示例

如图 1 - 1 所示主接线，为了保证工作母线Ⅰ、Ⅱ所带负荷的供电可靠性，由两路进线供电，备自投装置可用于以下情况：

(1) 进线 1 为工作电源，进线 2 为备用电源。正常运行时，进线 1 断路器 QF1 和分段断路器 QF3 在合闸状态，进线 2 断路器 QF2 在断开状态，进线 1 带工作母线Ⅰ、Ⅱ的所有负荷。如果由于某种原因造成进线 1 失电，备自投装置可在 QF1 跳开之后自动合上 QF2，由进线 2 带工作母线Ⅰ、Ⅱ的所有负荷。

(2) 进线 2 为工作电源，进线 1 为备用电源。正常运行时，进线 2 断路器 QF2 和分段断路器 QF3 在合闸状态，进线 1 断路器 QF1 在断开状态，进线 2 带工作母线Ⅰ、Ⅱ的所有负荷。如果由于某种原因造成进线 2 失电，备自投装置可在 QF2 跳开之后自动合上 QF1，由进线 1 带工作母线Ⅰ、Ⅱ的所有负荷。

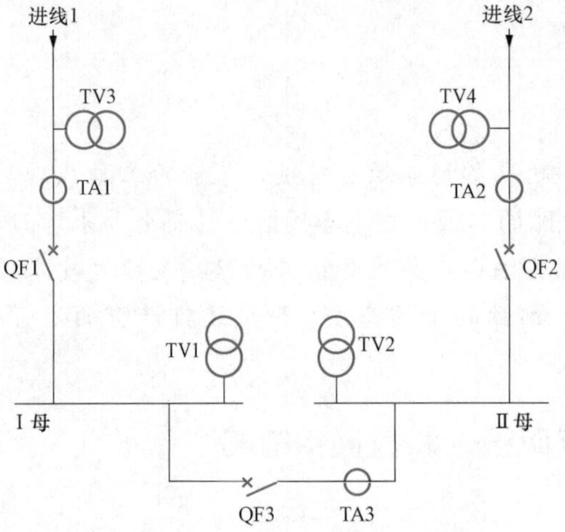

图 1 - 1 备自投装置应用主接线

由上述分析可知，在图 1 - 1 所示的主接线中，备自投装置在工作母线Ⅰ、Ⅱ失电后很快恢复它们的供电，保证了工作母线Ⅰ、Ⅱ所带负荷供电的可靠性。

目前采用的备自投装置都是微机式的。不同型号的备自投装置的硬件结构虽各有差异，但基本框架大致一样，都是以 CPU（目前多采用 DSP）为核心，配以扩展存储器以及外围模拟量输入电路、开关量输入/输出电路及人机接口电路等构成。备自投装置利用模拟量输入电路采集一次系统的相关电压、电流，利用开关量输入电路采集各相关断路器的位置信号，根据逻辑判断识别系统的运行状态，确定是否满足动作条件。当满足动作条件时，再通过开关量输出回路控制相关断路器的分、合，从而实现备用电源的自动投入。

下面以图 1 - 1 所示主接线为例介绍 RCS - 9651C 备自投装置在实际工程中的应用。

二、 RCS - 9651C 备自投装置保护屏及其二次回路

RCS - 9651C 备自投装置是目前应用非常广泛的备自投装置之一，它既有备用电源自动投入的功能，同时具有分段断路器的过电流保护功能和测控功能，该装置可组屏安装，也可以在开关柜就地安装。

（一） RCS - 9651C 备自投屏的构成

备自投屏的屏面布置图如图 1 - 2 所示。

PCS - 9651C
装置面板布置图

在图 1 - 2（a）中以观察到的设备有：1n RCS - 9651C，为备自投装置；FA1 为复归按钮，用于复归备自投装置的部分信号指示灯；QK1 为控制开关，用于在备自投保护屏处进行分段断路器的分、合闸操作；1S 为电编码锁，用于在备自投保护屏处操作分段断路器时防止误操作；连接片 1LP1～1LP18（名称及功能列于表 1 - 1 中）。

表 1-1　　备自投屏连接片（俗称压板）名称及功能

连接片编号	连接片名称	连接片作用
1LP1	闭锁备自投	备自投总闭锁连接片，投入后闭锁所有方式自投
1LP2	闭锁备自投 1	投入后用于闭锁方式 1 自投，依据方式投退
1LP3	闭锁备自投 2	投入后用于闭锁方式 2 自投，依据方式投退
1LP4	闭锁备自投 3	投入后用于闭锁方式 3 自投，依据方式投退
1LP5	闭锁备自投 4	投入后用于闭锁方式 4 自投，依据方式投退
1LP6	充电保护	分段断路器充电保护功能连接片
1LP7	置检修状态	检修时投入，动作报告不会上送监控，装置正常运行时退出
1LP8	遥跳	分段断路器遥控分闸控制连接片，遥控断路器时投入
1LP3	遥合	分段断路器遥控合闸控制连接片，遥控断路器时投入
1LP10	跳进线 1	自投装置动作于进线 1 断路器跳闸出口连接片
1LP11	合进线 1	自投装置动作于进线 1 断路器合闸出口连接片
1LP12	跳进线 2	自投装置动作于进线 2 断路器跳闸出口连接片
1LP13	合进线 2	自投装置动作于进线 2 断路器合闸出口连接片
1LP14	跳母联	自投装置动作于分段断路器跳闸出口连接片
1LP15	合母联	自投装置动作于分段断路器合闸出口连接片

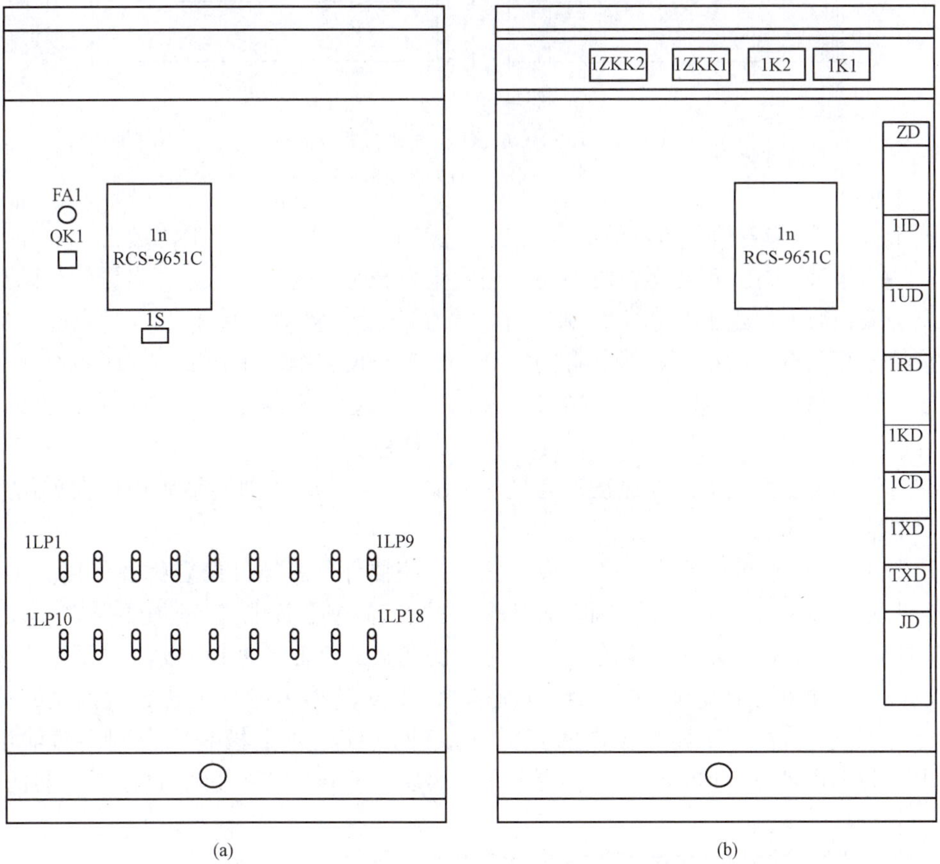

图 1-2　RCS-9651C 备自投屏面布置图

（a）正面布置图；（b）背面布置图

图1-2（b）中，安装于屏柜背面上部的空气开关分别为1K1是备自投保护装置直流电源空气开关，1K2是分段断路器直流操作电源空气开关，1ZKK1是Ⅰ段母线电压互感器二次电压空气开关，1ZKK2是Ⅱ段母线电压互感器二次电压空气开关。

RCS-9651C备自投装置面板图如图1-3所示。

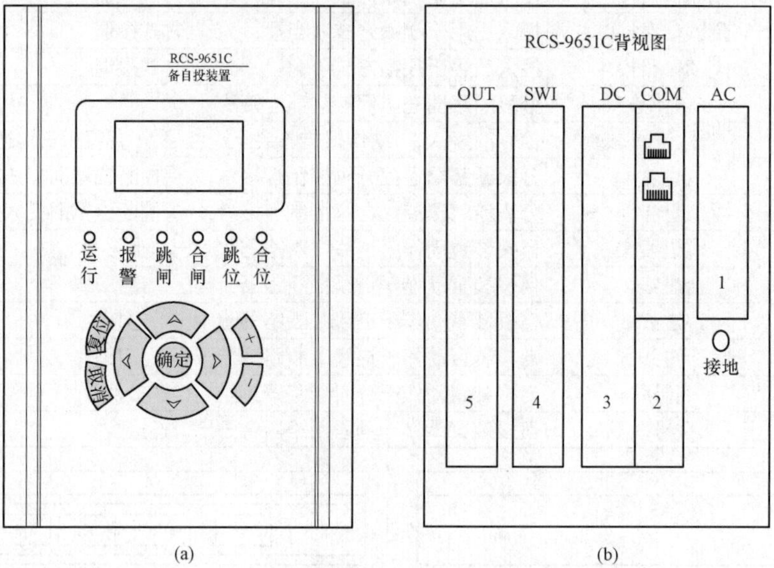

图1-3 RCS-9651C备自投装置面板图
（a）正面图；（b）背面图

图1-3（a）中各信号指示灯的含义是：①“运行”灯，装置正常运行时点亮，为绿色；②“报警”灯，正常运行时不亮，当发生报警时点亮，为黄色，当异常消除后按信号复归按钮后方可熄灭；③“跳闸”灯，当备自投装置动作跳闸出口时点亮，为红色，按信号复归按钮后熄灭；④“合闸”灯，当备自投装置动作合闸出口时点亮，为红色，按信号复归按钮后熄灭；⑤“跳位”灯，当分段断路器在分位时点亮，为绿色；⑥“合位”灯，当分段断路器在合位时点亮，为红色。

在备自投装置面板上，通过按键与显示屏配合可以实现人机对话，用以实现信息查看，定值输入等功能。

从图1-3（b）可以看出，备自投装置有5块插件，各插件的名称及作用分别是：1号插件为AC板，主要作用是将外部输入的交流电压及电流量进行变换、采集；2号插件为COM板，负责装置的通信、对时功能；3号插件为DC板，主要完成装置开关量输入采集和工作电源转换（将直流电源220V转换为备自投装置内部电路使用的电压）；4号插件SWI板为操作回路插件；5号插件OUT板是跳合闸出口输出插件，内部各继电器由CPU经开出电路驱动，实现与备自投工作相关的各断路器的分、合闸任务。

（二）RCS-9651C备自投屏的二次回路

1. 直流电源回路

图1-4所示是备自投装置的直流电源回路，外部220V直流电源（+KM、-KM）

经备自投屏端子排 ZD 段端子 ZD1、ZD9，再经空气开关 1K1，再经端子排 RD 段端子 RD1、RD30 接入备自投装置背板端子 303、304，给装置的内部电源回路供电；外部 220V 直流电源（＋KM、－KM）经端子排 ZD 段端子 ZD2、ZD10，再经空气开关 1K2，再经端子排 KD 段端子 KD1、KD24 接入备自投装置背板端子 402、420，供给分段断路器（图 1-1 中 3QF）控制回路的操作电源。

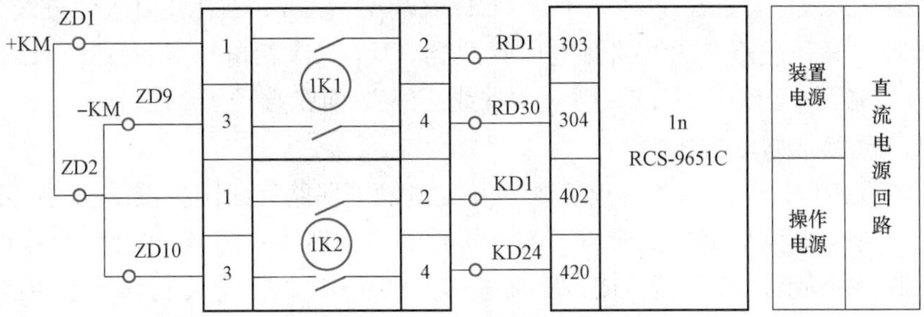

图 1-4　备自投装置直流电源回路

2. 交流输入回路

图 1-5 是 RCS-9651C 备自投装置的交流回路原理图。图 1-5 中的各母线、电压互感器（TV）、电流互感器（TA）编号与图 1-1 相对应，各空气开关编号与图 1-2 中各空气开关编号相对应。

图 1-5（a）中，母线Ⅰ进线电流互感器 TA1 二次侧电流取一相（1I1）经端子排 1ID 段端子 1ID1、1ID2 引入 RCS-9651C 备自投装置（接无电流判据端子 121、122）；母线Ⅱ进线电流互感器 TA2 二次侧电流取一相（1I2）经端子排 1ID 段端子 1ID3、1ID4 引入 RCS-9651C 备自投装置（接无电流判据端子 123、124）；分段电流互感器 TA3 二次电流取三相（1Ia、1Ib、1Ic）经端子排 1ID 段端子 1ID5、1ID6、1ID7 引入 RCS-9651C 备自投装置（接分段保护 TA 端子 113、115、117），三相电流分别从备自投装置端子 114、116、118 引出，在端子排上短接（1ID8、1ID9、1ID10）后至 TA 中性线；分段零序电流（I_0）经端子排 1ID 段端子 1ID11、1ID12 引入 RCS-9651C 备自投装置端子 119、120。

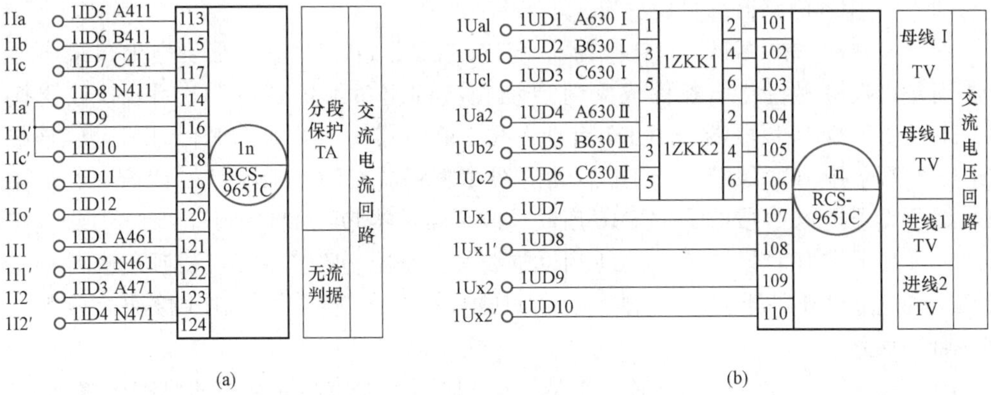

图 1-5　交流回路原理接线图

（a）交流电流回路接线图；（b）交流电压回路接线图

图 1-5（b）中，Ⅰ母线电压互感器 TV1 三相电压（1Ua1、1Ub1、1Uc1）分别经端子排 1UD 段端子 1UD1、1UD2、1UD3，再经空气开关 1ZKK1，接入备自投装置“母线Ⅰ TV”回路端子 101、102、103；Ⅱ母线电压互感器 TV2 三相电压（1Ua2、1Ub2、1Uc2）分别经端子排 1UD 段端子 1UD4、1UD5、1UD6，经空气开关 1ZKK2，接入备自投“母线Ⅱ TV”回路端子 104、105、106；线路 1 的线路压互侧电感器 TV3 二次相电压（1Ux1、1Ux1′）经端子排 1UD 段端子 1UD7、1UD8 引入“进线 1TV”回路端子 107、108；线路 2 的线路侧电压互感器 TV4 二次相电压（1Ux2、1Ux2′）经端子排 1UD 段端子 1UD9、1UD10 引入“进线 2TV”回路端子 109、110。

3. 开关量输入回路接线

图 1-6 是 RCS-9651C 备自投装置的开关量输入回路接线图。图 1-6 中各断路器编号与图 1-1 中各断路器编号相对应，各连接片编号与图 1-2 中各连接片编号相对应。

如图 1-6 所示，端子排 1RD 段端子 1RD2 为开关量输入回路的公用电源正极（+24V），公共端负极经端子排 1RD 段端子 1RD31 接备自投装置背板端子 305；充电保护投入连接片 1LP6 作为开入量接入备自投 313 端子；进线 1 断路器 QF1、进线 2 断路器 QF2 及分段（母联）断路器 QF3 的跳闸位置继电器 TWJ1、TWJ2、TWJ 触点作为开入量分别经端子排 1RD 段 1RD6、1RD9、1RD12 接入备自投端子 314、317、320；进线 1 断路器 QF1、进线 2 断路器 2QF 及母联断路器 QF3 的合后位置继电器触点 KKJ1、KKJ2、KKJ 作为开入量分别经端子排 1RD 段 1RD7、1RD10、1RD13 接入备自投端子 315、318、321；闭锁方式 1 连接片 1LP2、闭锁方式 2 连接片 1LP3、闭锁方式 3 连接片 1LP4、闭锁方式 4 连接片 1LP5、闭锁自投连接片 1LP1 作为开入量分别经端子排 1RD 段 1RD17、1RD19、1RD21、1RD15 接入备自投装置端子 322、323、324、325、326；Ⅰ段母线和Ⅱ段母线上需联切的出线断路器的跳闸位置继电器触点位置 1DLF、2DLF 作为开入量分别经端子排 1RD 段 1RD8、1RD11 接入备自投装置的 316、319 端子。信号复归按钮 FA1 作为开入量接入备自投装置端子 329，置检修状态连接片 1LP7 作为开入量接入备自投装置端子 330。

4. 开关量输出回路接线

如图 1-7 为 RCS-9651C 备自投装置开关量输出回路接线图。图 1-7 中各断路器编号与图 1-1 中各断路器编号相对应。

图 1-7（a）中，TJ1、HJ1、TJ2、HJ2、TJ3、HJ3 为备自投装置出口继电器触点，当备自投检测到动作条件成立时启动相应的出口继电器。TJ1 闭合，经连接片 1LP10 及端子排 1CD 段端子 1CD4 启动进线 1 断路器 QF1 跳闸；HJ1 闭合，经连接片 1LP11 及端子排 1CD 段端子 1CD5 启动进线 1 断路器 QF1 合闸；TJ2 闭合，经连接片 1LP12 及端子排 1CD 段端子 1CD10 启动进线 2 断路器 QF2 跳闸；HJ2 闭合，经连接片 1LP13 及端子排 1CD 段端子 1CD11 启动进线 2 断路器 QF2 合闸；TJ3 闭合，经连接片 1LP14 接通分段断路器 QF3 跳闸回路；HJ3 闭合，经连接片 1LP15 接通分段断路器 QF3 合闸回路。

图 1-7（b）中，TWJ、KKJ、HWJ 为分段断路器控制回路中的跳闸位置继电器、合后位置继电器、合闸位置继电器的触点，BSJ、BJJ、TXJ、HXJ 为备自投装置出口继电器触点。当备自投装置检测到外部二次电路异常时，备自投装置启动内部告警继电器

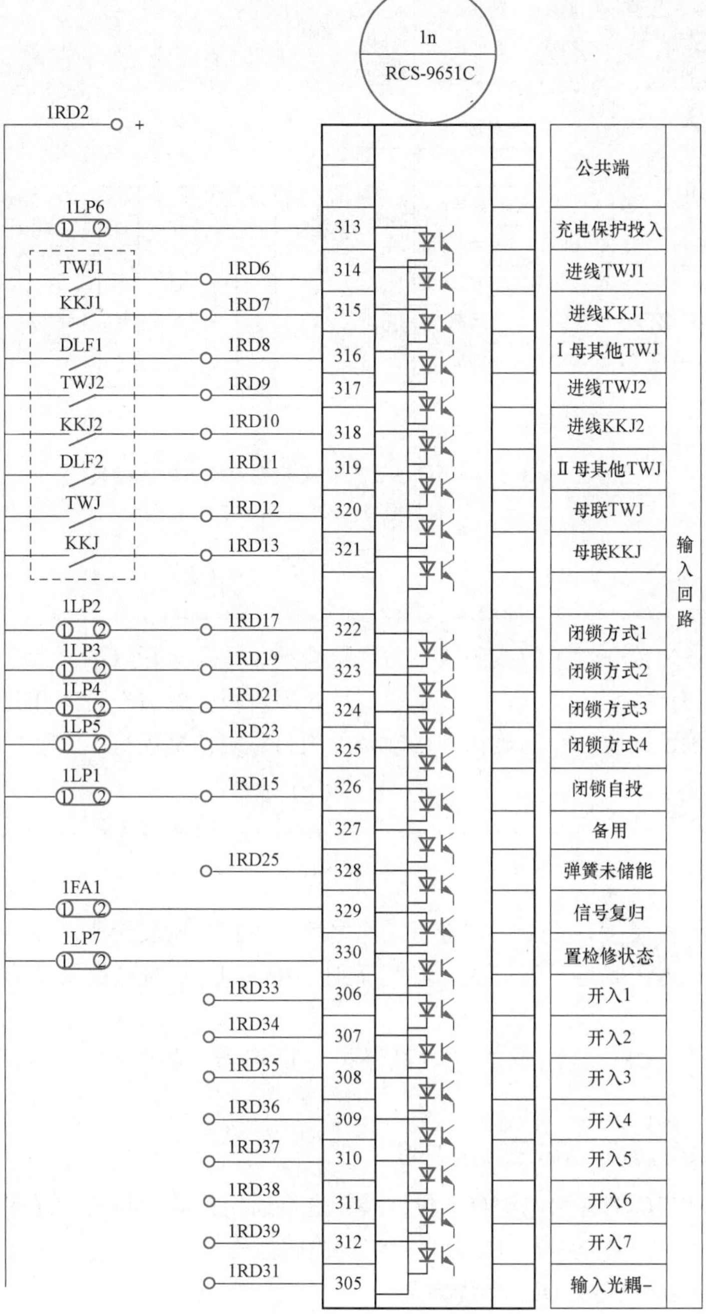

图 1-6　RCS-9651C 备自投装置开关量输入回路

BJJ，发出异常告警信号；当备自投装置检测到本身硬件故障（或备自投装置失电）时，内部继电器 BSJ 失磁（正常时 BSJ 励磁），发出装置闭锁信号；当备自投装置保护动作发出合闸命令时，启动 HXJ，发出保护合闸信号，保护动作发出跳闸命令时，启动 TXJ，发出保护跳闸信号。各告警信号经端子排 1XD，再经公共测控装置送入变电站监控计算机。

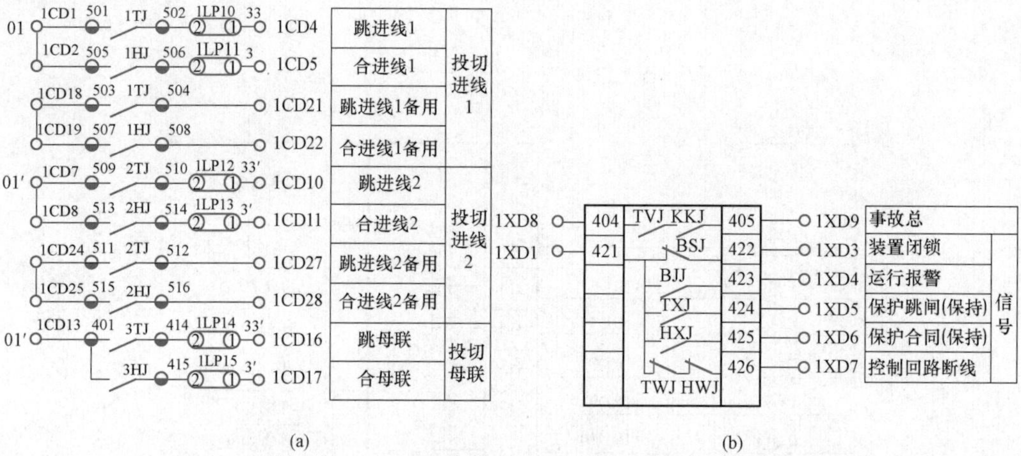

图1-7　RCS-9651C备自投装置开关量输出回路接线图

（a）投切回路；（b）中央信号

任务准备

在开展任务之前，学生应按照《电力系统自动装置及运行（活页式学生手册）》（简称《学生手册》）中表1-1～表1-5所列项目，逐条确认该项准备工作是否完成或该项注意事项是否确已知晓。在已确认和已知晓的项目后确认框内打√。

任务实施

一、准备工作

（1）为了人身及设备安全，在进行工作之前需执行二次安全措施票，检查备自投装置外部连接片在退出状态。请完成《学生手册》中表1-6的二次安全措施票，做好每一项标记。

（2）选择合适的试验地点放置微机保护测试仪器，将保护测试仪的接地点可靠接地。

二、备用电源自动投入装置通用检验

对RCS-9651C型备用电源自动投入装置进行通用检验，将检验结果记录于《学生手册》中的表1-7（RCS-9651C备自投装置检验报告）。

（一）屏柜及装置外观及接线检查

进行屏柜及装置外观检验的目的是了解装置的实际构成情况，核对实际装置与图纸、说明书等上的信息是否一致；接线检查是确认屏柜及装置接线完好，保证装置工作正常和运行安全。

（1）检查装置型号，参数是否符合设计。

（2）检查屏柜完好无损，切换开关、按钮按键、连接片操作灵活。

（3）检查装置插件安装紧固无松动。

（4）检查屏柜内部二次接线紧固。

（二）装置通电检查

（1）合上备自投屏上操作电源开关1K2（见图1-2中1K2），检查备自投装置运行灯不亮；合上备自投装置直流电源开关（见图1-2中1K1），检查装置运行灯应点亮，异常或告警灯不应点亮，液晶显示正常，无异常信息。

（2）按“▲”键进入主菜单。选择“版本信息”菜单中的“保护版本”。核对菜单版本及校验码与最新定值单内容是否一致。

（3）核对装置日期时钟及GPS对时；任意改变装置时间的秒数，对时应能自动校正。

（三）逆变电源检查

利用直流试验电源检验备自投装置内部逆变电源在直流电源缓慢上升时的自启动性能。

（1）断开直流屏上备自投保护屏直流电源。

（2）断开备自投装置所有跳、合出口连接片［如图1-2（a）中1LP10、1LP11、1LP12、1LP13、1LP14、1LP15］。

（3）拆除端子排上备自投装置直流电源进线端子（ZD1、ZD9）接线，并使用绝缘胶布包好。

（4）检查直流试验电源在停电状态。

（5）将直流试验电源直流输出端子（220V）接端子排ZD1（＋）、ZD9（-）端子。

（6）合上备自投装置直流电源开关1K1。

（7）启动直流试验电源，将直流试验电源由零缓慢上升至80%额定电压（176V），此时装置运行指示灯及液晶显示应点亮。

（8）固定试验电源为80%额定电压值，拉开再合上直流开关1K1三次，逆变电源应可靠启动（逆变电源插件面板上的电源指示灯应亮，备自投装置不误动，不误发信号）。

（9）断开备自投装置直流电源开关1K1。

（10）将直流试验电源断电，拆除试验接线。

（11）恢复端子排上备自投装置直流电源进线端子（ZD1、ZD9）接线。

（四）开关量输入回路检验

通过模拟外部开关量的变化来检验备自投装置开关量采集回路的正确性。

（1）合上备自投装置直流电源开关1K1，确认备自投装置无异常。

（2）操作备自投装置面板键盘“▲”键进入主菜单，选择“状态显示”菜单的“开关量状态”。

（3）依据图1-6，依次投退备自投保护屏下部1LP1、1LP2、1LP3、1LP4、1LP5、1LP6、1LP7、1FA1连接片，观察液晶显示屏上显示的保护开入量通断状态应与各压板功能一致，并做好记录。

（4）依据图1-6，使用短接线依次将输入回路公共端（1RD2，＋24V）与1RD6、1RD7、1RD8、1RD9、1RD10、1RD11短接，观察液晶显示屏上显示的保护开入量通断状态与图1-6中各开入量定义一致，并做好记录。

（5）断开备自投装置直流电源开关1K1。

（五）开关量输出回路检验

利用备自投装置的出口传动试验功能检验备自投装置各开关输出量出口能正常启

动。试验时，使用数字万用表测量出口继电器触点的导通与否。

测试要求投入备自投保护屏上“置检修状态”连接片，断开备自投装置交流电流、电压输入回路。

(1) 合上备自投装置直流电源开关1K1。

(2) 投入“置检修状态”连接片1LP7。

(3) 检查确认装置交流电压开关1ZKK1、1ZKK2在断开状态。

(4) 检查交流电流端子1ID5、1ID6、1ID7、1ID8、1ID1、1ID2、1ID3、1ID4确已断开，无交流量输入。

(5) 按备自投装置面板键盘“▲”键进入主菜单，选择“装置调试”菜单的“出口传动试验”。

(6) 通过按键选择跳进线1，并进行保护跳闸试验，用万用表电阻挡（或二极管挡）测量端子排端子1CD1与1CD4应导通，从而验证保护跳进线1继电器触点闭合[原理请参照图1-7（a）]。

(7) 用同样的方法依次进行其他开出量的保护出口试验：合进线1（测量1CD2与1CD5导通）；跳进线2（1CD7与1CD10导通）、合进线2（1CD8与1CD11导通）、跳分段（1CD13与1CD16导通）、合分段（1CD13与1CD17导通导通）。

(8) 用同样的方法依次进行各开出量的遥控跳、合闸出口试验，测试端子同上。

(9) 用同样方法进行报警开出量检验：依次进行事故总信号、装置闭锁、运行报警、保护跳闸、保护合闸等信号出口测试，分别测量对应端子排端子1XD1与1XD9、1XD1与1XD3、1XD1与1XD4、1XD1与1XD5、1XD1与1XD6是否导通[原理请参照图1-7（b）]。

(10) 记录试验结果，断开备自投装置直流电源开关1K1。

（六）定值整定检查

1. 定值整定

按照表1-2所示某供电区保护定值通知单进行定值整定。

(1) 合上备自投装置直流电源开关1K1。

(2) 按“▲”键进入主菜单，选择“装置整定”菜单的“保护定值”。

(3) 修改定值为表中数值，按确认键固化定值，若放弃按取消键。

(4) 整定完毕后按“复位”键，再次检查保护定值是否与定值通知单一致。

(5) 依此方法对软压板定值进行整定检查。

表1-2 某供电区变电站保护定值通知单

站名：某供电区变电站　　通知单编号：110kV备自投/2013-07-01号

保护装置：RCS-9651C　　110母联TA：600/5

序号	定值名称	符号	整定值	序号	定值名称	符号	整定值
1	有压定值	Uyy	70V	3	无压合闸定值	Uwy	30V
2	无压启动定值	Uwyqd	30V	4	备自投装置无流检查定值	Iwl	0.2A

续表

序号	定值名称	符号	整定值	序号	定值名称	符号	整定值
5	合闸同期角	DGhz	30°	19	低压闭锁定值	U1zd	65V
6	方式1跳闸时限	Tt1	5s	20	过电流Ⅰ段定值	I1zd	100A
7	方式2跳闸时限	Tt2	5s	21	过电流Ⅰ段时间	U1zd	30s
8	方式3跳闸时限	Tt3	5s	22	过电流Ⅱ段定值	I2zd	100A
9	方式4跳闸时限	Tt4	5s	23	过电流Ⅱ段时间	U2zd	30s
10	方式12合闸短时限	Th1	0.1s	24	零序过电流定值	I3zd	100A
11	方式12合闸长时限	Th2	0.1s	25	零序过电流时间	U3zd	30s
12	方式34合闸时限	Th34	0.1s	26	过电流加速段定值	Ijszd	14A
13	I1过负荷减载电流定值	I1jz	9.99A	27	过电流加速段时间	Tjszd	0.1s
14	I2过负荷减载电流定值	I2jz	9.99A	28	零序加速段定值	I0jszd	2A
15	第一轮减载动作延时	Ijz1	50ms	29	零序加速段时间	T0jszd	0.1s
16	第二轮减载动作延时	Ijz2	50ms	30	充电过电流定值	Icdzd	100A
17	第三轮减载动作延时	Ijz3	50M	31	充电零序过电流定值	I0cdzd	100A
18	负序电压闭锁定值	U2zd	7V				
整定控制字（置“1”相应功能投入，置“0”相应功能退出）							
1	备自投方式1	MBA1	1	11	加速备自投34	JS34	0
2	备自投方式2	MBA2	1	12	检同期1	JTQ1	0
3	备自投方式3	MBB1	0	13	检同期2	JTQ2	0
4	备自投方式4	MBB2	0	14	检同期3	JTQ3	0
5	线路电压1检查	JXY1	1	15	方式12启动过负荷减载	FHJZ12	0
6	线路电压2检查	JXY2	1	16	方式34启动过负荷减载	FHJZ34	0
7	联跳Ⅰ母断路器	JLT1	0	17	过电流Ⅰ段	GL1	0
8	联跳Ⅱ母断路器	JLT2	0	18	过电流Ⅰ段经复压闭锁	UBS1	0
9	手跳不闭锁备自投	STBBS	0	19	过电流Ⅱ段	GL2	0
10	加速备自投12	JS12	0	20	过电流Ⅱ段经复压闭锁	UBS2	0

续表

序号	定值名称	符号	整定值	序号	定值名称	符号	整定值
21	零序过电流段	GL0	0	24	零序加速段	GL0js	1
22	过电流加速段	GLjs	1	25	自投闭锁加速段	BSJS	0
23	过电流加速段经复压闭锁	UBSjs	0	26	充电保护	CDBH	0
软压板							
1	备自投投入		1	8	过电流Ⅰ段		0
2	备自投方式1		1	9	过电流Ⅱ段		0
3	备自投方式2		1	10	零序过电流段		0
4	备自投方式3		0	11	过电流加速段		1
5	备自投方式4		0	12	零序加速段		1
6	方式12启动过负荷减载		0	13	充电保护		0
7	方式34启动过负荷减载		0				
批准：		审定：		校对：		计算：	
定值回执单：110kV备自投/2013-07-01号				定值改完后请将回执单返回地调运方组			
地调调度员：		执行人：			日期：		

注 1. 按进线备自投投入方式1，方式2软压板，具体方式的判断靠外部硬连接片投退。

2. 过流保护和充电保护正常运行退出，需要时根据实际情况调整定值、控制字和软压板。

2. 定值区切换

（1）操作备自投装置面板上“▲”键进入主菜单。

（2）选择“装置整定”菜单的“系统定值”。

（3）修改“保护定值区号”内容，整定完后按确认键固化定值，按“复位”键。

（4）检查装置液晶显示定值区是否一致。

说明：RCS-9651C备自投装置有15个独立的定值区，可以分别整定并提前录入装置。当系统运行方式改变时，可以通过切换定值区的方法，快速改变保护定值，从而满足电力系统不同的运行工况。在正常运行时，运行定值区可以是其中任意一个，并且仅有运行定值区的保护定值有效。其余定值例如“系统参数”定值、“通信参数”定值、“辅助参数”定值、“软压板状态”等并不分区，为所有定值区公用。

3. 整定值的失电保护功能检验

（1）断开再合上备自投装置直流电源开关1K1。

（2）检查保护装置的整定值在直流失电后不会丢失。

（3）断开备自投装置直流电源开关1K1。

（七）交流模拟量检查

利用微机保护测试仪交流试验功能对备自投装置交流模拟量采集精度进行检验。

1. 试验准备

（1）检查备自投装置直流电源开关1K1在断开位置。

（2）检查交流电压开关1ZZK1、1ZZK2在断开位置。

（3）检查交流电压、交流电流输入端子1UD1～1UD10以及1ID1～1ID12确已拆开，并已做好绝缘。

（4）将微机保护测试仪可靠接地。

（5）依据图1-8将测试仪器与被试装置进行测试线连接。图1-8中，ID、UD分别是备自投保护屏端子排上电流、电压端子；图1-8接线仅用于检查进线1、进线2无流判据电流及母线Ⅰ、Ⅱ电压，其他电压、电流模拟量检查试验接线可参照图1-5自己拟定。

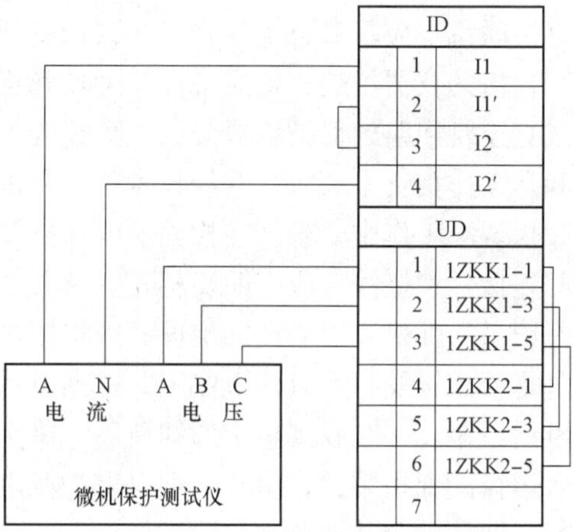

图1-8　交流模拟量检查试验接线图

注意事项：试验接线接触必须良好、可靠并有防止脱落措施；试验人员检查试验接线正确后，由试验负责人复查试验接线正确后，在征得试验负责人同意后，方可开始进行交流模拟量测试；在试验过程中要进行呼唱并加强监护；试验人员与测试部位保持足够安全距离，并应站在绝缘垫上；试验人员的手应放在测试仪开关附近，随时警戒异常情况的发生。

2. 检验步骤

（1）合上备自投装置直流电源开关1K1，检查备自投装置无异常。

（2）进行零漂检查。操作备自投装置面板上“▲”键进入主菜单，选择“状态显示”菜单的“采样值显示”，观察装置显示的电压和电流零漂值；选择“状态显示”菜单的“遥测量显示”观察装置显示的电压和电流零漂值。电流零漂值在0.05A以内，电压零漂值在0.05V以内。

（3）合上交流电压开关1ZZK1、1ZZK2。

（4）进行模拟量精度检验。打开测试仪电源，进入交流测试程序，分别向装置通入三相正序电流1A、三相正序电压57.7V，在“采样值显示”“遥测量显示”菜单下分别检查装置显示电流、电压量、相角的精度，并计算测量误差（误差要求小于3%）。

三、结束工作

以上检验工作全部完成后，对照《学生手册》中表1-8所示结束工作清单对每一项目进行检查确认，整个试验过程结束。

任务评价

需要进行教学评价时，教师或互评小组对学生小组执行工作任务的整个过程按照《学生手册》中表1-9（备用电源自动投入装置通用检验任务评价表）及时记录并予以评价。

任务扩展

一、 工作标准

依据《继电保护和电网安全自动装置现场工作保安规定》，有以下要求：

（1）现场工作前的准备。了解工作地点一、二次设备运行情况，此工作与运行设备有无直接联系。应具备与实际状况一致的图纸、上次检验记录、最新整定通知单、检验规程、合格的仪器仪表、备品备件、工具和连接导线。对一些主要的，特别是复杂保护装置或有连跳回路的保护装置等的现场校验工作，应编制经技术负责人审批的技术负责方案和有工作负责人填写，并经技术负责人审批的继电保护安全措施票。

（2）现场工作中要求。在检验继电保护及二次回路时，凡与其他运行设备二次回路相连的连接片和接线，应有明显标记，并按安全措施票仔细地将有关回路断开或短路，并做好记录。保护装置调试的定值必须根据最新整定值通知单规定，先核对通知单与实际设备是否相符及有无审核人签字。根据电话通知整定时，应在正式的电话运行记录簿上做电话记录，并在收到整定通知单后，将实验报告与通知单逐条核对。对运行中或准备投入运行的保护装置，应按《继电保护及电网安全自动装置检验条例》和有关检验规程进行定期检验和其他各种检验工作。

二、 检验项目

DL/T 995—2016《继电保护和电网安全自动装置检验规程》关于备用电源自动投入装置检验项目的规定如下：

（1）备用电源自动投入装置全部检验项目。

1）外观检查。

2）交流回路的绝缘检查（仅对停电元件）。

3）上电检查（时钟、保护程序的版本号、校验码等程序正确性及完整性的检查）。

4）逆变电源工作正确性及可靠性的检验。

5）检查设计及制造部门提出的抗干扰措施的实施情况。

6）数据采集回路正确性、准确性的测定。

7）各开出、开入回路工作性能的检验。

8）检验各信号回路正常。

9）装置整组动作时间的测定。

10）装置整组试验（允许用导通方法分别证实到每个断路器接线的正确性）。

11）核对定值。

（2）备用电源自动投入装置部分检验项目。

1）外观检查。

2）交流回路的绝缘检查（仅对停电元件）。

3）上电检查（时钟、保护程序的版本号、校验码等程序正确性及完整性的检查）。

4）逆变电源工作正确性及可靠性的检验。

5）数据采集回路正确性、准确性的测定。

6）装置整组试验（允许用导通方法分别证实到每个断路器接线的正确性）。

7）核对定值。

任务二　备用电源自动投入装置逻辑传动检验

任务目标

理解备自投装置的各类自投方式，并能依据一次系统及其运行方式正确选择合适的备自投方式；理解备自投装置的充电条件、放电条件、闭锁逻辑，熟悉备自投的动作过程；理解备自投装置逻辑传动检验的目的、各工具的用途、危险点分析方法及防范措施；熟悉备自投装置逻辑传动检验的接线、检验原理及检验的步骤；在专人监护和配合下完成备自投装置逻辑传动检验，并依据检验标准对检验结果进行正确的分析、判断。

任务描述

本任务以分段备自投方式为例，实施对备自投装置的充电逻辑检验、闭锁逻辑检验和动作正确性检验。本任务以 RCS-9651C 型备用电源自动投入装置为例。

知识准备

一、备自投分类

按照备自投装置控制合闸的对象不同，备自投通常可分为母线分段备自投、变压器备自投和进线备自投三种。

1. 母线分段备自投

如图 1-1 所示，如果在正常运行时，分段断路器 QF3 断开，断路器 QF1、QF2 闭合，母线分段运行。进线 1 为Ⅰ段母线的主供电源、Ⅱ段母线的备用电源；进线 2 为Ⅱ段母线的主供电源、Ⅰ段母线的备用电源。备自投装置控制合闸的对象为分段断路器 QF3，也就是说在分段断路器 QF3 上配置了备自投装置。当工作电源或工作母线失电时，备自投装置动作将分段断路器 QF3 合闸，保证失电母线上的负荷能恢复供电继续运行。

母线分段备自投有两种工作情况：第一种情况是当Ⅰ段母线由于正常停电以外的任何原因失电时，备自投装置确认进线 1 无电流、Ⅱ段母线正常运行时，跳开 QF1，确认 QF1 跳开后，向 QF3 发合闸命令，QF3 合闸成功后，进线 2 带母线Ⅰ和母线Ⅱ上的全部负荷继续运行；第二种情况是当Ⅱ段母线因正常停电以外的任何原因失电时，确认进线 2 无电流，跳开 QF2，再判断Ⅰ段母线正常运行，确认 QF2 跳开后合 QF3，进线 1 带母线Ⅰ和母线Ⅱ上的全部负荷继续运行。

2. 变压器备自投

如图 1-9 所示，T1 和 T2 为工作变压器，T0 为备用变压器。正常运行时，Ⅰ段母线和Ⅱ段母线分别通过变压器 T1 和 T2 获得电源，即 QF1 和 QF2 在合闸状态，QF3 和 QF4 在合闸状态，QF5、QF6 和 QF7 断开。正常运行时备用电源断开（不工作）。

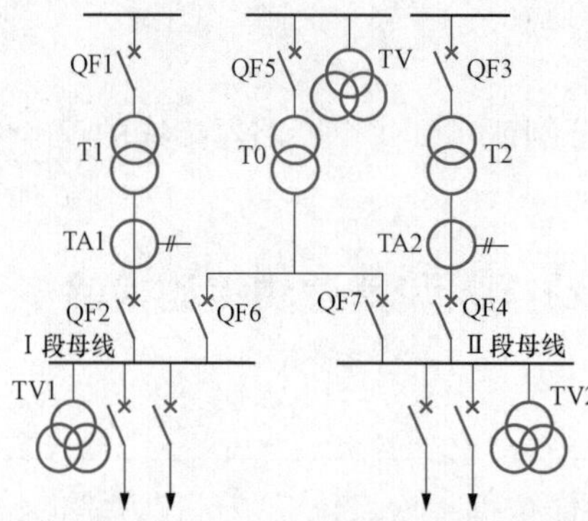

图 1-9 变压器备自投主接线

变压器备自投

变压器备自投的工作过程：当Ⅰ段（或Ⅱ段）母线因任何原因失电时，若母线进线无流、备用母线有电压，则备自投装置在确认 QF2（或 QF4）断开后将 QF5、QF6（或 QF5、QF7）合闸，投入备用变压器 T0，恢复对Ⅰ段（或Ⅱ段）母线负荷的供电。在变压器备自投中，备自投装置控制合闸的对象是备用变压器各侧（或某侧）的断路器。

如图 1-10 所示是变压器备自投第二种主接线形式。图中 T1 为工作变压器，T2 为备用变压器。正常运行时，通过工作变压器 T1 给负荷母线供电，QF1 和 QF2 闭合；变压器 T2 处于冷备用状态，QF3 和 QF4 断开。当变压器 T1 故障退出运行后，备自投装置投入备用变压器 T2，给负荷连续、可靠供电。

3. 进线备自投

如图 1-11 所示为进线备自投主接线。正常运行时，断路器 QF1 和 QF2 的其中一个合闸，另一个断开。断路器合闸的线路作为工作线路，断路器断开的线路作为备用线路。

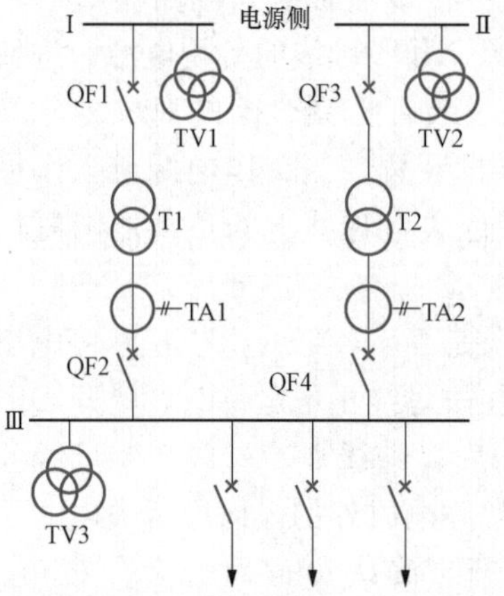

图 1-10 变压器备自投第二种主接线

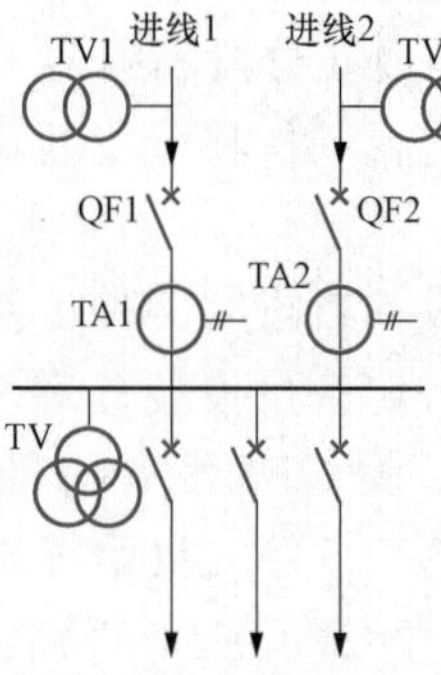

图 1-11 进线备自投主接线

假设线路 1 工作，QF1 合闸，线路 2 备用，QF2 断开。此时进线备自投的工作过程为：当母线因各种原因失压时，备自投装置检测工作线路 1 无电流、备用线路 2 有电压，跳开 QF1，确认 QF1 跳闸后合 QF2，恢复对负荷的供电。

需要指出，图 1-1 中，若正常运行时分段断路器 QF3 在合闸状态，进线 1、进线 2 有一个在工作状态，一个在备用状态，备自投把备用线路投入运行的方式也同样属于进线备自投。

二、 备自投装置的自动投入方式

备自投装置的自投方式

RCS-9651C 备自投装置针对控制对象不同设计了四种备自投方式：备自投方式 1、备自投方式 2、备自投方式 3 和备自投方式 4。备自投装置在实际应用时需要预先根据一次系统的正常运行方式确定对应的备自投方式，只有备自投方式选择正确，才能确保备自投装置正确工作。

通常情况下，线路/变压器备自投可选用备自投方式 1、备自投方式 2；分段（桥）备自投可选用备自投方式 3、备自投方式 4。

如图 1-12 所示，RCS-9651C 备自投装置分别从 TV3、TV4 引入电压 U_1（含 U_{ab1}、U_{bc1}、U_{ca1}）、U_2（含 U_{ab2}、U_{bc2}、U_{ca2}），用于母线Ⅰ、母线Ⅱ有压、无压判别，分别从 TV1、TV2 引入进线 1、进线 2 电压 U_{x1} 和 U_{x2} 作为自投准备及动作的辅助判据（可经控制字选择是否使用），从 TA1、TA2 各引入进线 1、进线 2 的一相电流 I_1 和 I_2，作为母线失压的辅助判断（可防止 TV 三相断线后造成备自投装置误动）以及断路器跳闸与否的辅助判断。

RCS-9651C 备自投装置引入进线 1、进线 2 和分段断路器的位置接点（引自各断路器跳闸位置继电器 TWJ 动合触点），用于系统运行方式判别、自投准备及自投动作（若需要检测联跳断路器是否跳开，则应将Ⅰ母需要联跳的断路器位置接点串联引入 1DLF，将Ⅱ母需要联跳的开关位置接点串联引入 2DLF）。RCS-9651C 备自投装置引入了进线 1、进线 2 和分段断路器的合后位置信号（从各断路器操作回路 KKJ 引来），作为各种运行情况下自投的手跳闭锁。

分段断路器的跳闸位置信号 TWJ 和合后位置信号 KKJ 可以从备自投装置自身操作回路引入，也可以通过辅助参数整定从外部引入。

下面以图 1-12 为例，说明备自投装置的四种备自投方式。

基于图 1-12 所示主接线的 RCS-9651C 备自投装置。其进线备自投方式有四种。

1. 备自投方式 1

进线 1 运行，进线 2 备用，即 QF1、QF3 在合位，QF2 在分位。当进线 1 因为故障导致失电后，进线 2 应能自动投入。

2. 备自投方式 2

进线 2 运行，进线 1 备用，即 QF2、QF3 在合位，QF1 在分位。当进线 2 因为故障导致失电后，进线 1 应能自动投入。

3. 备自投方式 3

正常运行时进线 1、2 分列运行，分段备用，即 QF1、QF2 在合位，QF3 在分位。当工作母线Ⅰ因故失电后，备自投自动投入分段断路器 QF3，由进线 2 带母线Ⅰ、Ⅱ负荷运行。

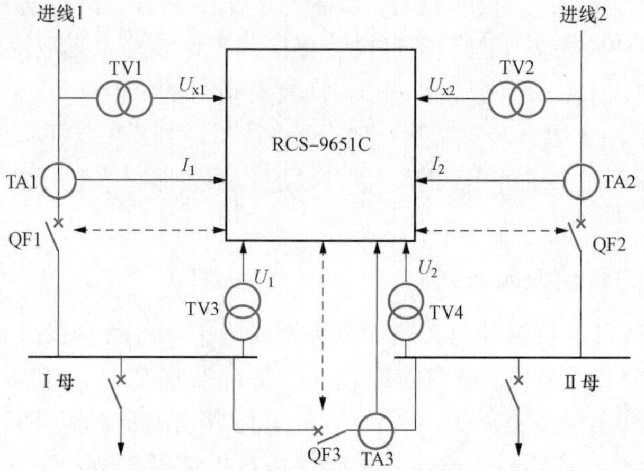

图 1-12　RCS-9651C 备自投接线

4. 备自投方式 4

正常运行时进线 1、2 分列运行，分段备用，即 QF1、QF2 在合位，QF3 在分位。当工作母线Ⅱ因故失电后，备自投自动投入分段断路器 QF3，由进线 1 带母线Ⅰ、Ⅱ负荷运行。

三、 备自投的动作逻辑

不同的备自投方式有不同的动作逻辑，由上述备自投方式的定义可知，备自投方式 1 和 2 的动作逻辑相似，备自投方式 3 和 4 的动作逻辑相似。下面以图 1-12 的备自投方式 3 为例说明备自投的动作逻辑。

1. 跳、投逻辑

按照 GB/T 14285—2006《继电保护和安全自动装置技术规程》的规定，应保证在工作电源或设备断开后，才投入备用电源或设备。所以图 1-12 在备自投方式 3 时必须先跳 QF1 后再合 QF3。

备自投装置动作逻辑（备投方式 3）

(1) 跳开 QF1 逻辑。在图 1-12 所示主接线中选用备自投方式 3 时，备自投装置检测到Ⅰ母无压（Ⅰ母线三线电压均小于无压启动定值）、进线 1 无流（I_1 低于无流定值）、Ⅱ母有压三个条件同时满足时启动，经 T_{t3} 延时后跳开 QF1（同时跳开Ⅰ母需要联切的负荷），如图 1-13所示。

若 QF1 偷跳闸或因其他原因自动跳开，且加速备自投方式 34 控制字为 1 时，备自投装置经 40ms 延时对 QF1 补发一次跳闸命令（同时跳开需要联切的负荷），提前启动备自投合闸逻辑（不经延时 T_{t3}）。

图 1-13 中“CD3”表示备自投充电时间已满，“MB3＝1”表示备自投方式 3 控制字投入，“$I_1 < I_{w1}$”表示进线 1 电流 I_1 小于无流检查定值 I_{w1}，“$U_{2max>}$”表示Ⅱ母线有压条件满足，“$U_{1max<}$”表示Ⅰ母线无压条件满足，“JS34＝1”表示加速备自投方式 34 投入，“t_3”表示备自投方式 3 跳闸时限，“&”表示逻辑“与”，“≥”表示逻辑“或”，“$*T_{tmhc}$”表示为确保证断路器可靠跳合闸的延时，“TJ1”是备自投装置内部跳闸出口继电器，跳 QF1。

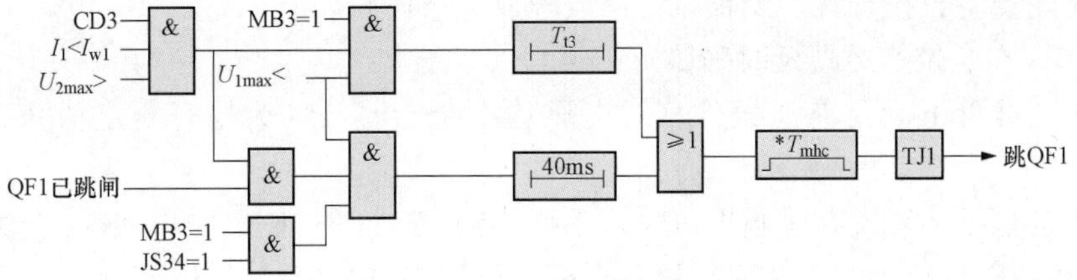

图 1 - 13　备自投方式 3 跳 QF1 逻辑图

若“加速备自投 34”控制字为 1，当备自投启动后，若 QF1 主动跳开，则延时 40ms 空跳 QF1（同时跳开需要联切的负荷）。

（2）合 QF3 逻辑。确认 QF1 跳开（且联切负荷断路器跳开）后，且Ⅰ母无压（三线电压均小于无压合闸定值）或满足同期条件 3（负荷侧有电源时，检同期 3 投入时）经 T_{h34} 延时合上 QF3，如图 1 - 14 所示。

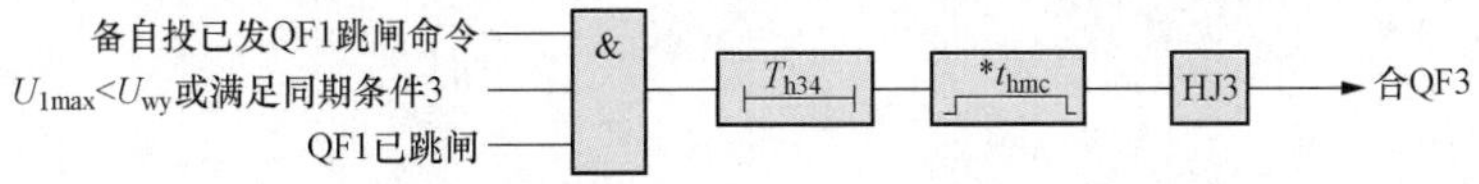

图 1 - 14　备自投方式 3 合 QF3 逻辑图

图 1 - 14 中，“$U_{1max}<U_{wy}$”表示Ⅰ母线 TV 二次侧三相电压最大值低于无压启动定值，“T_{h34}”表示备自投方式 34 合闸时限。

2. 充电及闭锁逻辑

按照 GB/T 14285—2006《继电保护和安全自动装置技术规程》的规定，自动投入装置应保证只动作一次。为满足这个要求，微机式备自投装置普遍利用内部计时模拟电容器的充电计时，采用充放电逻辑来控制备自投的启动，充电时间一般取 10～15s。只有在充电时间满之后才允许备自投动作，放电条件成立则闭锁备自投装置。

（1）充电逻辑。当两段母线分列运行，工作在备自投方式 3 时，备自投的充电条件为：

1）Ⅰ母、Ⅱ母均三相有压；

2）QF1、QF2 在合位，QF3 在分位。

上述两个条件成立、且没有闭锁条件的情况下，经备自投充电时间后充电完成。备自投方式 3 充电逻辑如图 1 - 15 所示。该逻辑主要是为了确定一次系统运行方式与备自投方式 3（或 4）是否一致。

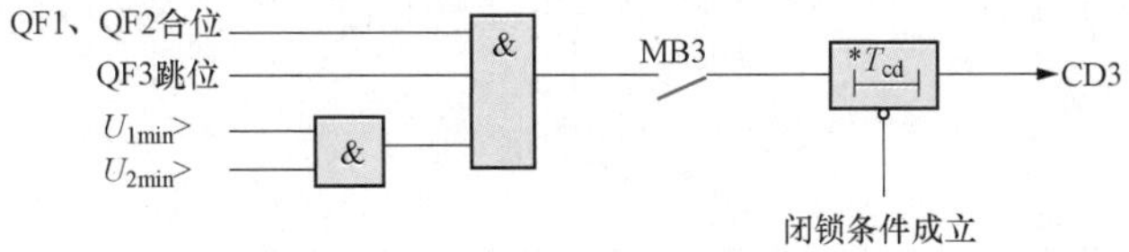

图 1 - 15　备自投方式 3 充电逻辑

图 1 - 15 中，“$U_{1min>}$”表示Ⅰ母线满足有压条件，“$U_{2min>}$”表示Ⅱ母线满足有压条件，“T_{cd}”表示备自投充电时间。其他符号与图 1 - 13 相同。

（2）闭锁逻辑。当闭锁条件满足时，图 1 - 15 中充电标识 CD3 清零（通常称为放电），同时闭锁备自投装置。闭锁条件（或称放电条件）如下：

1）QF3在合位（经短延时确认）；

2）Ⅰ、Ⅱ母不满足有压条件（线电压均小于U_{yy}，U_{yy}为检有压定值），延时15s闭锁；

3）该备自投装置没有跳闸出口时，手跳QF1或QF2（KKJ1或KKJ2变为0）（该条件可由用户退出，即“手跳不闭锁备自投”控制字整为1）；

4）引至“闭锁方式3自投”和“自投总闭锁”开入的外部闭锁信号；

5）QF1，QF2，QF3的TWJ异常；

6）QF1、DLF1断路器拒跳；

7）整定控制字或软压板不允许Ⅰ母失压分段自投；

8）使用备自投装置的分段操作回路时，控制回路断线，弹簧未储能（合闸压力异常）。

备自投方式3闭锁逻辑如图1-16所示。

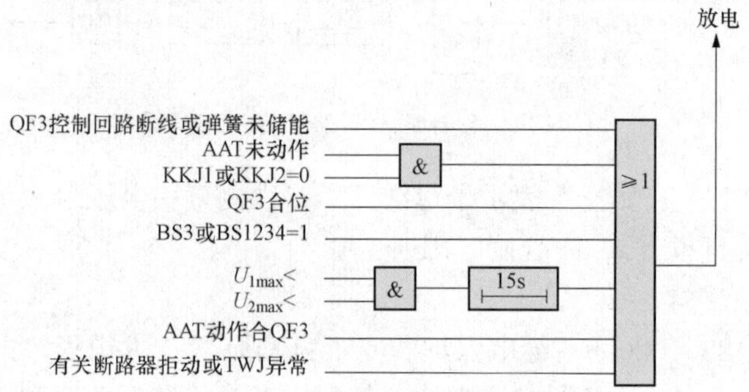

图1-16　备自投方式3闭锁逻辑图

图1-16中，“1KKJ或2KKJ＝0”表示手动跳闸后QF1、QF2控制回路中的合后位置继电器KKJ1、KKJ2在跳闸位置；“BS3＝1”表示有外部接入的闭锁备自投方式3的闭锁信号；“BS1234＝1”表示有外部接入的闭锁备自投方式1、2、3、4的闭锁信号；“$U_{1max<}$”和“$U_{2max<}$”表示Ⅰ母线、Ⅱ母线无电压条件成立；或逻辑“≥”之前任何一个条件成立，即对备自投放电，闭锁备自投装置。其他符号的含义同图1-13。

任务准备

在开展任务之前，学生应按照《学生手册》中表1-10～表1-14所列项目，逐条确认该项准备工作是否完成或该项注意事项是否确已知晓。在已确认和已知晓的项目后确认框内打√。

任务实施

以RCS-9651C备用电源自投装置工作在备自投方式3为例说明。

一、准备工作

（1）执行二次安全措施票，完成《学生手册》中表1-15，并做好每一项标记。

（2）选择合适的试验地点放置微机保护测试仪，测试仪的接地点可靠接地。

(3) 合上备自投装置直流电源空气开关 1K1。

(4) 将备自投定值中“备自投方式 3”控制字置“1”，将“备自投方式 1”“备自投方式 2”“备自投方式 4”控制字置“0”，将“手跳不闭锁备自投 STBBS”控制字置“1”；将“备自投方式 3”软压板状态置“1”，将“备自投方式 1”“备自投方式 2”“备自投方式 4”软压板置“0”。做好记录，以便试验结束后恢复原定值（原定值见表 1-2）。

(5) 投入跳进线 1 连接片 1LP10，合进线 1 连接片 1LP11，跳母联连接片 1LP14，合母联连接片 1LP15，检查“闭锁备自投”外部硬连接片 1LP1 在退出位置。

做好记录，以便试验结束后恢复。

二、充电、放电和动作逻辑检验

利用微机保护测试仪交流试验功能对 RCS-9651C 备自投装置的充电逻辑、放电逻辑及动作逻辑进行正确性检验。仅检验备自投装置在备自投方式 3 时的工作逻辑，需使用模拟断路器模拟主接线图 1-12 中断路器 QF1、QF2、QF3，利用保护测试仪模拟母线Ⅰ、Ⅱ的三相电压、进线 1 的单相电流。

按照以下检验项目与方法进行检验，并经检验结果记录于《活页式手册》的表 1-16（备自投装置逻辑传动检验试验报告）。

1. 试验接线

(1) 按照图 1-17 (a) 进行保护测试仪接线。图中保护测试仪输出的一组三相电压同时作为Ⅰ母、Ⅱ母的三相电压，故在备自投保护屏端子排上分别短接了Ⅰ母、Ⅱ母的 a、b、c 三相电压端子，该三相电压经 1ZKK1 接入备自投装置Ⅰ母电压输入端子，经 1ZKK2 接入备自投装置Ⅱ母电压输入端子；测试仪输出一相电流，接入备自投装置线路 1 交流电流端子。交流回路原理参考图 1-5。

(2) 按图 1-17 (b) 连接模拟断路器。模拟断路器Ⅰ模拟线路 1 断路器 QF1，模拟断路器Ⅱ模拟分段断路器 QF3。备自投装置工作在备自投方式 3 时，假设进线 2 断路器一直在合闸状态，而备自投是依据断路器的跳位继电器的动合触点来判别断路器分合状态的，断路器闭合时，其跳位继电器的动合触点处于断开状态，故不接线。端子排 CD1 和 CD4 接模拟断路器Ⅰ跳闸回路，端子排 CD1 和 CD5 接模拟断路器Ⅰ合闸回路，模拟断路器Ⅰ跳闸位置信号作为开入量接端子排 RD2 和 RD6；端子排 CD13 和 CD16 接模拟断路器Ⅱ跳闸回路，端子排 CD13 和 CD17 接模拟断路器Ⅱ合闸回路，模拟断路器Ⅱ跳闸位置信号作为开入量接端子排 RD2 和 RD12。开关量输入回路参考图 1-6，开关量输出回路参考图 1-7。

(3) 接线完毕，检查接线是否正确、可靠。

2. 充电逻辑检验

(1) 微机保护测试仪上选择交流试验功能，设置输出三相相电压 57.7V（线电压 100V），检查确认 QF1、QF2 在合闸位，QF3 在分位，确认没有外部闭锁备自投装置。

(2) 运行测试仪交流试验功能，观察备自投装置，备自投经充电延时（装置默认为 10s）充电完成，液晶显示备自投方式 3 充电标识充满。

3. 放电逻辑检验

(1) 确认备自投装置已充满电，保护测试仪输出电流、电压正常。

(2) 断开Ⅰ母线、Ⅱ母交流电压空气开关 1ZKK1、1ZKK2（模拟Ⅰ母、Ⅱ母同时

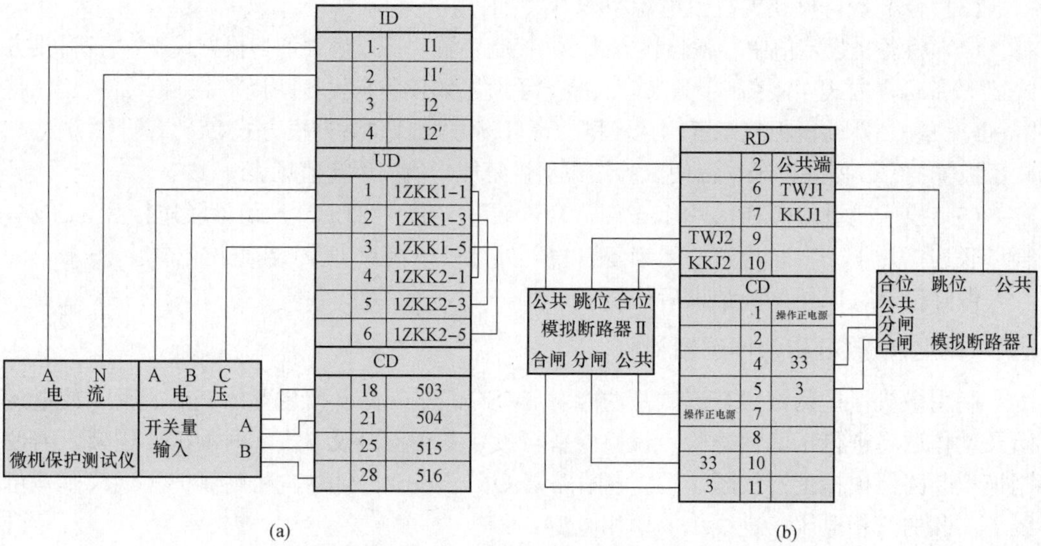

图 1-17 试验接线图

(a) 保护测试仪接线；(b) 模拟断路器接线

失压)，观察充电灯熄灭（注意需经延时 15s)。

(3) 合上Ⅰ母线、Ⅱ母交流电压空气开关 1ZKK1、1ZKK2，观察备自投装置经延时充电满。

(4) 将模拟断路器Ⅱ（即分段断路器 QF3）手动合闸，模拟 QF3 位置异常，观察备自投装置充电灯延时熄灭。

(5) 断开模拟断路器Ⅱ，观察备自投装置经延时充电满。

(6) 将模拟断路器Ⅰ（即进线断路器 QF1）手动分闸，模拟 QF1 位置异常，观察备自投装置充电灯延时熄灭。

(7) 合上模拟断路器Ⅰ，观察备自投装置经延时充电满。

(8) 投闭锁信号备自投方式 3 连接片 1LP4，备自投充电灯瞬时熄灭。

(9) 退出连接片 1LP4，待备自投装置充满电，投闭锁备自投连接片 1LP1，充电灯瞬时熄灭。

4. 动作逻辑检验

(1) 退出闭锁备自投连接片 1LP1。

(2) 设置测试仪输出电流为 0，测试仪输出三相相电压为 57.5V（线电压 100V)，运行测试仪，检查备自投装置充电完成。

(3) 断开Ⅰ母线交流电压空气开关 1ZKK1（模拟Ⅰ母失压，Ⅱ母电压正常；因测试仪输出电流为 0，故备自投判进线 1 无电流)。

(4) 观察备自投是否有现象：装置面板上跳闸灯亮，液晶上显示“自投跳电源 1”动作，装置面板上合闸灯亮，液晶上显示“自投合分段”动作；观察模拟断路器Ⅰ（进线 1 断路器 QF1）跳开，模拟断路器Ⅱ（分段断路器 QF3）合上。

三、 结束工作

以上检验工作全部完成后，对照《学生手册》中表 1-17 所示结束工作清单对每一项目进行检查确认，整个试验过程结束。

任务评价

需要进行教学评价时，教师或互评小组对学生小组执行工作任务的整个过程按照《学生手册》中的表 1 - 18（备用电源自动投入装置逻辑传动检验任务评价表）及时记录并予以评价。

任务扩展

一、 备用电源自动投入装置的扩展逻辑

为了更好地与系统运行配合，有的备自投装置在动作逻辑上进行了扩展，主要有以下几个方面。

1. 联切母线上有关设备

有时在备自投装置合上备用电源前，需考虑切除工作母线上的有关设备，包括补偿电容器、接地变压器和小电源联络线（小水电，小火电）、调相机等，以防止设备损坏或避免对系统造成冲击。考虑这些情况时，备自投装置逻辑需增加两个内容：①备自投启动后向工作电源断路器发跳闸脉冲，同时（或延时）向需要联切的设备发跳闸命令；②在确认工作断路器已跳闸及联切设备已跳开后，再经延时合备用电源断路器。

运行中的电容器失去电压之后立即重新获得电压，可能产生以下两个后果：其一，因电容还未来得及放电，其残余电压较高，加之电容电压不能突变，当备用电源投入时，电容器将承受母线电压加上电容器残余电压的两个电压之和，就有可能使电容器承受高于 1.1 倍的额定电压而造成损坏；其二，当变电站失电后，电压恢复，电容器不切除，就可能造成备用变压器带电容器合闸，而产生谐振过电压损坏变压器的电容器。所以在备自投动作投入备用电源之前必须切除失压母线上的补偿电容器。补偿电容器保护如果设有低电压保护，则当主供电源消失时，低电压保护应先切除电容器，再合备用电源；如果电容器未设低电压保护或低压保护动作时间过长，可以考虑备自投装置在动作时联切相应的电容器。

在备自投装置跳工作电源断路器的同时，如果母线上有接地变压器带消弧线圈，应核算备自投装置动作后消弧线圈的脱谐度，如果存在谐振过电压的可能则应联切接地变压器。

如果变电站另外存在其他电源或小电源接入系统（小水电、小火电）的接入点，则备自投装置要同时跳开这些电源的联络线，否则，在投入备用电源的同时，有可能出现非同期并列，使电力系统受到再一次的冲击。当然也可使用具有检同期功能的备自投装置检查备用电源与小电源同期后合闸，但是系统电源失去后，小电源的电压和频率变化一般较快，不易捕捉到同期，而且小电源给变电站供电还涉及当前的变电站负荷和小电源备用容量等问题，一般不采用这种方法。

2. 过负荷联切

在很多场合备用电源的容量不能满足全部负荷同时供电的需求，所以在备自投装置动作时需切除部分负荷。如图 1 - 18 所示主接线中采用

过负荷联切

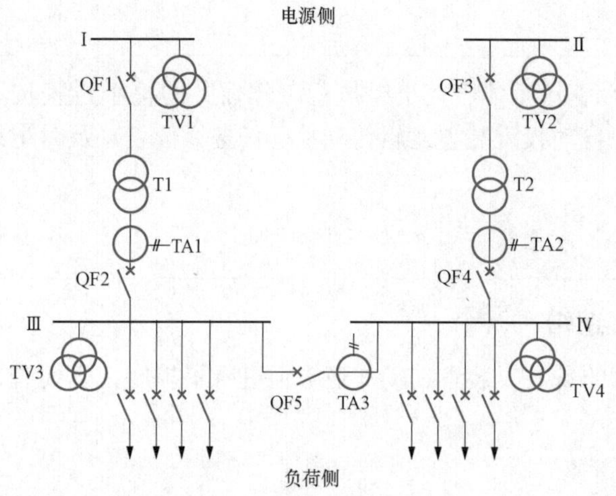

图 1-18 分段备自投主接线

分段备自投形式，正常运行时 T1、T2 分别带母线Ⅲ、母线Ⅳ上负荷；若母线Ⅲ失电后，备自投装置动作投 QF5，则母线Ⅲ、Ⅳ所带全部负荷都由变压器 T2 供电，T2 可能过负荷，这就要求预先设计联切负荷，切除母线Ⅲ或母线Ⅳ上部分负荷。多数备自投装置具备过负荷联切的功能。

切除负荷的方法有两种，即备自投动作前切除或动作后切除。当被切负荷比较固定时宜采用动作前切除，可用上述联切母线上有关设备功能来实现；当负荷变化较大时宜采用动作后切除。

动作后切除是指在自投于备用电源后，检测到备用设备过负荷时，有选择地切除部分次要负荷，即向这些负荷的断路器发跳闸命令，退出这些负荷，这就是备自投装置的过负荷联切功能。负荷切除后，待剩余负荷启动完成，再根据情况决定是否投入这些已切除的负荷。

过负荷联切的工作过程是：备自投装置将备用电源投入后，即在之后的一段时间内（时间长短可依据情况整定）检测备用电源是否出现过负荷。图 1-18 中备自投装置检测流过 T2 的电流（取自 TA2 二次侧）是否超过过负荷电流整定值。如果出现过负荷情况，则按事先设计的方案切除相应的负荷。负荷可分几轮切除，各轮按不同的延时切除。一旦开始切负荷，除非电流小于 0.95 倍的过负荷整定值或设计切除的负荷已全部切除，过负荷联切功能才会退出。

3. 加速分段过电流

如图 1-18 所示接线，因母线Ⅲ故障（或出线故障而断路器拒跳）跳 QF2 时，若允许备自投装置投 QF5，则通常要启动保护加速段，确保在母线Ⅲ（或出线）发生永久性故障时加速跳闸 QF5。因此，有些备自投装置的程序中常含有保护加速段逻辑，在这种情况发生时，加速段保护不带延时而直接作用于跳闸。加速段保护的逻辑与普通的过电流保护或零序电流保护相同，只是不加延时。

在母联或分段断路器处（如图 1-18 中 QF5 处），一般需配置有Ⅰ、Ⅱ两段定时限过电流及两段零序电流保护，作为母线充电保护，并兼作新线路投运时（母联或分段断路器与线路断路器串接）的辅助保护。该保护功能可由专门的保护装置完成，但有的备自投装置本身就具备这些保护功能。当备自投装置不具备保护加速段逻辑时，需由备自投装置输出信号加速专门的保护装置。

二、 备用电源自动投入装置的技术规定

不同的设备生产厂家生产的备自投装置可能存在硬件及软件的差异，但都必须满足相关的技术规程的要求。根据 GB/T 14285—2006《继电保护和安全自动装置技术规程》

第 5.3.1～第 5.3.5 条，具体要求如下。

5.3.1　在下列情况下，应装设备用电源的自动投入装置（以下简称自动投入装置）：

a. 具有备用电源的发电厂厂用电源和变电站站用电源；

b. 由双电源供电，其中一个电源经常断开作为备用的电源；

c. 降压变电站内有备用变压器或有互为备用的电源；

d. 有备用机组的某些重要辅机。

5.3.2　自动投入装置的功能设计应符合下列要求：

a. 除发电厂备用电源快速切换外，应保证在工作电源或设备断开后，才投入备用电源或设备；

b. 工作电源或设备上的电压，不论何种原因消失，除有闭锁信号外，自动投入装置均应动作；

c. 自动投入装置应保证只动作一次。

5.3.3　发电厂用备用电源自动投入装置，除 5.3.2 条的规定外，还应符合下列要求：

5.3.3.1　当一个备用电源同时作为几个工作电源的备用时，如备用电源已代替一个工作电源后，另一工作电源又被断开，必要时，自动投入装置仍能动作。

5.3.3.2　有两个备用电源的情况下，当两个备用电源为两个彼此独立的备用系统时，应装设各自独立的自动投入装置；当任一备用电源能作为全厂各工作电源的备用时，自动投入装置应使任一备用电源能对全厂各工作电源实行自动投入。

5.3.3.3　自动投入装置在条件可能时，宜采用带有检定同步的快速切换方式，并采用带有母线残压闭锁的慢速切换方式及长延时切换方式作为后备；条件不允许时，可仅采用带有母线残压闭锁的慢速切换方式及长延时切换方式。

5.3.3.4　当厂用母线速动保护动作、工作电源分支保护动作或工作电源由手动或分散控制系统（DCS）跳闸时，应闭锁备用电源自动投入。

5.3.4　应校核备用电源或备用设备自动投入时过负荷及电动机自启动的情况，如过负荷超过允许限度或不能保证自启动时，应有自动投入装置动作时自动减负荷的措施。

5.3.5　当自动投入装置动作时，如备用电源或设备投于故障，应有保护加速跳闸。

任务三　备用电源自动投入装置定值整定及定值检验

任务目标

理解备自投装置各定值的含义及整定原则；熟悉备自投装置输入定值的方法；理解备自投装置定值检验的目的、各工具的用途、危险点分析方法及防范措施；熟悉备自投装置定值检验的接线原理、检验原理及检验步骤；在专人监护和配合下完成备自投装置定值检验，并依据检验标准对检验结果进行正确的分析、判断。

任务描述

本任务主要完成对备自投装置低电压定值、低电流定值、动作时间定值进行准确性校验。本任务以 RCS - 9651C 型备用电源自动投入装置为例。

知识准备

一、备自投装置定值及其含义

备自投装置的整定值通常有低电压动作值、过电压动作值、充电时间、动作时间、低电流动作值等。需要注意，各型号备自投装置的定值名称可能不一致，需参照使用说明书。以下关于备自投定值的说明参考了 DL/T 584—2017《3kV～110kV 电网继电保护装置运行整定规程》。

（一） 低电压动作值 （即无电压启动定值）

备自投装置利用实测的工作母线电压值与低电压动作值进行比较来判断工作母线是否失去电压。当实测的工作母线电压值低于低电压动作值时，备自投装置应可靠动作，电压恢复后应可靠返回；当工作母线出线发生短路故障而被切除后，因电动机自启动引起母线电压降低，或工作母线（包括上一级母线）上的电抗器或变压器后发生短路故障时，备自投装置不应动作。为缩小低电压元件动作范围，低电压定值宜整定得较低，一般整定为 0.15～0.3 倍额定电压。

RCS-9651C 备自投装置中还设置了无压合闸定值，在工作电源断开后，检查工作母线电压小于无压合闸定值才允许投备用电源。

（二） 过电压动作值 （即有压定值）

过电压动作值用来检测备用电源是否有电压。当备自投装置实测的备用电源电压低于该动作值时，备自投应闭锁，反之则应可靠启动。备自投装置应能在所接备用母线电压正常时可靠动作，而在母线电压低到不允许备自投装置动作时可靠返回，电压定值一般整定为 0.6～0.7 倍额定电压。

（三） 充电时间

备自投充电时间是指备自投装置自满足充电条件至充满电所需时间。

备自投充电时间是为了保证备自投装置仅动作一次（以免两次将备用电源投入故障设备），充电时间应不小于断路器两个合闸—跳闸间的时间间隔，一般取 10～15s。

（四） 动作时间 （即跳闸时限）

备自投装置动作时间是指由于电力系统内的故障使工作母线失压而跳开工作母线受电侧断路器的延时时间（备自投装置检测到工作母线失压，延时发出跳闸命令，该延时时间即备自投动作时间）。因为系统侧瞬时性短路故障时可能使备自投装置满足低电压启动条件，显然此时备自投装置不能动作（瞬时性故障时，重合闸基本上可重合成功，系统电压可恢复正常），所以设置延时是保证备自投装置动作选择性的重要措施。备自投装置的动作时间 t_{op} 为

$$t_{op} = t_{max} + \Delta t$$

式中 t_{max}——系统侧发生瞬时性短路故障时，切除该短路故障的保护最大动作时间与线路重合闸时间之和；

Δt——时间裕度，取 0.4s。

（五） 低电流动作值 （无流检查定值）

设置低电流元件用来防止电压互感器二次回路断线时误启动备自投装置，同时兼作断路器跳闸的辅助判据。低电流元件动作值可取电流互感器二次额定电流值的 8%（如电流互感器二次额定电流为 5A 时，低电流动作值为 0.4A）。

（六） 备用电源投入时间 （合闸时限）

部分备自投装置还设置有合闸延时。备自投装置在检测到合闸条件满足时，经合闸延时发出合闸命令。合闸延时用于等待有关元件由备自投装置联切或其本身保护可靠切

除，或用于检同期合闸。这个延时可以使备自投动作时间的整定更加灵活。

跳开工作电源时需联切部分负荷，则投入时间可整定为0.1～0.5s。如果没有别的配合要求，合闸延时可整定为0s。

备自投动作时间与备用电源投入时间之和还应大于工作电源母线上所带电容器的低压保护动作时间。如低压保护动作时间过长，可以考虑备自投在动作时联切相应的电容器。

（七）后加速过电流保护定值

（1）安装在变压器电源侧的自动投入装置，如投入在故障设备上，后加速保护应快速切除故障，本级线路电源侧速动段保护的非选择性动作由重合闸来补救，电流定值应对故障设备有足够的灵敏系数，同时还应可靠躲过包括自启动电流在内的最大负荷电流。在电流元件不能满足要求时，可以加电压闭锁元件。

（2）安装在变压器负荷侧的自动投入装置，如投入在故障设备上，为提高投入成功率，后加速保护宜带0.2～0.3s延时，电流定值应对故障设备有足够的灵敏系数，同时还应可靠躲过包括自启动电流在内的最大负荷电流。

二、RCS-9651C装置的定值设置

1. 备自投装置输入定值的方法

按“▲”键进入主菜单，选择“装置整定”菜单的“保护定值”，进行定值整定。整定完后按确认键固化定值，若放弃按取消键。整定完毕后按“复位”键，检查定值是否整定正确。

2. 了解装置整定内容以及整定依据

任务一中表1-2是某供电区变电站的RCS-9651C备自投装置的定值通知单。

3. 定值整定相关说明

（1）整定定值前必须先整定保护定值区号。

（2）某项定值不用时，避免整定值为0，如果是过量值则整定为上限值，如果是欠量值则整定为下限值，时间整定为上限值，同时将对应功能控制字退出，硬连接片打开。

（3）有压定值U_{yy}指母线的三个线电压均大于有压定值，该定值按母线线电压整定。

（4）无压启动定值U_{wyqd}指母线的三个线电压均小于无压启动定值，按母线线电压整定。

（5）无压合闸定值U_{wy}指母线的三个线电压均小于无压合闸定值，按母线线电压整定。

（6）备自投无电流检查定值I_{wl}按躲过进线最小负荷电流整定，但要大于整定最小值0.01A。

（7）方式x跳闸时限T_{tx}（x=1、2、3、4）用于躲过母线电压扰动，应大于最长的外部故障切除时间。应考虑线路保护延时、重合闸延时和适当裕度。

（8）合闸延时T_{hx}为确认跳闸令发出，且被跳断路器均已变为跳位，合备用断路器之前的延时。对于主变压器自投方式，考虑到变压器高、低压侧分时合闸的需求，自投合闸分为两个时限：方式1、2合闸短时限T_{h1}合主变压器高压侧断路器；方式1、2合闸长时限T_{h2}合主变压器低压侧断路器。本工作任务采用备自投方式3，所以备自投程序执行方式34合闸时限T_{h34}（0.1s）。

(9) 备自投定值中的各控制字状态、软压板状态置“1”时投入相应的保护或自投方式，置“0”时退出相应的保护或自投方式。

(10) 通信参数定值由调试人员按现场实际情况整定，辅助参数定值厂家出厂时通常设置有默认值。

任务准备

在开展任务之前，学生应按照《学生手册》中表1-19～表1-23所列项目，逐条确认该项准备工作是否完成或该项注意事项是否已知晓。在已确认和已知晓的项目确认框内打√。

任务实施

本任务以RCS-9651C备用电源自投装置工作在分段备自投方式（备自投方式3）为例实施。利用保护测试仪的状态序列功能进行试验，要求测试仪有两组6相交流电压输出（两组电压分别模拟母线Ⅰ三相电压、母线Ⅱ三相电压），一组三相电流输出（三相电流取两相，分别模拟进线1单相电流、进线2单相电流）。

一、工作准备

(1) 执行二次安全措施票，完成《学生手册》中表1-24，并做好每一项标记。

(2) 选择合适的试验地点放置微机保护测试仪，测试仪的接地点可靠接地。

(3) 将备自投装置定值（定值单见表1-2）中“备自投方式3”控制字置“1”，将“备自投方式1”“备自投方式2”“备自投方式4”控制字置“0”，将“手动不闭锁备自投STBBS”控制字置“1”；将“备自投方式3”软压板状态置“1”，将“备自投方式1”“备自投方式2”“备自投方式4”软压板置“0”。做好记录，以便试验结束后恢复原定值（原定值见表1-1）。

(4) 投入跳进线1连接板1LP10，合进线1连接片11，跳母联连接片1LP14，合母联连接片1LP15，检查“闭锁备自投”外部硬连接片1LP1在退出位置。

做好记录，以便试验结束后恢复。

二、定值校验

按照以下检验项目与方法进行检验，并将检验结果记录于《学生手册》的表1-25（备自投装置定值检验报告）。

(1) 按图1-19（a）进行保护测试仪接线。图1-19（a）中保护测试仪输出电压U_A、U_B、U_C模拟Ⅰ母电压，U_a、U_b、U_c模拟Ⅱ母电压，电流I_A模拟进线1电流，电流I_B模拟进线2电流；端子排1CD13、1CD17引出备自投装置合母联出口触点，端子排1CD18、1CD21引出备自投装置跳进线1出口触点，分别接入测试仪两组开入端子（任意选）用于触发状态序列试验时的状态转换。

(2) 按照图1-19（b）进行模拟断路器接线。模拟断路器Ⅰ模拟线路1断路器QF1，模拟断路器Ⅱ模拟分段断路器QF3（备自投装置工作在备自投方式3时，假设进线2断路器一直在合闸状态，而备自投是依据断路器的跳位继电器的动合触点来判别断路器分合状态的，断路器闭合时，其跳位继电器的动合触点处于断开状态，故不需接线）。端子排 CD1 和 CD4 接模拟断路器Ⅰ跳闸回路，端子排 CD1 和 CD5 接模拟断路器Ⅰ合闸回路，模拟断路器Ⅰ跳闸位置信号作为开入量接端子排 RD2 和 RD6；端子排 CD13 和 CD16 接模拟断路器Ⅱ跳闸回路，端子排 CD13 和 CD17 接模拟断路器Ⅱ合闸回路，模拟断路器Ⅱ跳闸位置信号作为开入量接端子排 RD2 和 RD12。开关量输入回路参考图 1-6，开关量输出回路参考图 1-7。

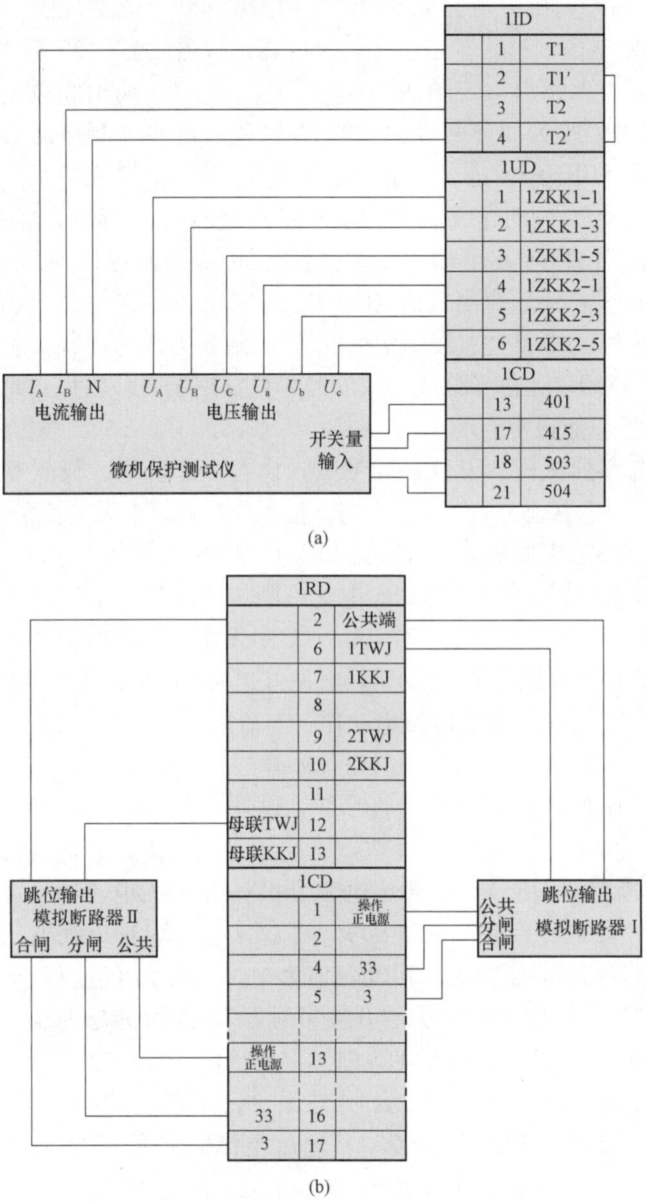

备自投装置背板端子定义及直流回路

备自投装置交流回路、交流电压回路的结构基本原理

图 1-19　备自投装置定值校验接线图

（a）保护测试仪接线图；（b）模拟断路器接线图

（3）接线完毕，手动合上模拟断路器Ⅰ，手动断开模拟断路器Ⅱ，检查接线正确性及可靠性。

（4）测试仪上电，进入状态序列试验，设置试验参数，设置3个状态。设置状态1（备自投充电）：I_A、I_B 输出电流为1.05倍“无电流判断定值（I_{w1}）”（表1-2中无电流判断定值为0.2A），U_A、U_B、U_C 和 U_a、U_b、U_c 输出线电压等于1.05倍“有压定值（U_{yy}）”（表1-2中有压定值为70V），触发方式为“时间触发”（设定触发时间大于备自投充电时间10s，并留一定裕度）。设置状态2（母线Ⅰ失电，启动备自投经方式3跳闸时限 T_{t3} 跳进线1断路器QF1）：IA输出电流为0.95倍“无电流判断定值（I_{w1}）”，IB输出电流为1.05倍“无电流判断定值（I_{w1}）”，U_A、U_B、U_C 输出线电压为0.95倍“无压启动定值（U_{wyqd}）”（表1-2中无压启动定值为30V），U_a、U_b、U_c 输出线电压为1.05倍“有压定值（U_{yy}）”，触发方式为“开关量触发”，并勾选与进线1断路器QF1跳闸位置信号接线一致的开入量（用于触发进入状态3）。设置状态3（QF1跳开后，备自投检定工作母线无压，经方式34合闸时限 T_{h34} 合母联断路器QF3）：I_A 输出电流为0.95倍“无电流判断定值（I_{w1}）”，I_B 输出电流为1.05倍“无电流判断定值（I_{w1}）”，U_A、U_B、U_C 输出线电压为0.95倍“无压合闸定值（U_{wy}）”（表1-2中无压合闸定值为30V），U_a、U_b、U_c 输出线电压为1.05倍“有压定值（U_{yy}）”，触发方式为“开关量触发”，并勾选与分段断路器QF3跳闸位置信号接线一致的开入量（用于合分段后自动结束试验）。开始试验，观察备自投应能正常启动。

（5）测试仪上电，进入状态序列试验，设置试验参数，设置2个状态。设置状态1，与步骤（4）中状态1相同。设置状态2（母线Ⅰ失电，但不满足进线1无电流条件，启动备自投经方式3跳闸时限 T_{t3} 不能跳进线1断路器QF1）：I_A 输出电流为1.05倍“无电流判断定值（I_{w1}）”，I_B 输出电流为1.05倍“无电流判断定值（I_{w1}）”，U_A、U_B、U_C 输出线电压为0.95倍“无压启动定值（U_{wyqd}）”（表1-2中无压启动定值为30V），U_a、U_b、U_c 输出线电压为1.05倍“有压定值（U_{yy}）”，触发方式为“时间触发”（大于5s，大于备自投方式3跳闸时限 T_{t3}），观察备自投不动作（有流闭锁）。开始试验，观察备自投应不能启动。

（6）测试仪上电，进入状态序列试验，设置试验参数，设置三个状态。设置状态1，与步骤（4）中状态1相同。设置状态2（母线Ⅰ失电，进线1无电流，启动备自投经方式3跳闸时限 T_{t3} 跳进线1断路器QF1）：I_A 输出电流为0.95倍“无电流判断定值（I_{w1}）”，I_B 输出电流为1.05倍“无电流判断定值（I_{w1}）”，U_A、U_B、U_C 输出线电压为0.95倍“无压启动定值（U_{wyqd}）”（表1-2中无压启动定值为30V），U_a、U_b、U_c 输出线电压为1.05倍“有压定值（U_{yy}）”，触发方式为“开关量触发”，并勾选与进线1断路器QF1跳闸位置信号接线一致的开入量（用于触发进入状态3）。设置状态3（QF1跳开后，备自投检定工作母线有压，经方式34合闸时限 T_{h34} 不能合母联断路器QF3）：I_A 输出电流为0.95倍“无电流判断定值（I_{w1}）”，I_B 电流输出为1.05倍“无电流判断定值（I_{w1}）”，U_A、U_B、U_C 输出电压为1.05倍“无压合闸定值（U_{wy}）”（表1-2中无压合闸定值为30V），U_a、U_b、U_c 输出线电压为1.05倍“有压定值（U_{yy}）”，触发方式为“时间触发”（大于备自投合闸时间0.1s）。开始试验，观察备自投应不能启动。

注：上述试验对备自投装置“无电流判断定值（I_{w1}）”“无压启动定值（U_{wyqd}）”“无压合闸定值（U_{wy}）”准确度进行了校验（在5%误差范围内），并检测了“备自投方

式 3 跳闸时限（T_{t3}）”“方式 34 合闸时限（T_{h34}）”。试验结束，记录测试仪记录步骤（4）中状态 2 的持续时间，与“方式 3 跳闸时限（T_{t3}）”（定值单中取 5s）进行比较；记录步骤 4 状态 3 的持续时间与“方式 34 合闸时限（T_{h34}）”（定值单中取 0.1s）进行比较。按备自投技术说明书，时间误差应不大于时间定值×1%+35ms。

上述试验应参阅测试仪说明书设置正确的开入量触发防抖时间，且注意该防抖时间对备自投动作时限测试值的影响；时间测试结果可与备自投装置自身的时间记录进行对比。

三、 结束工作

以上检验工作全部完成后，对照《学生手册》中表 1 - 26 所示结束工作清单对每一项目进行检查确认，整个试验过程结束。

任务评价

需要进行教学评价时，教师或互评小组对学生小组执行工作任务的整个过程按照《学生手册》中表 1 - 27（备用电源自动投入装置定值整定及定值检验任务评价表）及时记录并予以评价。

任务扩展

发电厂、变电站内如有两套及以上备自投装置，则各级备自投装置应相互配合。原则上高电压等级、高可靠性、影响面大的备自投装置先动作，低电压等级的、低可靠性、影响面小的备自投装置按躲过上级备自投装置整定。一般情况下低压侧的备用电源自投装置的时限应较安装在高压侧的备用电源自投装置的时限大一级差，以避免不必要的动作。

例如图 1 - 20 所示降压变电站中，假设高压侧按桥断路器备自投方式运行，低压侧按分段备自方式投运行，则整定这两级备自投装置动作时间时考虑如下：若进线 1 发生瞬时性故障时，希望由线路对侧保护动作跳线路对侧开关，然后经线路对侧重合闸动作重合，恢复正常送电，此时两级备自投装置均不应动作；若为永久性故障，再由线路对侧加速段保护切除故障，此时Ⅰ母和Ⅲ母同时失压，满足高压侧桥备自投和低压侧分段备自投装置自投启动条件，两套备投装置同时启动。但希望由高压侧桥断路器备自投先动作出口，延时跳开 QF1、合 QF3，由线路 2 带两台主变压器的负荷，恢复 10kV 母线送电。10kV 母联自投装置虽也一起启动，但不希望其在这种方式下动作。所以分别将这两级备自投装置的动作时间整定如下：

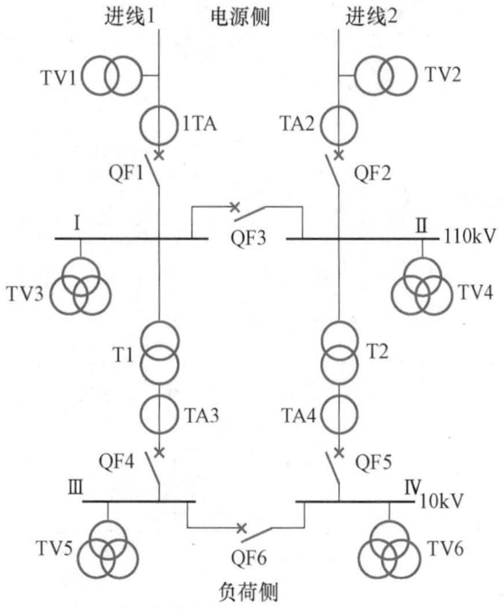

图 1 - 20　内桥接线变电站中备自投装置的应用

（1）高压侧桥备自投装置按线路 1、2 电源侧后备保护跳闸时间与线路重合闸时间之和，再加上时间裕度 Δt 整定。

（2）将低压侧分段备自投装置动作时间（跳闸时间）整定得大于高压侧桥备自投装置动作时间与合闸时间之和。

任务四　备用电源自动投入装置异常判断与处理

任务目标

熟悉常见的备自投装置异常（故障）告警信号及信息的含义；熟悉常见的备自投装置异常（故障）的排查方法；理解常见的备自投装置异常（故障）排查及处理过程中各工具的用途、危险点分析方法及防范措施；在专人监护和配合下完成常见的备自投装置异常（故障）的排查及处理。

任务描述

本任务主要完成对备自投装置无法上电、采样异常、开入异常、开出异常、通信中断、无法充电、误动作、动作过程异常等缺陷进行排查及处理。

本任务以 RCS - 9651C 型备用电源自动投入装置为例。

知识准备

RCS - 9651C 备自投装置异常及事故处理

对于备自投装置在运行中发生异常现象，要判断出是装置内部元件故障造成的还是外部设备回路造成的，或者是操作使用不当引起的，综合判断后准确找出故障并处理。

判断备自投装置故障，必须查看备自投装置的运行信息（见图 1 - 21）、自检出错信息（见表 1 - 3），观察备自投装置面板指示灯，并借助工具对二次回路接线进行检查处理。

表 1 - 3　RCS - 9651C 型备自投装置异常信息含义及处理建议

序号	自检出错信息	含义	处理建议
1	定值出错	定值区内容被破坏，闭锁保护	修改定值或参数时会出现，复位装置后消失，否则通知厂家处理
2	电源故障	直流电源不正常，闭锁保护	更换电源插件；通知厂家处理
3	CPLD 故障	CPLD 芯片损坏，闭锁保护	更换 CPLD 芯片；通知厂家处理
4	母线 TV 断线	电压回路断线，发告警信号，复合电压闭锁开放	检查母线电压二次回路接线
5	进线 TV 断线	进线电压不满足有压条件，发告警信号，影响备自投	检查进线电压二次回路接线
6	分段 TA 断线	分段电流回路断线，发告警信号，不闭锁保护	检查分段电流二次回路接线

续表

序号	自检出错信息	含义	处理建议
7	TWJ 异常	开关跳位却有电流发告警信号，闭锁备自投	检查开关辅助触点
8	开关拒动	装置发出跳闸脉冲后，相应的开关没有跳开	检查开关操作回路和辅助触点
9	母线电压低频	系统频率低于正常运行值下限 49.5Hz 发报警，不闭锁保护	检查一次系统
10	弹簧未储能	弹簧操作机构储能不足超过延时发报警信号，闭锁分段自投	检查操作机构

RCS-9651C 备自投装置上电后，若运行正常，液晶屏幕将显示如图 1-21 所示的主画面，其中：1 为备自投装置实时时钟，图中方框处依次显示月、日、时、分、秒，方框最后有“.”显示时，表示装置正在对时；2 处显示母线电压平均值，图中两行方框处分别显示一次系统Ⅰ母线电压和Ⅱ母线电压；3 处显示Ⅰ母线和Ⅱ母线分段处 A、C 相电流平均值；4 处显示备自投装置定值区及备自投方式 1、2、3、4 的充电标志，显示空心的电池图形表示充电未完成，充电完成后，电池图形变为实心。

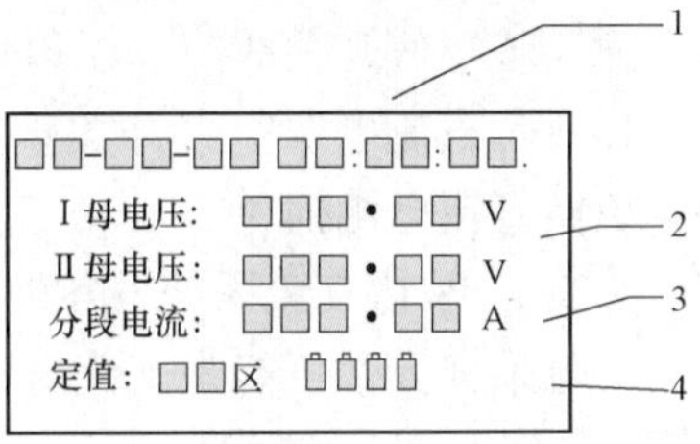

图 1-21 正常运行时 RCS-9651C 液晶屏幕主画面

为方便事故分析，应妥善保存装置的动作报告。在进行传动或者保护试验前，做好装置的内部存储及后台存储的信息抄录或打印。保存的信息包括装置跳闸报告、故障录波、装置运行报告、装置自检报告、装置参数和定值以及各种操作记录，事故过程、保护装置指示灯状态、主画面显示内容（装置本地信息可接打印机打印，监控后台的信息，为防止被覆盖进行另外存储。）

如果发现装置无法上电、交流电压采样异常、交流电流采样异常、装置无法充电、运行灯熄灭或装置通信故障，应向调度部门申请将备自投装置退出运行后进行处理。

任务准备

在开展任务之前，学生应按照《学生手册》中表 1-28～表 1-32 所列项目，逐条确认该项准备工作是否完成或该项注意事项是否确已知晓。在已确认和已知晓的项目后确认框内打√。

任务实施

一、 工作准备

（1）执行二次安全措施票，完成《学生手册》中表 1-33，并做好每一项标记。

（2）故障设置要求。在 RCS-9651C 备自投装置及其所在屏柜上随机设置装置无法上电，交流电压采样异常，交流电流采样异常，装置无法充电等故障类型，学生按照故障现象进行故障排查、找出故障原因、消除故障缺陷。

二、 备自投装置故障处理

按照以下（一）～（四）的装置故障处理方法对试验装置进行分析和处理，并仿照表 1 - 4 给出的备自投装置异常事故处理报告实例，将处理结果记录于《学生手册》的表 1 - 34（备自投装置异常事故处理报告）。

（一） 备自投装置无法上电处理

装置无法上电的典型表现是备自投装置运行灯不亮，液晶屏无显示，需要参照备自投装置直流回路图（见图 1 - 4）从如下几个方面检查处理：

（1）检查备自投装置的直流电源插件自带开关是否投入。

（2）用万用表测量备自投装置外部直流电源端子 ZD1、ZD9 电压是否正常。

（3）若端子 ZD1、ZD9 无电压，检查并恢复外部直流电源。

（4）若外部直流电源正常，检查直流电源二次回路是否松动或短路，紧固二次回路或恢复回路绝缘。

（5）若直流电源二次回路无松动或短路情况，检查备自投装置直流电源空气开关是否故障，若空气开关故障，予以更换。

（6）若直流电源空气开关正常，检查备自投装置上直流电源插件是否故障，若故障，更换直流电源插件。

（二） 装置交流采样异常处理

交流采样异常可能是交流电压采样异常或交流电流采样异常。交流电压采样异常的表现为：备自投装置面板上运行指示灯亮、液晶屏有显示、报警灯亮、自检信息可能有母线电压互感器断线或进线电压互感器断线告警，或零漂值过大等。交流电流采样异常的表现为：备自投装置面板上运行指示灯亮、液晶屏有显示、报警灯亮、自检信息可能有分段电流互感器断线告警，或零漂值过大等。若液晶有显示，可查阅采样信息进行确认。

（1）若装置交流电压采样异常，应参照交流电压回路图［见图 1 - 5（a）］进行如下检查处理：

1）检查装置交流电压空气开关是否投入。

2）检查备自投装置告警信息，断开交流电压空气开关后检查零漂值，确认是否存在交流电源插件或 CPU 插件故障，若故障，更换交流电源插件、CPU 插件。

3）若没有有关告警信息，用万用表检查母线电压端子 1UD1～1UD6 电压是否正常。

4）若 1UD1～1UD6 电压异常，检查母线 TV 回路并恢复。

5）用万用表检查进线电压端子 1UD7～1UD10 电压是否正常。

6）若进线电压端子 1UD7～1UD10 电压异常，检查进线电压互感器回路并恢复。

7）若 1UD1～1UD10 电压正常，检查电压二次回路是否松动，紧固二次回路。

8）若交流采样仍异常，检查交流电压空气开关 1ZKK1、1ZKK2，若空气开关故障，予以更换。

（2）若装置交流电流采样异常，除检查交流电源插件、CPU 插件是否故障外，还应对照一次系统运行方式及负荷遥测，检查是否因运行方式改变或负荷变化原因造成。若运行方式与备自投方式对应，则参照交流电流回路图［见图 1-5（b)］进行如下检查处理：

1）检查电流互感器二次回路是否开路，紧固螺栓及连接片。

2）检查电流互感器二次电流回路在接入备自投装置是否前有短路或接地，并恢复。

（三）装置无法充电处理

备自投装置上电后，经充电时间，面板上运行指示灯亮，充电指示显示不充电（充电指示见图 1-21），并伴随有报警指示灯亮、自检异常信息。备自投装置无法充电通常需要按如下方法检查处理：

（1）检查一次系统运行方式是否发生改变，与备自投装置的自投方式不对应，如果是，则退出备自投装置。

（2）检查闭锁备自投装置连接片是否在投入状态，如果是，则退出。

（3）检查是否进线断路器或分段断路器位置异常。通过查看备自投装置采样电流、开关量信息判断，例如电流正常而断路器在跳位，则可以判断是断路器位置异常，需检查相应的断路器辅助触点二次回路是否有断线、短路或接地（进线 1、2 的断路器控制回路在进线 1、2 的测控保护屏上），检查断路器辅助开关的触点是否存在接触不良或不能正常复位现象。

（4）检查备自投装置自检信息，是否有母线或线路电压互感器断线或电流互感器断线信息，如果有，按照处理交流采样异常的方法进行处理。

（5）检查备自投装置定值与外部方式连接片投入是否一致。

（6）检查是否有外部投闭锁回路开入。依次断开闭锁回路接线（接入 1RD15 的外部开入接线，参照图 1-6），观察备自投装置是否恢复正常。

（四）运行灯熄灭故障处理

备自投装置正常运行时“运行”灯应亮，如果运行灯熄灭，可按如下方法检查处理：

（1）核对定值是否正确，如果错误，修改正确后重启装置。

（2）检查备自投装置电源插件是否故障（处理方法与装置无法上电处理一致）。

（3）检查备自投装置自检信息，看是否有逻辑器件 CPLD 故障信息，如果有，更换逻辑器件 CPLD 芯片或通知厂家。

（五）备自投装置异常事故处理报告实例

备自投装置异常事故处理报告实例见表 1-4。

表 1-4　备自投装置异常事故处理报告实例

异常、故障现象记录	备自投装置上电后，经充电时间，面板上运行指示灯亮，充电指示显示不充电
排查内容	**检查结果**
检查闭锁备自投连接片是否在投入状态	是
检查一次系统运行方式是否发生改变，与备自投装置的自投方式是否不对应	一次系统中 QF1 分闸、QF2 合闸，QF3 分闸，备自投运行在方式 3，二者不对应

续表

排查内容	检查结果
检查进线断路器或分段断路器位置是否异常	进线1断路器异常，进线1电流正常而QF1断路器在跳位
检查进线1断路器辅助触点二次回路是否有断线、短路或接地情况	进线1断路器辅助触点二次回路断线
异常、故障判断	因为进线1断路器辅助触点二次回路断线造成备自投装置的投入方式与系统运行方式不对应，造成备自投装置无法充电
异常、故障处理方法	对进线1断路器辅助触点二次回路断线处进行处理，恢复接线正常

三、结束工作

故障判断与处理工作全部完成后，对照《学生手册》中表1-35所示结束工作清单对每一项目进行检查确认，整个工作过程结束。

任务评价

需要进行教学评价时，教师或互评小组对学生小组执行工作任务的整个过程按照《学生手册》中表1-36（备用电源自动投入装置异常判断与处理任务评价表）及时记录并予以评价。

任务扩展

备自投装置通信方式通常采用串口通信方式或网口通信方式，当装置发生通信异常时虽然不会影响备自投装置的正确动作，但会影响运行部门对设备的运行监控，应及时进行处理。

通信故障通常表现为：装置与后台监控无法通信，装置的故障信息无法传送到后台监控系统，也无法接收后台监控的命令。如果是以太网通信方式，通信故障则表现为装置网络接口上的收发指示灯（在备自投装置背部）不亮。

通信故障时，可按如下方法进行检查处理：

（1）检查备自投装置内部通信参数和地址设置是否存在错误，备自投装置中有通信参数定值，需参考说明书正确设置。

（2）检查网线接口或通信线是否松动。

（3）检查网线接口或通信线是否制作错误，检查网线线芯顺序，重新制作。

（4）检查网线或通信线是否损坏。

（5）检查备自投装置程序是否出格，重启装置检查是否恢复正常。

（6）检查通信接口插件故障，更换通信接口插件。

情境二　输电线路自动重合闸运行与维护

情境描述

输电线路自动重合闸的检验、常见的异常及故障处理属于继电保护员的日常工作。继电保护及电网安全自动装置的检验可分为新安装检验、全部检验和部分检验。本情境以 PSL-621C 型线路保护装置和 PCS-931 型线路保护装置为例，按照 DL/T 995—2016《继电保护和电网安全自动装置检验规程》规定的项目对这两种装置中有关三相及单相自动重合闸的功能进行部分检验，并对常见的异常及故障进行处理。

情境目标

通过本情境学习，应达到以下目标：熟悉三相及单相自动重合闸的工作原理；熟悉三相及单相自动重合闸常见异常及故障的起因、处理方法；熟悉三相及单相自动重合闸各项检验的安全要求、目的及原理与方法；熟悉检验报告的格式及填写要求；牢固树立安全风险防范意识，养成严谨、细致的工作态度，形成逻辑严密的思考习惯。

任务一　输电线路三相一次自动重合闸动作逻辑检验

任务目标

理解输电线路自动重合闸在电力系统中的作用；理解单电源线路三相一次重合闸的动作过程（重合至瞬时性、永久性故障）；理解单电源线路三相一次重合闸的启动条件（充电满、不对应启动、保护启动）；理解三相一次重合闸（及手合）加速保护的原理；理解单电源线路三相一次重合闸动作时限、复归时限、加速复归时间的含义，以及整定的原则。熟知线路保护屏上与重合闸相关的连接片的用途；理解线路保护装置中有关重合闸动作信号及信息的含义；理解单电源线路三相一次重合闸动作过程检验的目的、各工具的用途、危险点分析方法及防范措施；熟悉单电源线路三相一次重合闸动作过程检验的接线、检验原理及检验步骤；在专人监护和配合下完成单电源线路三相一次重合闸动作过程检验，并依据检验标准对检验结果进行正确的分析、判断。

三相一次自动重合闸动作逻辑

任务描述

本任务主要完成线路保护装置中三相一次重合闸在线路瞬时性故障及永久性故障下动作逻辑正确性的检验、重合闸动作时间的检验。本任务以 PSL-621C 型线路保护装置为例。

知识准备

一、 输电线路自动重合闸的基本概念

（一） 输电线路自动重合闸的作用

输电线路的故障按照持续时间可分为瞬时性故障和永久性故障。瞬时性故障，就是故障发生后，断开电源，故障点的绝缘强度能自行恢复，重新投入电源后可继续可靠运行。常见的瞬时性故障有雷电引起的绝缘子表面闪络、线路对树枝放电、大风引起的碰线、鸟害以及绝缘子表面污染等。永久性故障，就是故障点绝缘强度在断开电源之后也不能自行恢复的故障，如倒杆、断线、绝缘子击穿或损坏等。运行实践表明，输电线的故障大多数是瞬时性的，约占总故障的 90%。因此，在线路发生故障被断开以后再进行一次合闸就有可能大大提高供电的可靠性。

如果这种故障跳开后的合闸由运行人员手动操作，则停电时间过长，效果不显著，为此，在电力系统中广泛采用了自动重合闸装置。自动重合闸装置就是将因故障跳开或误跳闸的断路器按需要自动重新合闸的自动装置，电气文字符号为 ARC。

自动重合闸的作用有：

（1）对瞬时性的故障可以迅速恢复正常运行，提高供电可靠性，减少停电损失。

（2）对由于继电保护误动、工作人员误碰断路器操动机构、断路器操动机构自身原因造成误动等导致的误跳闸可以用自动重合闸补救。

（3）可提高系统并列运行的稳定性。

（4）在保证稳定运行的前提下，提高了输电线路的允许输送容量。

（二） 输电线路自动重合闸的分类

（1）按作用于断路器的方式，可分为三相重合闸、单相重合闸和综合重合闸。三相重合闸指的是线路上发生任何形式的故障时，均实行三相自动重合；当重合到永久性故障时，断开三相并不再重合。单相重合闸指的是线路上发生单相故障时，实行单相自动重合（断路器可分相操作），当重合到永久性故障时，一般是断开三相并不再进行重合（也有再次断开故障相，非全相运行一段时间的情况）；线路上发生相间故障时，则断开三相不进行自动重合。综合重合闸指的是线路上发生单相故障时，实行单相自动重合，当重合到永久性故障时，一般是断开三相不再进行重合；线路上发生相间故障时，实行三相自动重合，当重合到永久性故障时，断开三相不再进行自动重合。

（2）按重合闸动作次数，可分为一次重合闸和二次重合闸。一次重合闸是指重合闸装置动作后，如果重合不成功，断路器再次跳闸，之后不再重合，即只重合一次。二次重合闸是指第一次重合不成功，经过 10～15s 延时再进行第二次重合，且不论重合成功与否不再重合，即进行两次重合。

（3）按重合闸使用的条件，可分为单侧电源线路重合闸和双侧电源线路重合闸。双侧电源线路重合闸又可分为检无压和检同期重合闸、解列重合闸和自同步重合闸等。

（4）按重合闸的实现方法，可分为电气式的重合闸装置、晶体管式重合闸装置、集成电路式重合闸装置。目前普遍使用的则是在线路微机保护装置中（3/2 断路器接线则在断路器保护中）用重合闸程序实现重合闸，而不采用独立的重合闸装置。

二、输电线路三相一次自动重合闸

在我国的电力系统中，单侧电源线路广泛采用三相一次自动重合闸。三相一次自动重合闸是指无论线路上发生的是相间短路还是接地短路，继电保护装置动作都将三相断路器一起跳开，之后重合闸启动再将三相断路器一起合上。若故障为瞬时性故障，则重合成功；若为永久性故障，保护再次动作跳开三相断路器，不再重合。

输电线路的三相一次自动重合闸的动作过程可用图 2-1 说明。图 2-1（a）是线路发生瞬时性故障重合成功的动作过程示意图，图 2-1（b）是线路发生永久性故障重合一次后断路器再次跳闸的动作过程示意图。

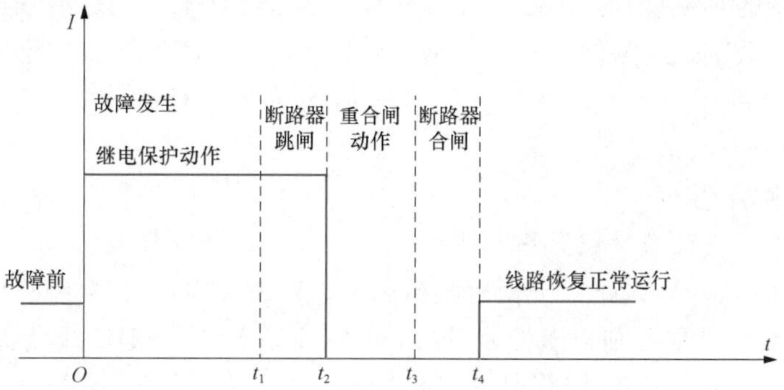

(a)

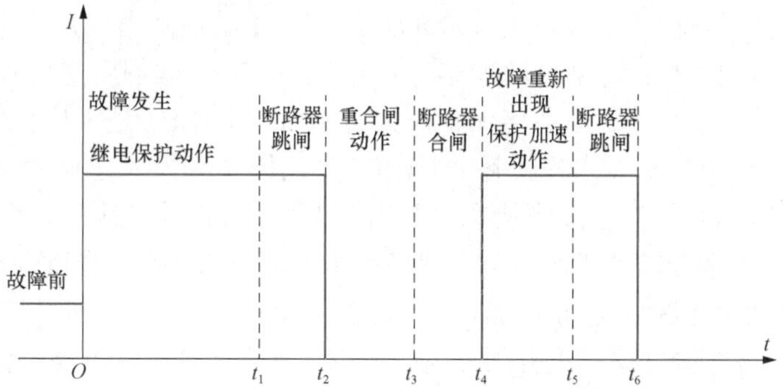

(b)

图 2-1　重合闸动作过程示意图

（a）瞬时性故障；（b）永久性故障

图 2-1 中，t 表示时间，I 表示线路故障相电流。故障前线路电流为负荷电流，$t=0$ 时线路发生故障，线路保护（有延时）在时间 t_1 时发跳闸命令，断路器在 t_2 跳开，故障电流消失，同时启动重合闸，在时间 t_3 时重合闸出口，向断路器发合闸命令，t_4 时断路器合闸。图 2-1（a）中，由于故障已消失，线路恢复正常运行；图 2-1（b）中，由于合到永久性故障，故障电流重新出现，继电保护再次动作（被加速），t_5 时向断路器发跳闸命令，t_6 时断路器跳闸，永久切除故障。

在整个故障切除过程中，$t_0 \sim t_1$ 为线路保护首次动作时间，$t_1 \sim t_2$ 为断路器分闸时间，$t_2 \sim t_3$ 为重合闸动作时限，$t_3 \sim t_4$ 为断路器合闸时间，$t_4 \sim t_5$ 为线路保护被加速后的动作时间，$t_5 \sim t_6$ 为断路器分闸时间。

重合闸的动作时限是指从断路器主触头断开到断路器收到合闸脉冲的时间。为了尽可能缩短停电时间，重合闸的动作时限原则上应越短越好，但为了保证在重合到瞬时性故障时故障点已经去游离，以及断路器机构的恢复等，重合闸的动作必须带一定的时延。

断路器重合到永久性故障时，线路保护再次启动，为了加速切除故障，通常在重合闸启动时加速线路保护，即缩短线路保护Ⅱ段或Ⅲ段的动作时限，称之为重合闸后加速保护（简称后加速）。

三、 PSL-621C型线路保护装置及其二次接线

本任务实施的对象是PSL-621C型线路保护装置。PSL-621C型线路保护装置属于PSL-620C系列数字式线路保护装置，是以距离保护、零序保护和三相一次重合闸为基本配置的成套线路保护装置，并集成了电压切换箱和三相操作箱，适用于110、66、35kV输配电线路。

（一） 硬件介绍

1. PSL-621C线路保护装置基本结构

如图2-2是110kV线路保护柜柜面布置图，1n是PSL-621C线路保护装置，1FA是复归按钮，1QK是重合闸投退控制开关，1ZKK是PSL-621C线路保护交流电压空气开关，1DK是PSL-621C线路保护装置电源空气开关，4DK是PSL-621C线路保护操作电源空气开关。

图2-2（a）屏正面下部硬连接片分别为：1CLP1是跳闸出口连接片，1CLP2是合闸出口连接片，1CLP3是失灵启动连接片；1LP1～1LP7是备用连接片；1RLP1是纵联保护投入连接片，1RLP2是距离保护投入连接片，1RLP3是零序保护投入连接片，1RLP4是相间过电流保护投入连接片，1RLP5是低周减载投入连接片，1RLP6是低压减载投入连接片，1RLP7是检修状态连接片，1RLP8备用连接片。合闸出口连接片1CLP2退出时，若重合条件满足，重合闸将动作，但是断路器不会重合。

PSL-621C线路保护装置正面面板布置图如图2-3所示。各信号指示灯的作用为：正常运行时“运行”绿灯亮；重合闸充电完成时“重合允许”绿灯亮；保护动作时“保护动作”红灯亮；重合闸动作时“重合动作”红灯亮；TV断线时“TV断线”黄灯亮，同时“告警”黄灯也亮；其他运行异常时“告警”黄灯亮；当本线路断路器处于跳位时“跳位”绿灯亮；当本线路断路器处于合位时“合位”红灯亮；当本线路运行在Ⅰ母线上时“Ⅰ母”红灯亮，保护采Ⅰ母电压；当本线路运行在Ⅱ母线上时“Ⅱ母”红灯亮，保护采Ⅱ母电压。

2. PSL-621C线路保护装置二次接线

PSL-621C线路保护装置端子排图（局部）如图2-4所示，图中画出了4QD、4CD、1RD、1CD1、KD、1ID、ZD、7QD、1QD、7UD、1UD各段端子排的接线。图中标号中的1n为PSL-621C线路保护装置，例如1n13X1表示为PSL-621C线路保护装置的第13个插件的第1个接线端子。下面简要介绍重合闸检验中用到的几处接线编号。

图2-4中，4QD14端子外接手动跳闸开关（控制开关，本工程实例未接入），由控制母线（跳闸+KM）经手动跳闸开关触点接入4QD14（参阅图2-5中对应端子）。4QD21端子外接手动合闸开关（控制开关，本工程实例未接入），由控制母线（跳闸+

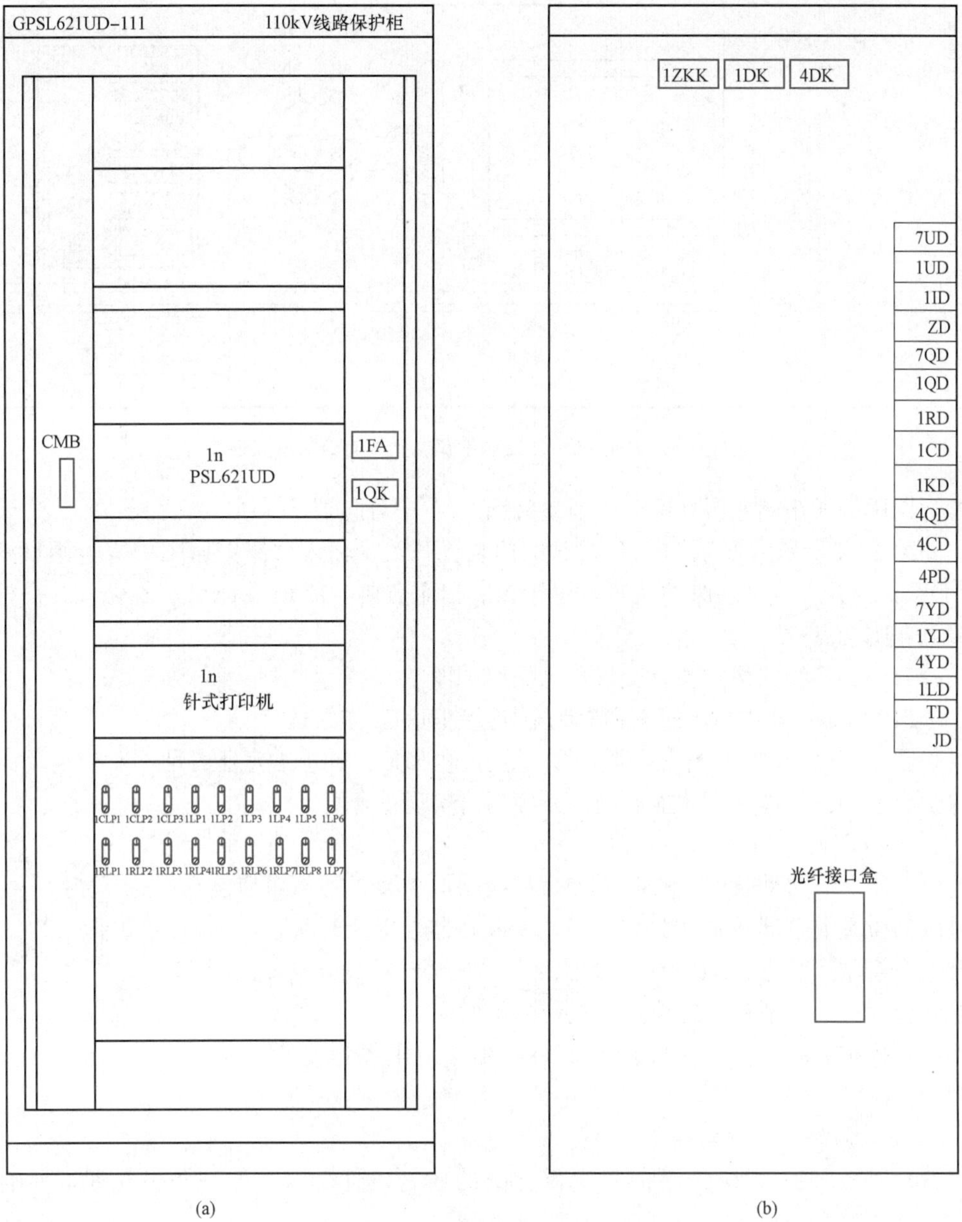

图 2-2　110kV 线路保护柜柜面布置图
(a) 正面布置图；(b) 背面布置图

KM）经手动合闸开关触点接入 4QD21（参阅图 2-5 中对应端子）。4QD27 端子外接低气压闭锁重合闸压力触点，由控制母线（跳闸+KM）经外部压力触点接入 4QD27（参阅图 2-5 中对应端子）。4CD1 端子外接至断路器操动机构跳闸回路，4CD5 端子外接至断路器操动机构合闸回路（参阅图 2-5 中对应端子）。

图 2-4 中 1QD6 端子接入外部闭锁重合闸触点（如母线保护等），请参阅图 2-6 中对应端子。

图 2-4 中端子排 1ID、1UD 分别接入 PSL-621C 线路保护用三相电流、三相电压

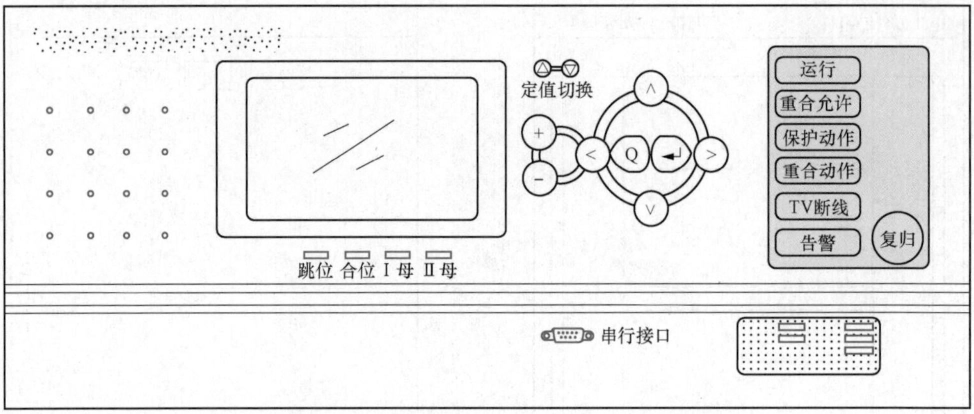

图 2-3 PSL-621C 线路保护装置正面面板布置图

及检同期用的线路侧电压（UX），请参阅图 2-7 中对应端子。

如图 2-6 所示为 PSL-621C 线路保护装置开关量输入回路图。图中重合闸投入开关 1QK 作为开入量接入保护装置，用于投、退重合闸。闭锁重合闸开入引入的是外部闭锁重合闸触点。

PSL-621C 线路保护装置交流输入回路如图 2-7 所示。

（二） PSL-621C 型线路保护装置中重合闸的工作原理

如图 2-8 所示为重合闸逻辑简图，重合闸必须在充电已满且满足不对应启动条件或保护启动条件的情况下才能启动，并经延时实现重合闸。

1. 重合闸的启动条件

（1）不对应启动条件。PSL-621C 型线路保护装置的不对应启动条件是跳闸位置继电器励磁（TWJ=1），即断路器处于断开状态，同时控制开关在合闸后状态（KKJ=1，如图 2-5 中的合闸保持），即控制开关位置（合后位）与断路器的位置（跳位）不对应时，启动重合闸。

重合闸的充放电逻辑

（2）保护启动条件：本保护装置跳闸出口继电器触点返回启动重合闸。

2. 重合闸的充、放电条件

（1）PSL-621 型线路保护装置重合闸的放电条件。以下任一条件满足时重合闸放电：

1）重合闸方式开关（图 2-6 中 1QK）处于停用位置。

2）有闭锁重合闸开入（图 2-6 中 1QD2、1QD7 端子之间的触点）。

3）保护永跳动作或重合闸动作。当外部永跳触点启动操作箱永跳继电器（图 2-6 中 TJR）时，断路器永跳，同时闭锁保护重合闸。

4）手跳、遥跳开入命令。

5）低气压闭锁开入持续 400ms 后重合闸启动（重合闸启动后禁止低气压闭锁重合闸开入）。

操作回路	4QD	
+KM	4DK:4,1n13X4	1
	ln13X1	2
	ln12X1	3
		4
		5
跳闸+KM	ln12X2,ln14X7	6
	1CD1	7
		8
合闸+KM	ln12X12	9
	lCD2	10
		11
保护跳闸	ln12X4,1KD1	12
		13
手跳	ln12X3	14
		15
永跳	ln14X2	16
合闸输入(不经TBJ)	ln12X8	17
		18
重合闸	ln12X7,1KD2	19
		20
手合	ln12X13	21
		22
		23
启动绿灯	ln13X9	24
启动红灯	ln13X10	25
		26
低气压闭锁重合闸	ln12X14	27
低气压闭锁合闸	ln12X15	28
低气压闭锁跳闸	ln12X16	29
低气压闭锁操作	ln12X17	30
		31
-KM	4DK:2	32
	ln13X8	33
	ln12X9,ln14X6	34
出口	4CD	
至跳闸机构	ln12X5	1
合位监视	ln13X3	2
		3
跳位监视	ln13X2	4
至合闸机构	ln12X6	5
		6

弱电开入	1RD	
24V+(2)	ln16X5	1
	1FA:1	2
		3
24V-(2)	ln4X5,ln16X6	4
		5
出口	1CD	
跳闸+KM	ln11X1,4QD7	1
合闸+KM	ln11X3,4QD10	2
失灵启动+	ln11X5	3
保护动作解除母线保护电压闭锁+	ln11X13	4
出口	1KD	
保护跳闸	1CLP1:1,4QD12	1
重合闸	1CLP2:1,4QD19	2
失灵启动一	1CLP3:1	3
保护动作解除母线保护电压闭锁-	ln11X14	4

交流电流	1ID	
Ia	ln1X11	1
Ib	ln1X13	2
Ic	ln1X15	3
In	ln1X18	4
Ia′	ln1X12	5
Ib′	ln1X14	6
Ic′	ln1X16	7
In′	ln1X17	8
直流电源	ZD	
01	1DK:3	1
		2
+KM	4DK:3	3
		4
		5
0.2	1DK:1	6
		7
-KM	4DK:1	8
电压切换输入	7QD	
切换公共端	1QD2	1
		2
Ⅰ母切换启动	ln15X1	3
Ⅱ母切换启动	ln15X3	4
		5
		6
	1QD12	7
切换电源	ln15X38	8
强电开入	1QD	
DC+	1DK:4	1
	7QD1,1RLP1:1	2
	ln16X8,ln14X10	3
	ln14X16	4
		5
闭锁重合闸	ln9X17	6
		7
	ln9X14,ln14X15	8
远跳开入	ln14X17	9
		10
	1DK:2	11
	7QD7,ln14X18	12
	ln16X10,ln9X22	13
DC-	ln9X13	14

电压切换	7UD	
Ua Ⅰ	ln15X23	1
Ub Ⅰ	ln15X24	2
Uc Ⅰ	ln15X25	3
		4
Ua Ⅱ	ln15X27	5
Ub Ⅱ	ln15X28	6
Uc Ⅱ	ln15X29	7
		8
Un	1UD4	9
		10
		11
Ua	ln15X31	12
	1ZKK:1	13
Ub	ln15X32	14
	1ZKK:3	15
Uc	ln15X33	16
	1ZKK:5	17
		18
UlⅠ	ln15X26	19
		20
UlⅡ	ln15X30	21
		22
Ul	ln15X34	23
		24
Ua′Ⅰ	ln15X14	25
Ub′Ⅰ	ln15X15	26
Uc′Ⅰ	ln15X16	27
		28
Ua′Ⅱ	ln15X17	29
Ub′Ⅱ	ln15X18	30
Uc′Ⅱ	ln15X19	31
		32
Ua′	ln15X20	33
Ub′	ln15X21	34
Uc′	ln15X22	35
交流电压	1UD	
Ua	1ZKK:2,ln1X1	1
Ub	ln1X3,1ZKK:4	2
Uc	1ZKK:6,ln1X5	3
Un	7UD9,ln1X6	4
UX′	ln1X10	5
UX	ln1X9	6

图 2-4　PSL-621C 线路保护装置端子排图(局部)

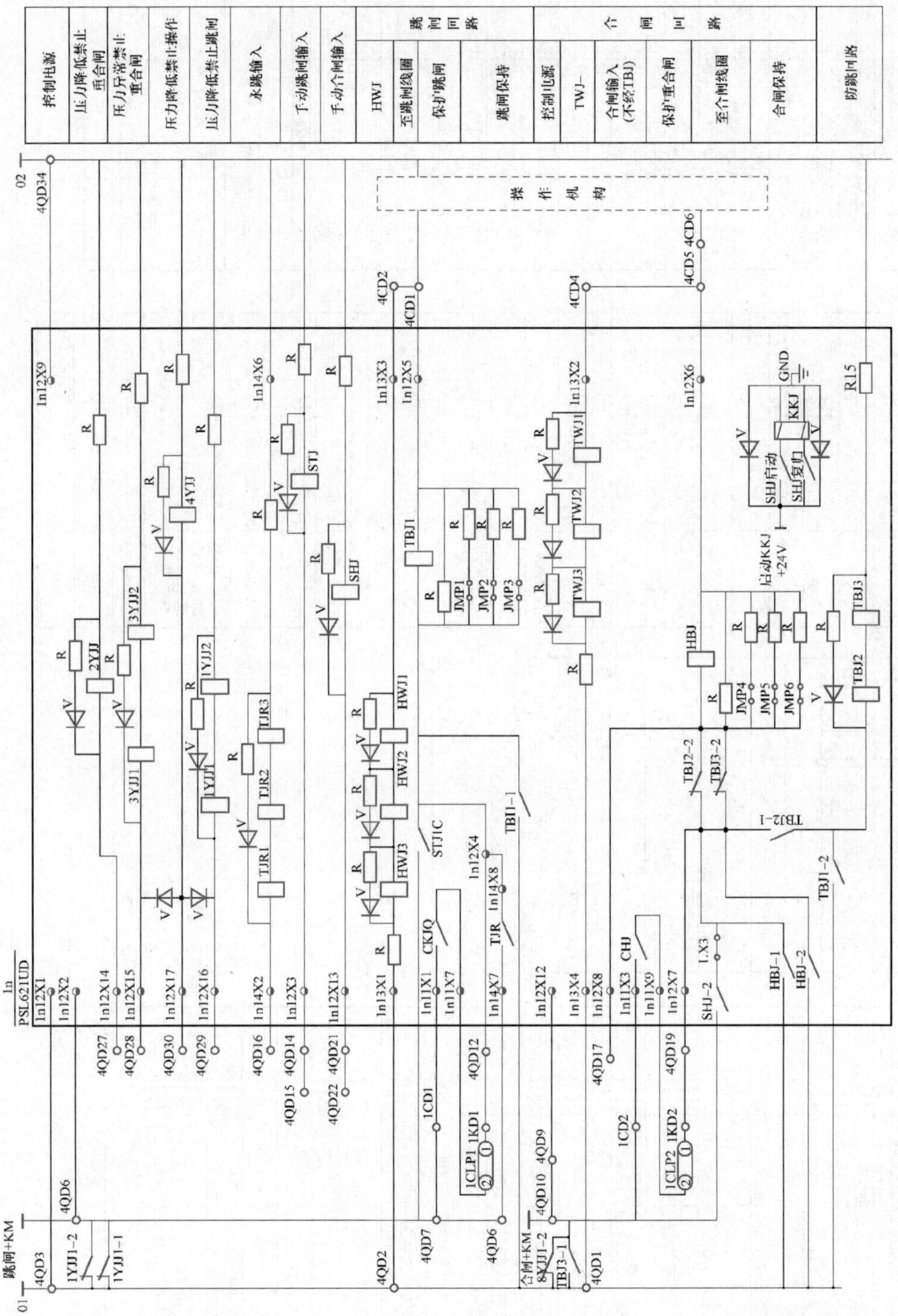

图 2-5 断路器控制回路图

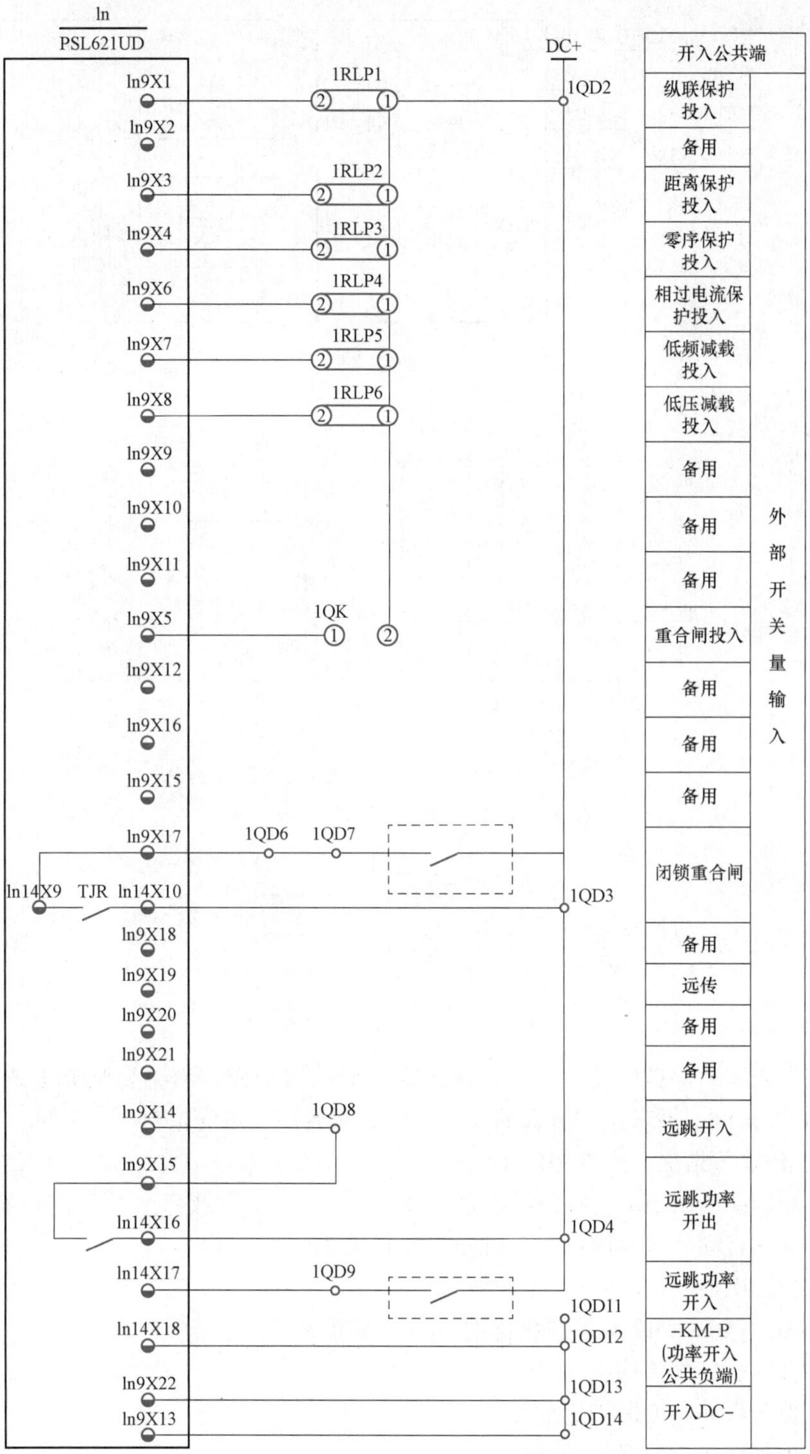

图 2-6　PSL-621C 线路保护装置开关量输入回路（局部）

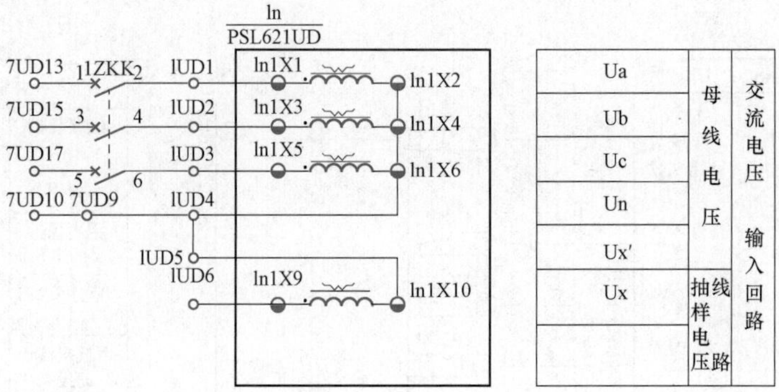

(a)

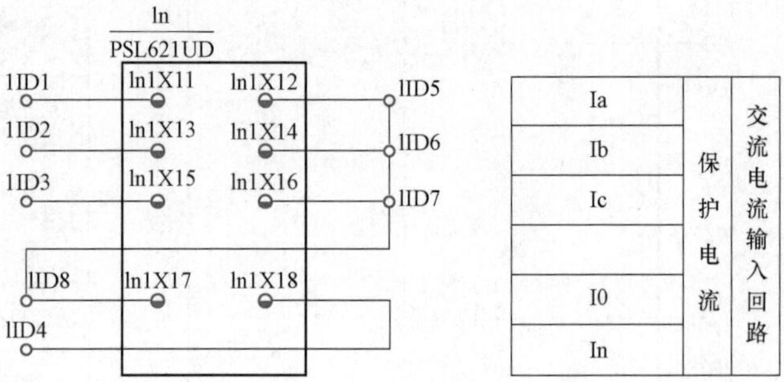

(b)

图 2-7 PSL-621C 线路保护装置交流输入回路

(a) 交流电压回路；(b) 交流电流回路

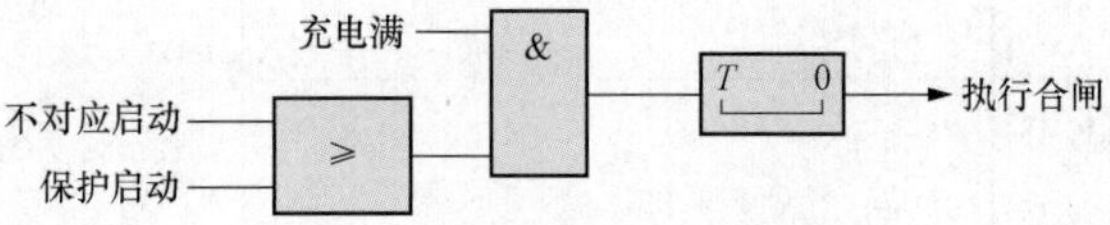

图 2-8 重合闸逻辑简图

6）充电未满时保护启动、保护动作或跳位继电器动作。当重合闸充电未完成（满足重合闸充电条件，但未达到重合闸充电时间，重合闸充电完成灯不亮）时，保护动作跳闸、开关偷跳等情况，重合闸均不动作。

7）控制回路断线 10s 后跳位继电器动作。

8）重合闸启动后重合闸计时条件不满足持续 10s。

9）跳位继电器动作持续 30s。

（2）PSL-621C 型线路保护装置重合闸的充电条件。

1）重合闸放电条件均不满足。

2）保护未启动，无保护启动变位。

3）保护未动作，无保护动作变位。

4）跳位继电器返回，开关置于合位。

以上所有条件都满足时重合闸充电。重合闸充电时间通常取 15～25s。电气式重合闸装置中利用电容充电来计时，而微机保护装置通常用计时器计来进行重合闸充电时。

"充电已满"（即计时满）是重合闸动作的必要条件之一。

需要注意，若重合闸放电，则"充电已满"无效，重合闸不能动作，即闭锁重合闸；只有充电条件重新满足，重合闸才开始重开始新计时，充电时间到，"充电已满"条件才能重新满足。

任务准备

在开展任务之前，学生应按照《学生手册》中表2-1～表2-5所列项目，逐条确认该项准备工作是否完成或该项注意事项是否确已知晓。在已确认和已知晓的项目后确认框内打√。

任务实施

以PSL-621C型线路保护装置为例，对其重合闸功能的充、放电逻辑进行验证，并对重合闸动作时间进行测试，并将检验结果记录于《学生手册》的表2-7（输电线路三相一次重合闸动作逻辑检验试验报告）。

一、准备工作

执行二次安全措施票，并做好每一项标记，完成《学生手册》中表2-6。检查线路保护装置外部连接片在正确的投退状态。选择合适的试验地点放置保护测试仪器，测试仪的接地点应可靠接地。

二、定值输入及检查

合上保护装置直流电源空气开关1DK、操作电源空气开关4DK，把表2-1和表2-2的定值录入PSL-621C线路保护装置，并检查。

表2-1 PSL-621C装置距离保护整定值清单

序号	定值名称	定值
1	控制字	0001
2	线路正序阻抗角	74°
3	距离保护电阻定值	7Ω
4	零序辅助启动定值	1A
5	零序电阻补偿系数	0.57
6	零序电抗补偿系数	0.57
7	相间距离Ⅰ段阻抗	1.93Ω
8	相间距离Ⅱ段阻抗	4.48Ω
9	相间距离Ⅲ段阻抗	5.97Ω
10	相间距离Ⅰ段时间	0s
11	相间距离Ⅱ段时间	2.5s
12	相间距离Ⅲ段时间	5s
13	接地距离Ⅰ段阻抗	1.93Ω
14	接地距离Ⅱ段阻抗	4.48Ω

续表

序号	定值名称	定值
15	接地距离Ⅲ段阻抗	5.97Ω
16	接地距离Ⅰ段时间	0s
17	接地距离Ⅱ段时间	2.5s
18	接地距离Ⅲ段时间	5s
19	过电流保护Ⅰ段电流	200A
20	过电流保护Ⅱ段电流	200A
21	过电流保护Ⅰ段时间	20s
22	过电流保护Ⅱ段时间	20s
23	测距比例系数	21.6km/Ω

表 2-2　PSL-621C 装置零序保护、重合闸和低频减载整定值清单

序号	定值名称	定值
1	控制字	0001
2	零序不灵Ⅰ段电流	200.0A
3	零序Ⅰ段电流	200.0A
4	零序Ⅱ段电流	200.0A
5	零序Ⅲ段电流	200.0A
6	零序Ⅳ段电流	200.0A
7	零序加速段电流	1.25A
8	零序Ⅰ段时间	1.00s
9	零序Ⅱ段时间	20.00s
10	零序Ⅲ段时间	20.00s
11	零序Ⅳ段时间	20.00s
12	零序加速段时间	0.1s
13	重合闸检同期定值	30.0°
14	重合闸检无压定值	25V
15	重合闸时间	1s
16	低频减载频率	45.0Hz
17	低频减载时间	20.0s
18	低频减载闭锁电压	60.0V
19	低频减载闭锁滑差	20.0Hz/s
20	低压减载电压	60.0V
21	低压减载时间	20.0s
22	闭锁电压变化率	60.0V/s
23	失灵启动电流	200.0A

表 2-1 中控制字取 0001，投入了加速距离Ⅱ段功能；表 2-2 中控制字取 0001，投

入了断路器偷跳启动重合闸功能，重合闸不检查无压、不检查同期。

为配合以下试验，在设定定值时仅投入距离保护、加速Ⅱ段距离，设定了重合闸的动作时间（重合闸不检定同期）。

三、 重合闸充电逻辑验证

重合闸充放电逻辑检验

试验条件设置时，注意参照 PSL-621C 装置重合闸充电条件。

（1）试验接线。用试验线将模拟断路器的跳闸端子、合闸端子及公共端分别接入保护装置端子排端子 4CD1、4CD6 和 4QD34（端子编号见图 2-4）。

（2）操作 PSL-621C 装置合上模拟断路器（不能操作模拟断路器合闸）。

（3）观察保护装置正常运行，无异常信号。

（4）检查保护开入，确认无闭锁条件开入。

（5）观察 PSL-621C 保护装置，经一定延时后，重合闸充电完成，“重合允许”绿灯亮，说明重合闸充电逻辑正确。

四、 重合闸放电逻辑验证

试验条件设置时，注意参照 PSL-621C 装置重合闸放电条件。

保持上一项接线不变，进行如下检验：

（1）将“重合闸方式”切换开关 1QK 切至停用位置，重合闸“充电完成灯”熄灭，说明“重合闸方式”处于停用位置时重合闸放电逻辑正确。

（2）重合闸充电完成后，在端子排上用断接线短接“闭锁重合闸”开入端子（模拟外部闭锁重合闸开入，端子编号见图 2-6），“重合允许”灯熄灭，同时保护液晶屏报出闭锁重合闸报文，保护开入量中“闭锁重合闸”开入由 0 变为 1，说明外部闭锁开入功能正常。解除短接线。

（3）重合闸充电完成后，“重合允许”灯亮，将保护控制字“重合闸”由 1 改为 0，固化完成后看到“重合允许”灯熄灭，说明重合闸控制字逻辑正确。恢复控制字。

（4）重合闸充电完成后，手动操作 PSL-621C 装置，跳开断路器，可以看到保护开入量中“闭锁重合闸”开入由 0 变为 1，同时“重合允许”灯熄灭，说明手跳闭重逻辑正确。手动操作 PSL-621C 装置，合上断路器。

（5）重合闸充电完成后，通过短接触点（参照图 2-5 端子编号），模拟外部永跳开入，看到保护开入量中“闭锁重合闸”开入由 0 变为 1，同时“重合允许”灯熄灭，说明永跳开入闭重逻辑正确。解除短接线。

（6）重合闸充电完成后，通过短接开关气压表触点（可通过短接端子排 4QD3 和 4QD27 实现，参照图 2-5 端子编号），模拟开关低气压信号，从保护液晶屏看到“低气压闭锁重合闸”信号报出，同时重合闸放电，说明低气压闭锁重合闸逻辑正确。

五、 重合闸动作逻辑检验及动作时间检验

用模拟断路器模拟线路断路器，用微机保护测试仪输出不同的电压及电流模拟线路正常运行状态、故障状态、线路跳闸状态等，用 PSL-621C 线路保护装置的保护跳闸开出及重合闸开出触发保护测试仪的状态转换。

（一） 试验接线

以下接线说明中各保护屏端子排端子编号请参考图 2-4。

（1）模拟断路器接线。用试验线将模拟断路器的跳闸端子、合闸端子及公共端分别接入保护屏端子排端子 4CD1、4CD6 和 4QD34。

（2）保护测试仪交流电流回路接线（接入三相电流）。用试验线将保护测试仪交流电流输出端子 IA、IB、IC、IN 分别接入保护屏端子排端子 1ID1（A 相）、1ID2（B 相）、1ID3（C 相）、1ID4（N 相）。

（3）保护测试仪交流电压回路接线（接入三相电压，不接线路电压）。用试验线将保护测试仪电压输出 A、B、C 相端子分别接入保护屏端子排端子 1UD1（A 相）、1UD2（B 相）、1UD3（C 相）、1UD4（N 相）。这里需要注意，接入电压输入量前，必须用万用表交流挡测量电压端子（1UD1、1UD2、1UD3）不带电，且为防止二次电压向一次反送电，必须保证电压回路中有明显可见的断开点，图 2-7（a）中断开点为交流电压空气开关 1ZKK。

（4）保护测试仪开关量输入接线。将线路保护屏端子排端子 1CD1 与 1KD1 作为一组开入接入测试仪开关量输入端 1；端子排端子 1CD2 与 1KD2 作为另一组开入接入测试仪开关量输入端 2。从图 2-5 可以看出，1CD1 与 1KD1 端子上所接的 1n11X1 与 1CLP1：2 之间为保护跳闸触点 CKJQ。当保护动作跳闸，CKJQ 触点闭合，导通操作箱跳闸回路，完成保护跳闸出口（CKJQ 触点可用于测量保护动作时间）。此次试验将 CKJQ 触点引入保护测试仪，用于故障态与重合态之间切换。当装置检测到 CKJQ 触点闭合，说明保护动作跳闸，随后，装置翻转状态进入重合态，相对于故障态由时间进行切换的试验方法，该方法对于时间测试更为精准；从图 2-5 中可以看到，1CD2 与 1KD2 端子上所接的 1n11X3 与 1CLP2：1 之间的 CHJ 触点为保护重合闸触点。当重合闸动作，CHJ 触点闭合，导通操作箱合闸回路，完成重合闸出口（CHJ 触点可用于测量重合闸时间）。将 CHJ 触点引入保护测试仪，用以切换重合态与试验结束状态切换。当试验由故障态转为重合态时，保护测试仪开始计时，直至 CHJ 触点闭合后，重合态状态结束，所测得的时间即为重合闸动作时间。

（二） 设置微机保护测试仪

进入保护测试仪“状态序列”菜单，在“状态序列”菜单中设置四个状态，分别为正常态、故障态、重合态和永跳态。永跳态的设置与故障态完全相同。其中正常态到故障态转换方式可采用手动切换，故障态和重合态、重合态到永跳态转换方式均采用开入量转换。

参照表 2-1 和表 2-2 设置保护测试仪的四个状态的参数，即：①正常态，测试仪输出电压、电流的计算阻抗大于距离保护Ⅱ段动作阻抗；②故障态，测试仪输出电压、电流的计算阻抗小于距离保护Ⅱ段动作阻抗；③重合态，测试仪输出电压为额定电压、电流为零；④永跳态，测试仪输出电压、电流的计算阻抗小于距离保护Ⅱ段动作阻抗。

（三） 瞬时性故障动作过程检验

（1）按照步骤（二）的方法设置保护测试仪的三个状态：正常态、故障态和重合态。

（2）手动操作 PSL-621C 装置，合上模拟断路器。

（3）操作保护测试仪，在正常态时按下“运行”按钮，观察保护装置，待重合闸充电完成后，手动操作保护测试仪切换至故障态，观察保护装置动作，跳闸触点闭合后，装置自动切换至重合态，重合闸动作（瞬时性故障重合成功）。

（4）试验结束，记录保护跳闸出口时间及重合闸动作出口时间（即两个开入量的触发时间），两个时间差即为重合闸动作时间。将该时间差与定值单中重合闸动作时间及保护动作报文中重合闸动作时间分别比对，误差应在 20ms 以内。

（四）永久性故障动作过程检验

（1）按照步骤（二）的方法设置保护测试仪的正常态、故障态、重合态和永跳态。

（2）手动操作 PSL - 621C 装置，合上模拟断路器。

（3）操作保护测试仪，在正常态点“运行”按钮，待重合闸充电完成后，手动切换至故障态，保护动作，跳闸触点闭合后，装置自动切换至重合态，重合闸动作后合闸触点闭合，装置自动切换至永跳态，经预设时间停止试验。

（4）试验结束，记录测试仪中两次保护跳闸出口开入的时间。测试仪自进入故障态开始至第一次保护跳闸出口开入的时间差为加速前保护动作时间，自进入永跳态开始至第二次保护跳闸出口开入的时间差为加速后保护动作时间。比较加速前、加速后保护动作时间的区别。

六、结束工作

工作任务全部完成后，对照《学生手册》中表 2 - 8 所示结束工作清单对每一项目进行检查确认，整个工作过程结束。

任务评价

需要进行教学评价时，教师或互评小组对学生小组执行工作任务的整个过程按照《学生手册》中表 2 - 9（输电线路三相一次自动重合闸动作逻辑检验任务评价表）及时记录并予以评价。

任务扩展

一、自动重合闸装置装设原则

GB/T 14285—2006《继电保护和安全自动装置技术规程》规定，自动重合闸装置应按下列规定装设：

（1）3kV 及以上的架空线路及电缆与架空混合线路，在具有断路器的条件下，如用电设备允许且无备用电源自动投入时，应装设自动重合闸装置。

（2）旁路断路器与兼做旁路的母线联络断路器，应装设自动重合闸装置。

（3）必要时母线故障可采用母线自动重合闸装置。

（4）110kV 及以下单侧电源线路的自动重合闸装置，按下列规定装设：

1）采用三相一次重合闸方式。

2）当断路器断流容量允许时，下列线路可采用两次重合闸方式：

a. 无经常值班人员变电站引出的无遥控的单回线；

b. 给重要负荷供电，且无备用电源的单回线。

3）由几段串联线路构成的电力网，为了补救速动保护无选择性动作，可采用带前加速的重合闸或顺序重合闸方式。

二、 对输电线路自动重合闸的基本要求

自动重合闸装置应符合下列基本要求：

（1）自动重合闸装置应动作迅速，使用户停电时间尽量缩短，从而减轻故障对用户和系统带来的不良影响。

（2）用控制开关或通过遥控装置将断路器断开，或将断路器投到故障线路上并随即由保护装置将其断开时，自动重合闸装置均不应动作。

（3）自动重合闸装置可由保护启动和/或断路器控制状态与位置不对应启动。

（4）在任何情况下（包括装置元件损坏以及重合闸输出触点粘住），重合闸的动作次数应符合预先的规定（如一次重合闸只应该动作一次）。

（5）自动重合闸装置应具有接收外部闭锁信号的功能。

（6）自动重合闸装置动作后，应能自动复归，准备好下一次再动作。

（7）自动重合闸应能在重合闸动作后或重合闸动作前，加速继电保护的动作。

三、 重合闸与继电保护的配合

当重合闸动作后，有可能重合于永久性故障，这时需要继电保护可靠地瞬时切除故障以提高供电可靠性，保持系统暂态稳定性。将重合闸和继电保护之间的这种关系称为自动重合闸与继电保护的配合。重合闸与继电保护的配合方式主要有重合闸前加速保护和重合闸后加速保护两种。选择合适的重合闸与继电保护的配合关系可保证供电可靠性，有些情况下还可简化继电保护。

1. 重合闸前加速保护

重合闸前加速
保护原理

重合闸前加速保护一般用于单侧电源辐射形电网中，重合闸仅装在靠近线路的电源一侧。重合闸前加速是指，当线路上（包括邻线及以外的线路）发生故障时，靠近电源侧的线路保护首先瞬时无选择性动作跳闸，而后借助自动重合闸来纠正这种非选择性动作。

以图 2-9 所示的单电源供电的辐射形网络为例，说明重合闸前加速保护。线路 AB 段、BC 段、CD 段均配置了按阶梯形时限特性配合整定的过电流保护，三处的过电流保护动作时限依次为 t_1、t_2、t_3，且 $t_3+\Delta t=t_2$、$t_2+\Delta t=t_1$，即 AB 段的过电流保护动作时限 t_1 最长，CD 段的过电流保护动作时限 t_3 最短。在线路 AB 段（QF1 处）配置了能保护到线路 CD 段末端的电流速断保护以及自动重合闸装置，且重合闸动作时自动闭锁电流速断保护。这样，无论线路 AB 段、BC 段或 CD 段上发生故障，总是 QF1 处的电流速断保护无选择瞬时动作，跳开 QF1，切除故障，然后重合 QF1。如故障为永久性，由于电流速断保护已退出，过电流保护有选择性地动作切除故障，即 CD 段

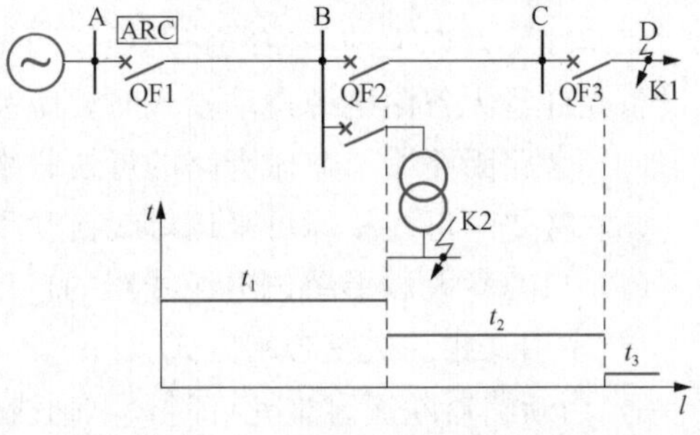

图 2-9　重合闸前加速保护

（如图2-9中的K1点）故障，CD段线路过电流保护以时限 t_3 跳开QF3；BC段故障，BC段过电流保护以时限 t_2 跳开QF2；AB线故障，AB段过电流保护以时限 t_1 跳开QF1。为使无选择性的电流速断保护范围不至延伸太长，动作电流要躲过变压器低压侧短路故障（如图2-9中K2点）流过QF1的短路电流。

采用重合闸前加速保护的优点是：

（1）能快速切除线路上的瞬时性故障。

（2）由于能快速切除瞬时性故障，故障点发展成永久性故障的可能性小，从而提高了重合闸的成功率。

（3）由于能快速切除故障，能保证发电厂和重要变电站的负荷少受影响。

（4）使用设备少，简单经济（在数字保护中该优点不存在）。

采用重合闸前加速保护的缺点是：

（1）靠近电源一侧断路器工作条件恶化，切除故障次数与合闸次数多。

（2）当自动重合闸拒动或QF1拒合时，将扩大停电范围，甚至在最末一级线路上的故障，也能造成除A母线用户外其他所有用户的停电。

（3）重合于永久性故障时，故障切除的时间可能较长。

（4）在重合闸过程中除A母线负荷外，其他用户都要暂时停电。

重合闸前加速保护主要用于35kV以下由发电厂或重要变电站引出的直流配电线路上。

2. 重合闸后加速保护

当采用自动重合闸后加速保护的配合方式时，在线路各段上都装设了有选择性的保护和自动重合闸。当线路上发生故障时，各段线路保护首先按有选择性的方式动作跳闸。当自动重合闸动作重合于永久性故障上时，则利用重合闸的动作信号加速该线路的保护，瞬时切除故障。

加速保护实际是把带延时的保护的动作时限变为零秒，Ⅱ段或Ⅲ保护都可被加速。这样对全线的永久性短路故障，自动重合闸动作后均可快速切除。被加速的保护动作值不变，只是动作时限缩短了。加速的保护可以是电流保护的第Ⅱ段（或第Ⅲ段）、零序电流保护第Ⅱ段（或第Ⅲ段）、接地距离第Ⅱ段（或第Ⅲ段）、相间距离第Ⅱ段（或第Ⅲ段），或者在数字式保护中加速定值单独整定的零序电流加速段、电流加速段。

为了适应高压电网加速保护的要求，在手动合闸时，应利用手动合闸的信号加速相关保护，以便在手动合闸到故障线路时加速切除故障。加速的原理与重合闸加速保护的原理相似。

需要说明，在双电源线路上，为防止三相断路器主触点不同时合闸时产生的零序分量可能使零序电流Ⅰ段误动作，在加速时需将零序电流Ⅰ段退出，同时使加速段延时100ms左右。三相断路器主触点不同时合闸时产生的零序分量在该延时后即可衰减到足够小，不致引起零序保护误动作。

采用重合闸后加速保护的优点是：

（1）故障首次切除保证了选择性，不会扩大停电范围，在高压电网中显得特别重要。

（2）重合于永久性故障时，仍能快速、有选择性地将故障切除。

（3）应用不受网络结构和负荷条件的限制。

采用后加速保护的缺点是：

（1）首次故障的切除可能带有时限，但对装有纵联保护的线路上发生的故障，两侧保护均可瞬时动作跳闸，该缺点并不存在。

（2）每条线路的断路器上都应设自动重合闸装置，与前加速保护相比就较复杂一些（对数字式保护来说并不增加多大的复杂性）。

自动重合闸后加速保护广泛用于35kV以上的电力系统中。

任务二　输电线路三相一次自动重合闸同期功能检验

任务目标

理解无电压检定和同期检定三相自动重合闸的工作原理；理解同期检定的原理；理解无电压检定和同期检定三相自动重合闸各定值的含义及定值整定的原则；熟悉输电线路保护装置中有关三相一次自动重合闸定值（控制字及合闸角）修改的方法。理解重合闸同期功能检验的目的、各检验工具的用途、危险点分析方法及防范措施；熟悉重合闸同期功能检验的接线、检验原理及检验步骤；在专人监护和配合下完成重合闸同期功能检验，并依据检验标准对检验结果进行正确的分析、判断。

任务描述

本任务主要完成三相一次重合闸检无压、检同期动作逻辑及动作时间检验。本任务以PSL-621C型线路保护装置为例。

知识准备

双电源线路是指两个或两个以上电源间的联络线。在双电源线路上实现重合闸，除了需满足任务一中三相一次重合闸基本要求外，还需要考虑断路器跳闸后，电力系统可能分列为两个独立部分，有可能进入非同期运行状态，以及由于线路两侧跳闸时间不一致引起的故障点去游离延时问题。

（1）故障点的断电时间问题。当线路发生故障时，线路两侧的继电保护可能以不同的时限跳开两侧的断路器，这种情况下只有两侧的断路器都跳开后，故障点才完全断电，所以当两侧保护动作时限有差时，重合闸应采用较长的动作延时。

（2）同期问题。当线路发生故障，两侧断路器跳闸后，线路两侧电源之间电动势夹角摆开，甚至有可能失去同期（同步）。因此，后重合侧重合时应考虑是否允许非同期合闸和进行同期检定的问题。

针对同期问题，根据不同输电线路的实际情况，在我国电力系统中常采用的有三相快速自动重合闸、解列重合闸、无电压检定和同期检定的重合闸、检定平行线路电流的自动重合闸以及自同期重合闸等。这里重点讨论无电压检定和同期检定的重合闸方式。

一、线路同期检定原理

如图2-10（a）所示，线路MN由于故障跳闸，或由于断路器偷跳、保护误动作等原因跳闸后，两侧系统解列，当需要通过重合闸恢复该线路运行时，须检查两侧电源同步条件满足才允许合闸，非同期合闸会产生较大的冲击电流，对系统造成不良影响。

同期并列的条件包括系统两侧电压$\dot{U}_M$和$\dot{U}_N$幅值差、频率差和相角差δ，如图2-10（b)所示。线路同期并列的理想条件是：当线路后合侧断路器合闸（主触点闭合）时，系统两侧电压$\dot{U}_M$和$\dot{U}_N$幅值相等、频率相同（频率角速度ω_M和ω_N相等）、相角差δ为零，这样系统两侧电压的差值$\Delta U=0$，不会产生冲击电流。

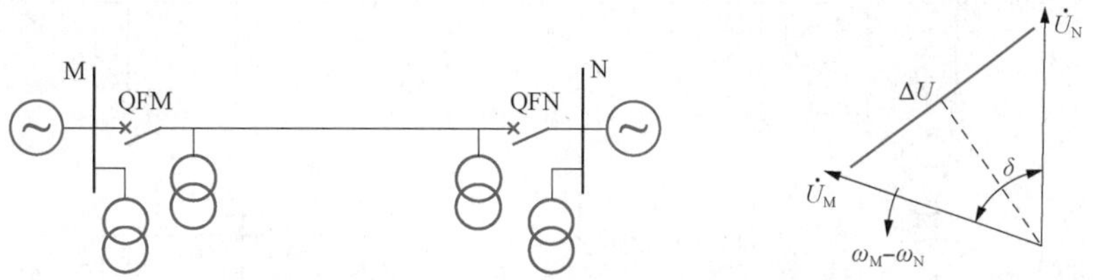

(a)　(b)

图2-10　线路同期并列示意图

（a）系统图；（b）相量图

但是这个理想条件是无法完全满足的，实际应用中只要判断两侧电压的幅值差、频率差、相角差足够小就可以合闸了。经计算得知，当压差、相角差小于整定值时，冲击电流足够小，不致危及电力系统的安全；当频差足够小时两侧系统很容易进入同步。

二、无电压检定和同期检定的三相自动重合闸

无电压检定和同期检定的三相自动重合闸就是线路两侧断路器跳闸后，先重合侧检定线路无电压而重合，后重合侧检定同期后再进行重合。前者常被称为无压侧，后者常被称为同期侧。因为这种重合闸方式不会产生危及电气设备安全的冲击电流，也不会引起系统振荡，所在双电源联络线上，常常采用这种重合闸方式。采用这种重合闸方式时，线路两侧均需装设电压互感器或电压抽取装置。

图2-11为双电源线路上无电压检定和同期检定的三相自动重合闸示意图。假设M侧为同期侧，N侧为无压侧。两侧同期检定及无压检定均由两侧线路保护装置的控制字进行投、退。同期侧同期检定投入（即4处投入），而无电压检定退出（即3处退出）；无压侧则将同期检定和无压检定同时投入（即1、2处均投入）。

（1）线路上发生瞬时性故障。假设在D点发生瞬时性短路，两侧的继电保护装置动作，断路器QFM、QFN跳闸。断路器跳闸后，因线路侧无电压，所以线路两侧均不满足同期条件，而N侧的低电压条件满足。如果此时N侧重合闸的其他启动条件满足时，即可启动该侧重合闸，经整定的重合闸动作延时后向断路器QFN发合闸命令。QFN合闸后，M侧线路上有电压，M侧开始进行同期检定。待断路器QFM两侧的电压符合同期条件时，且当该侧重合闸的其他启动条件满足时启动M侧的重合闸，经整定的时间后，向断路器QFM发合闸命令，QFM合闸成功后，线路恢复正常运行。若QFM两侧的电压不符合同期要求，

无电压检定和同期检定重合闸的基本原理

M 侧的重合闸不会启动重合，断路器 QFM 不能重合。由该过程可以看出，当线路因发生瞬时性故障而跳开两侧的断路器后，总是无压侧检定线路无电压而先启动重合，待无压侧重合成功后，同期侧检定线路两侧电压满足同期条件而重合。

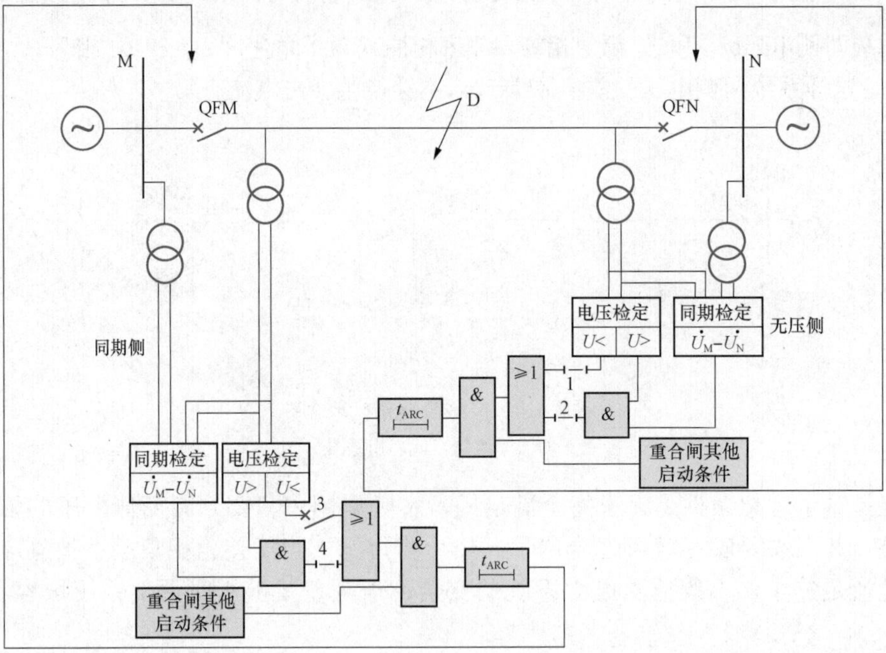

图 2-11　无电压检定和同期检定的三相自动重合闸示意图

（2）线路上发生永久性故障。两侧断路器跳闸以后，无压侧断路器 QFN 先重合，由于是永久性故障，立即由无压侧的后加速保护动作，使断路器 QFN 再次跳闸，而同步侧断路器 QFM 始终不能合闸。

（3）由于误碰或继电保护装置误动作造成断路器跳闸。若这种情况发生在同期侧，借助同期条件检测启动重合闸，断路器 QFM 能自动合上，恢复同期运行。若这种情况发生在无压侧，因线路侧有电压存在，不会满足低电压启动条件，如果不设置同期条件检测启动重合闸，断路器 QFN 无法自动合闸。因此，在无压侧必须设置同期条件检测，保证在这种情况下也能自动合闸，恢复同期运行。

（4）无压侧和同期侧的定期轮换。当线路发生永久性故障时，无压侧断路器将连续两次切断短路电流，所以在一定时期内它切断短路电流的次数要比同期侧断路器多。为了使两侧断路器的工作条件接近相同，可以对线路两侧的重合闸启动方式定期轮换。

线路采用微机式保护时，定期轮换的方法是修改线路两侧保护的定值（控制字或软压板），将原无压侧改为同期侧，原同期侧改为无压侧。采用电气式重合闸时，线路两侧需改变无压检定连接片的状态，无压侧投无电压检定连接片，同期侧退出该连接片。值得注意的是，同期侧的无电压检定是不能投入工作的，只有切换为无压侧时，无电压检定才能投入工作，否则将造成非同期合闸的严重后果。

三、PSL-621C 型线路保护装置有关重合闸参数的整定说明

PSL-621C 型线路保护装置有关重合闸的参数见表 2-1，说明如下：

（1）重合闸时间，即重合闸动作时限。在表 2-1 中，整定为 1s。

（2）重合闸检无压定值。线路采用无电压检定和同期检定的重合闸方式时，在无压侧，当线路保护装置检定到线路无电压低于重合闸检无压定值时，判断为线路失压，启动该侧的重合闸。在表 2-3 中，该定值整定为 25V。

需要注意，PSL-621C 型线路保护装置检无压方式为检线路无压或母线无压，即当线路或母线无压时皆启动重合闸计时器（母线无压定值固定为 30V）。

（3）重合闸检同期定值。线路采用无电压检定和同期检定的重合闸方式时，若线路保护装置检测到线路侧电压和母线电压相角差小于重合闸检同期定值，判断同期条件满足，启动重合闸。在表 2-3 中，该定值整定为 30°。

需要指出，在 PSL-621C 型线路保护装置定值单中没有设置检定线路有电压的动作值，但在检测到线路抽取电压或母线电压小于 0.75 倍额定电压时，检同期元件闭锁（PSL-621C 型线路保护装置自适应线路抽取电压的额定电压、相别和极性，不再需要整定）。

（4）检无压检同期方式的选择。在 PSL-621C 型线路保护装置中，重合闸检无压检同期方式的设置是由表 2-3 中的控制字取值实现的。该控制字由 16 位二进制数组成，其中由低位到高位的第 1 位和第 2 位用于设置检无压、检同期重合闸的工作方式（注意，控制字最低位是 0 位），其中第 1 位是检无压控制位，第 2 位是检同期控制位，整定方法如表 2-3 所示。

表 2-3　PSL-621 装置重合闸检同期方式设置说明

第 1 位	第 2 位	检同期方式
0	0	允许非同期重合
0	1	检同期方式
1	0	检无压方式，有压时不重合
1	1	检无压方式，自动转检同期

注意：双侧电源线路采用无电压检定和同期检定重合闸方式时，在检无压侧，应同时将第 1 位、第 2 位置“1”；在检同期侧，应将第 1 位置“0”，第 2 位置“1”。

任务准备

在开展任务之前，学生应按照《学生手册》中表 2-10～表 2-14 所列项目，逐条确认该项准备工作是否完成或该项注意事项是否确已知晓。在已确认和已知晓的项目后确认框内打√。

任务实施

下面以 PSL-621C 型线路保护装置为工作实施对象，对其重合闸的检同期功能进行检验。按照以下二～四的检验项目与方法进行检验，并将检验结果记录于《学生手册》中表 2-16（输电线路三相一次自动重合闸同期功能检验试验报告）。

一、 准备工作

(1) 执行二次安全措施票，并做好每一项标记，完成《学生手册》中表 2 - 15。

(2) 检查线路保护装置外部连接片在正确的投退状态。

(3) 选择合适的试验地点放置保护测试仪器，测试仪的接地点应可靠接地。

二、 试验接线

(1) 模拟断路器接线。用试验线将模拟断路器的跳闸端子、合闸端子及公共端分别接入保护屏端子排端子 4CD1、4CD6 和 4QD34。

(2) 保护测试仪交流电流回路接线（电流接入三相）。用试验线将保护测试仪交流电流输出端子 IA、IB、IC、IN 分别接入保护屏端子排端子 1ID1（A 相）、1ID2（B 相）、1ID3（C 相）、1ID4（N 相）。

(3) 保护测试仪交流电压回路接线（UA、UB、UC 模拟母线侧三相电压，Ua 模拟线路侧单相电压）。接线前用万用表交流挡测量电压端子（1UD1、1UD2、1UD3）不带电，检查交流电压空气开关 1ZKK 已断开。用试验线将保护测试仪电压输出 A、B、C 相端子分别接入保护屏端子排端子 1UD1（A 相）、1UD2（B 相）、1UD3（C 相）、1UD4（N 相），将保护测试仪输出 a 相电压端子接入保护屏端子排端子 1UD6 和 1UD5。

(4) 保护测试仪开关量输入接线。将线路保护屏端子排端子 1CD1 与 1KD1 作为一组开入接入测试仪开关量输入端 1；端子排端子 1CD2 与 1KD2 作为另一组开入接入测试仪开关量输入端 2；模拟断路器跳闸位置信号接入保护测试仪开关量输入端 3。

三、 检无压方式试验

修改 PSL - 621C 零序保护、重合闸和低频减载整定值（见表 2 - 2）中控制字为 0003，将重合闸设置成检无压方式。

（一） 检定线路无压试验

1. 保护测试仪设置

进入保护测试仪“状态序列”菜单，在“状态序列”菜单中设置三个状态，分别为正常态、故障态和重合态。其中正常态到故障态转换方式采用手动切换，故障态、重合态分别采用开入量 1、2 触发切换。

(1) 正常态：测试仪输出 U_A、U_B、U_C 三相电压为 $100/\sqrt{3}$V，U_a 为 $100/\sqrt{3}$V，U_A 与 U_a 幅值相同、相角差为 0°，三相电流输出为 0A（假设负荷电流为 0A）。该状态下重合闸满足充电条件，等充电满，经手动操作保护测试仪切换至状态 2。

(2) 故障态：通过试验装置的“短路计算”模块，模拟线路单相接地故障，U_A 与 U_a 幅值相同、相角差为 0°。该状态下保护装置检测到故障，距离保护Ⅱ段动作跳闸，测试仪检测到保护跳闸出口动作，由开关量输入 1 切换至状态 3。

(3) 重合态：测试仪输出 U_A、U_B、U_C 三相电压为 $100/\sqrt{3}$V，U_a 为 0.95 倍“重合闸检无压定值”（按表 2 - 2 中取 25V），三相电流输出为 0A。该状态下断路器已跳开，线路保护装置检测到满足线路无电压启动条件时启动重合闸，经重合闸动作时间发重合闸命令，测试仪检测到重合闸命令，由开关量输入 2 停止试验。

2. 试验过程

(1) 操作 PSL - 621C 合上模拟断路器。

（2）操作保护测试仪，在正常态按“运行”按钮，观察保护装置是否充电成功。

（3）如果重合闸充电完成，操作保护测试仪手动切换至故障态，观察保护装置动作，跳闸触点闭合后，保护测试仪自动切换至重合态，保护装置重合闸动作（瞬时性故障重合成功）。

（二）检定线路有压试验

1. 保护测试仪设置

进入保护测试仪“状态序列”界面，在“状态序列”菜单中设置三个状态，分别为状态1—正常态，状态2—故障态，状态3—重合态。其中正常态到故障态切换方式采用手动切换，故障态到重合态采用开入量1触发切换，重合态到结束试验采用时间触发切换（触发时间大于重合闸动作时间）。

正常态：测试仪输出U_A、U_B、U_C三相电压为$100/\sqrt{3}$V，U_a为$100/\sqrt{3}$V，U_A与U_a幅值相等，相角差为0°，三相电流输出为0A。该状态下重合闸满足充电条件，等充电满，经手动操作保护测试仪切换至状态2。

故障态：通过试验装置的“短路计算”模块，模拟线路单相接地故障，U_A与U_a幅值相同、相角差为0°。该状态下保护装置检测到故障，距离保护Ⅱ段动作跳闸，测试仪检测到保护跳闸出口动作，由开关量输入1切换至状态3。

重合态：测试仪输出U_A、U_B、U_C三相电压为$100/\sqrt{3}$V，U_a为1.05倍“重合闸检无压定值”（按表2-2中取25V），三相电流输出为0A。该状态下断路器已跳开，线路保护装置检测到线路有电压，不启动重合闸。

2. 试验过程

（1）操作PSL-621C合上模拟断路器。

（2）操作保护测试仪，在正常态按“运行”按钮，观察保护装置是否充电成功。

（3）如果重合闸充电完成，操作保护测试仪手动切换至故障态，观察保护装置动作，跳闸触点闭合后，保护测试仪自动切换至重合态，重合闸不动作（重合闸工作在检无压方式时，检定线路有压时重合闸不动作）。

四、检同期试验

修改PSL-621C零序保护、重合闸和低频减载整定值（见表2-2）中控制字为0005，将重合闸设置成检同期方式。

线路保护装置的重合闸工作在检同期方式下时，若设置重合闸检同期定值（重合闸同期角）θ，当母线侧电压与线路侧抽取电压的相角差φ落在$-\theta$与θ范围内时，线路保护装置判断为同期条件满足；当母线侧电压与线路侧抽取电压的相角差φ落在$-\theta$与θ范围外时，线路保护装置判断为同期条件不满足。

（一）同期角在定值范围内

1. 保护测试仪设置

进入保护测试仪“状态序列”界面，在“状态序列”菜单中设置两个状态，分别为正常态、偷跳态。其中正常态由开入量3触发切换偷跳态，偷跳态采用时间触发切换（触发时间大于重合闸动作时间用于结束试验）。

（1）正常态：测试仪输出U_A、U_B、U_C三相电压为$100/\sqrt{3}$V，U_a为$100/\sqrt{3}$V，U_A

与U_a相角差为0°，三相电流输出为5A。该状态下保护装置检测到重合闸充电条件满足，待重合闸充满电，手动跳开模拟断路器，保护测试仪由开入量3触发切换至偷跳态。

（2）偷跳态：测试仪输出U_A、U_B、U_C三相电压为$100/\sqrt{3}$V，U_a为$100/\sqrt{3}$V，U_A与U_a相角差为27°（重合闸检同期定值为30°，取误差允许值3°），输出三相电流为0A。该状态下保护装置检测母线电压与线路抽取电压同步条件满足，发出重合闸命令，自动合上模拟断路器，保护测试仪由时间触发结束试验。

2. 试验过程

（1）操作PSL-621C合上模拟断路器。

（2）操作保护测试仪，在正常态按“运行”按键，观察保护装置是否充电成功。

（3）如果重合闸充电完成，手动跳开模拟断路器。

（4）观察线路保护装置能否完成重合闸（应能够重合）。

（二）同期角在定值范围外

1. 保护测试仪设置

进入保护测试仪“状态序列”界面，在“状态序列”菜单中设置两个状态，分别为正常态、偷跳态。其中正常态由开入量3触发切换至偷跳态，偷跳态由时间触发切换（触发时间大于重合闸动作时间，用于结束试验）。

（1）正常态：测试仪输出U_A、U_B、U_C三相电压为$100/\sqrt{3}$V，U_a为$100/\sqrt{3}$V，U_A与U_a相角差为0°，三相电流输出为5A。该状态下保护装置检测到重合闸充电条件满足，待重合闸充满电，手动跳开模拟断路器，保护测试仪由开入量3触发切换至偷跳态。

（2）偷跳态：测试仪输出U_A、U_B、U_C三相电压为$100/\sqrt{3}$V，U_a为$100/\sqrt{3}$V，U_A与U_a相角差为35°（重合闸检同期定值为30°，取误差允许值3°），输出三相电流为0A。该状态下保护装置检测母线电压与线路抽取电压同步条件不满足，不会发出重合闸命令，触发时间到，测试仪结束试验。

2. 试验过程

（1）操作PSL-621C合上模拟断路器。

（2）操作保护测试仪，在正常态按“运行”按键，观察保护装置是否充电成功。

（3）如果重合闸充电完成，手动跳开模拟断路器。

（4）观察线路保护装置能否完成重合闸（应不重合）。

五、结束工作

工作任务全部完成后，对照《学生手册》中表2-17所示结束工作清单对每一项目进行检查确认，整个工作过程结束。

任务评价

需要进行教学评价时，教师或互评小组对学生小组执行工作任务的整个过程按照《学生手册》中表2-18（输电线路三相一次自动重合闸同期功能检验任务评价表）及时记录并予以评价。

任务扩展

一、双电源线路的其他重合闸方式

（一）三相快速自动置合闸

三相快速自动重合闸，就是当线路发生故障时，继电保护很快使线路两侧断路器跳闸，并紧接着进行重合，从而保证两侧断路器断开和重合的整个循环时间为0.5～0.6s。在这样短的时间内，两侧电源电动势间摆开角度不大，所以系统不会失步。即使重合的两侧电源电动势间摆开角度稍大，因重合周期短，重合后也会很快拉入同期。因为这种重合闸方式具有快速、不失步的特点，所以是提高电网并列运行稳定性和供电可靠性的有效措施之一。

自同步
重合闸

在输电线路上采用三相快速自动重合闸应具备下列条件。

（1）线路两侧都装设有能瞬时切除故障的保护装置，如高频保护、纵联差动保护等。

（2）线路两侧都装有可以进行快速重合闸的断路器，如快速空气断路器等。

（3）在两侧断路器进行重合的瞬间，通过设备的冲击电流周期分量 I_{ip} 不得超过如下规定值：

对于汽轮发电机　$\dfrac{I_{ip}}{I_n} \leqslant \dfrac{0.65}{X''_d}$

对于有直、横轴阻尼绕组的水轮发电机　$\dfrac{I_{ip}}{I_n} \leqslant \dfrac{0.6}{X''_d}$

对于无阻尼绕组或阻尼绕组不全的水轮发电机　$\dfrac{I_{ip}}{I_n} \leqslant \dfrac{0.6}{X'_d}$

对于同步调相机　$\dfrac{I_{ip}}{I_n} \leqslant \dfrac{0.84}{X''_d}$

对于电力变压器　$\dfrac{I_{ip}}{I_n} \leqslant \dfrac{1}{X_T}$

式中　I_n——同步电机或电力变压器的额定电流；

X''_d——同步电机直轴次暂态电抗的标幺值；

X'_d——同步电机直轴暂态电抗的标幺值；

X_T——电力变压器短路电抗的标幺值。

（4）重合时两侧电动势来不及摆开到危及系统稳定的角度，能保持系统稳定，恢复正常运行。

由此可见，在具备快速重合闸的条件下，能否采用快速重合闸取决于重合瞬间通过设备的冲击电流值和重合后的实际效果。当然，当线路上瞬时保护停用时，应闭锁重合闸。

（二）非同期自动重合闸

非同期自动重合闸就是当线路两侧断路器因故障被断开以后，不管两侧电源是否同期就进行重合，合闸后由系统将两侧电源拉入同期。显然，采用这种方式重合时电气设备可能要受到较大的电流冲击，所以应校验非同期重合闸时可能产生最大冲击电流，该电流应不超过规定的允许值。当然采用这种方式重合时也可能引起系统振荡，应考虑其不良影响，并采取相应的补救措施。采用非同期自动重合闸的条件如下。

（1）非同期重合闸时产生的实际可能最大冲击电流按相角差 $\varphi=180°$ 计算，应不超过规定的允许值。

（2）避免在大容量发电机组附近采用非同期重合闸，目的是防止机组轴系扭伤，影响机组的使用寿命。

（3）非同期重合闸后，拉入同期的过程是一种振荡状态，各点电压出现不同程度的波动，应注意减小它对重要负荷的影响。

（4）应设法避免非同期重合闸的振荡过程，以及断路器三相触点不同时闭合时所引起的保护误动作问题。

非同期自动重合闸通常有按顺序投入线路两侧断路器和不按顺序投入线路两侧断路器两种方式。

按顺序投入线路两侧断路器，是预先规定两侧断路器的合闸顺序，先重合侧采用单电源线路重合闸方式，后重合侧采用检定线路有电压的自动重合闸方式。这种方式的最大优点是永久性故障情况下后重合侧不会重合，避免了再一次给系统带来冲击。其缺点是，后重合侧重合时，要确认先重合侧已重合，即必须在线路有电压情况下进行，因而整个重合闸时间较长，线路恢复供电的时间也较长。另外，在线路侧必须装设电压互感器或电压抽取装置，增加了设备投资。

不按顺序投入线路两侧断路器，是两侧均采用单电源线路重合闸方式。这种方式的优点是接线简单，不需装设线路电压互感器，系统恢复并列运行快，从而提高了供电可靠性。其缺点是永久性故障时，线路两侧均要重合一次，会给系统带来两次冲击。

我国 110kV 以上的线路，非同期重合闸一般采用不按顺序投入线路两侧断路器的方式。

（三）解列自动重合闸

解列自动重合闸

解列自动重合闸适用于正常时由主系统向地区小电源输送功率的情况，其原理示意图如 2-12 所示。当输电线路 D 点发生故障时，主系统侧的继电保护动作使主系统侧断路器 1 跳闸，地区系统侧的继电保护动作使解列点断路器 3 跳闸，而不跳地区系统侧的断路器 2。解列点断路器 3 跳闸后，主系统侧的重合闸装置检定线路无电压而重合，如果重合成功，再在解列点进行同步并列，恢复正常运行。如果是永久性故障，则主系统侧继电保护再次动作断路器 1 跳闸。

地区系统与主系统解列后，其容量与所带的重要负荷基本平衡，保证了对地区重要负荷的连续供电。如果发生永久性故障，地区不重要负荷将被迫中断供电。

由上分析可知，如何选择解列点，尽量使地区系统的容量与所带的重要负荷接近平衡，这是选用解列重合闸所必须考虑的问题之一。

解列重合闸一般应用在双电源单回线且不能采用非同期重合闸的情况。

（四）检定另一回线电流的自动重合闸

在没有其他旁路联系的双电源双回线路上，有一回线路因故障断开后，只要另一回线路继续运行，两侧电源仍然是同期的。因此，只要检定另一回线路有电流就相当于检定两侧电源同期，因此可以进行重合闸，其基本工作原理示意图如 2 - 13 所示。

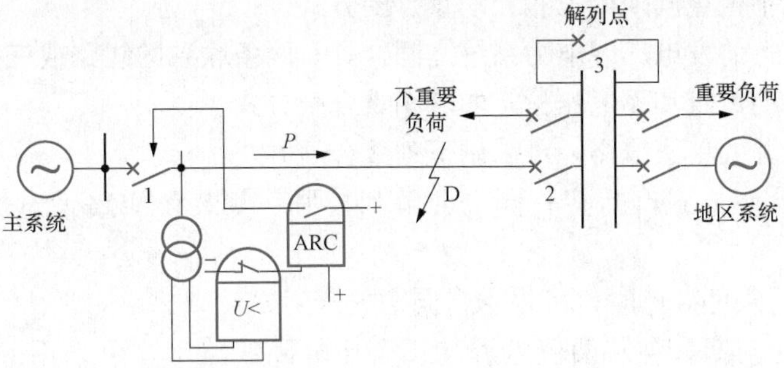

图 2 - 12　解列自动重合闸原理示意图

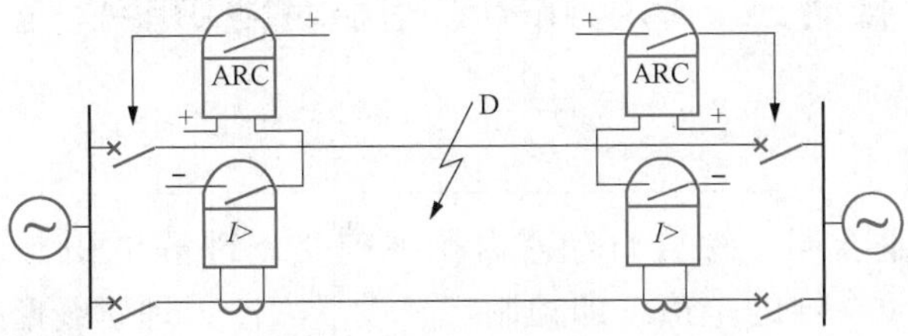

图 2 - 13　检定另一回线电流的自动重合闸原理示意图

（五）自同期重合闸

对水电站可以来用自同期重合闸，其基本工作原理示意图如图 2 - 14 所示。在正常运行方式下，水电站向系统输送功率，如果在线路上 D 点发生故障，系统侧的保护动作使线路断路器 1 跳闸，水电站侧的保护动作跳发电机断路器 3 和灭磁开关，但不跳线路断路器 2。然后系统侧重合闸检定线路无电压而重合，若重合成功，则水电站侧以自同步方式与系统并列，恢复正常运行。若重合不成功，则系统侧保护再次跳开线路断路器 1，水电站侧停机。

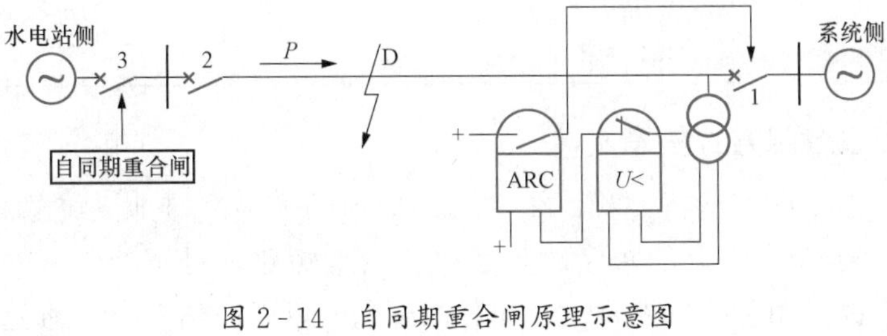

图 2 - 14　自同期重合闸原理示意图

如果水电站有地区负荷，并且有两台以上的机组时，为了保证对地区负荷的供电，应考虑一部分机组带地区负荷与系统解列运行，另一部分机组实行自同期重合闸。

自同期重合闸装置和水轮发电机组的自启动装置一起工作。

二、　双侧电源线路三相一次自动重合闸的选用原则

依据 GB/T 14285—2006《继电保护和安全自动装置技术规程》规定，110kV 及以下双侧电源线路的自动重合闸装置，按下列规定装设：

（1）并列运行的发电厂或电力系统之间，具有四条以上联系的线路或三条紧密联系的线路，可采用不检查同期的三相自动重合闸方式。

（2）并列运行的发电厂或电力系统之间，具有两条联系的线路或三条联系不紧密的线路，可采用同期检定和无电压检定的三相重合闸方式。

（3）双侧电源的单回线路，可采用下列重合闸方式：

1）解列重合闸方式，即将一侧电源解列，另一侧装设线路无电压检定的重合闸方式；

2）当水电厂条件许可时，可采用自同期重合闸方式；

3）为避免非同期重合及两侧电源均重合于故障线路上，可采用一侧无电压检定，另一侧采用同期检定的重合闸方式。

任务三　输电线路单相重合闸功能检验

任务目标

理解单相自动重合闸、综合自动重合闸的定义；理解单相自动重合闸的动作逻辑；熟悉单相自动重合闸的定值（即控制字）设置方法；理解线路保护装置中有关单相自动重合闸的信息的含义；熟知线路保护屏上有关单相自动重合闸的切换开关、连接片的用途；理解单相自动重合闸功能检验的目的、各检验工具的用途、危险点分析方法及防范措施；熟悉单相自动重合闸功能检验的接线、检验原理及检验步骤；在专人监护和配合下完成单相自动重合闸功能检验，并依据检验标准对检验结果进行正确的分析、判断。

任务描述

本任务主要完成对单相重合闸的投入条件、充电条件、启动条件、单相重合闸动作逻辑及动作时间的检验。本任务以 PCS-931 型线路保护装置为工作实施对象。

知识准备

一、 使用单相重合闸方式的意义

单相重合闸方式

根据运行经验，在 110kV 以上的大电流接地系统的高压架空线上，有 70%以上的短路故障是单相接地短路，对于 220～500kV 的架空线路，由于线间距离大，单相故障的概率可高达 90%。在这种线路上采用单相重合闸方式，当发生单相接地短路时，只断开故障相断路器，而未发生故障的其余两相继续运行，不仅可以提高供电的可靠性和系统并列运行的稳定性，还可以减少转换性故障的发生，因此在 220kV 及以上电压等级的高压输电线路上普遍采用单相重合闸方式。

二、 高压输电线路的重合闸方式

按照 Q/GDW 1161—2014《线路保护及辅助装置标准化设计规范》的规定，自动重合闸应通过控制字实现单相重合闸、三相重合闸、禁止重合闸及停用重合闸四种

方式。

(1) 单相重合闸方式。线路上发生单相故障时，实行单相自动重合闸，即重合故障跳闸的一相，当重合到永久性单相故障时，断开三相并不再进行重合。线路上发生多相故障时，则断开三相不再进行自动重合。

(2) 三相重合闸方式。线路上发生任何形式的故障时，均三相跳闸，在无重合闸闭锁条件时实行三相自动重合闸，当重合到永久性故障时，断开三相并不再进行自动重合。

(3) 禁止重合闸方式。禁止本装置重合，不沟通三跳，即单相接地故障时，跳开故障相，不重合，而多相故障时，跳开三相，不重合。

(4) 停用重合闸方式。闭锁重合闸，并沟通三跳，即线路上发生任何形式的故障时，均断开三相不进行重合。

早期的重合闸方式包含综合重合闸方式（没有禁止重合闸方式）。综合重合闸方式是指线路上发生单相故障时，实行单相自动重合闸，当重合到永久性单相故障时，若不允许长期非全相运行，则应断开三相并不再进行自动重合。线路上发生相间故障时，实行三相自动重合闸，当重合到永久性相间故障时，断开三相并不再进行自动重合。

实际运行时，重合闸方式仅能选择上述四种中的一种。重合闸方式可通过保护屏上重合闸方式切换开关的切换实现（重合闸方式切换开关有四个位置，即单重、综重、三重、停用），也可通过修改控制字实现。

三、PCS-931线路保护装置及CZX-12G操作箱信号指示灯

图2-15（a）是PCS-931装置面板布置图。各信号指示灯的作用是：正常运行时“运行”绿灯亮；装置运行异常时“告警”黄灯亮；TV回路断线时“TV断线”黄灯亮，同时“告警”黄灯也亮；重合闸充电完成时“重合允许”黄灯亮；纵联差动保护配置两个独立的通信通道，当通道1、2异常时“通道1异常”“通道2异常”黄灯亮；当PCS-931发出A相跳闸命令时“A相跳闸”红灯亮；当PCS-931发出B相跳闸命令时“B相跳闸”红灯亮；当PCS-931发出C相跳闸命令时“C相跳闸”红灯亮；重合闸动作时“重合闸”红灯亮。

图2-15（b）为CZX-12G操作箱面板图，各信号指示灯的作用为：①分别为第Ⅰ组A、B、C三相跳闸回路的监视灯（断路器合上时应亮）；②分别为第Ⅰ组A、B、C三相跳闸信号灯；③为重合闸信号灯；④为第Ⅰ组直流电源监视灯；⑤为第Ⅱ组直流电源监视灯；⑥为A、B、C三相跳闸位置监视灯；⑦为第Ⅱ组A、B、C三相跳闸回路监视灯；⑧为第Ⅱ组A、B、C三相跳闸回路信号灯；⑨和⑩为电压切换指示灯，⑨灯亮表示线路运行于Ⅰ母，交流电压取自Ⅰ母TV，⑩灯亮表示线路运行于Ⅱ母，交流电压取自Ⅱ母TV。

需要注意，当操作箱上的“重合闸”灯③亮，仅表示操作箱收到了从保护装置发送来的合闸命令，并不代表断路器已经重合。当保护重合闸命令从保护装置正确发送至操作箱时，操作箱上的“重合闸”灯③红灯亮，仅表示操作箱收到了从保护装置发送来的合闸命令，并不代表断路器已经重合。

四、PCS-931线路保护装置的重合闸功能

PCS-931装置的重合闸为一次重合闸，可实现单相重合或三相重合。重合闸的启

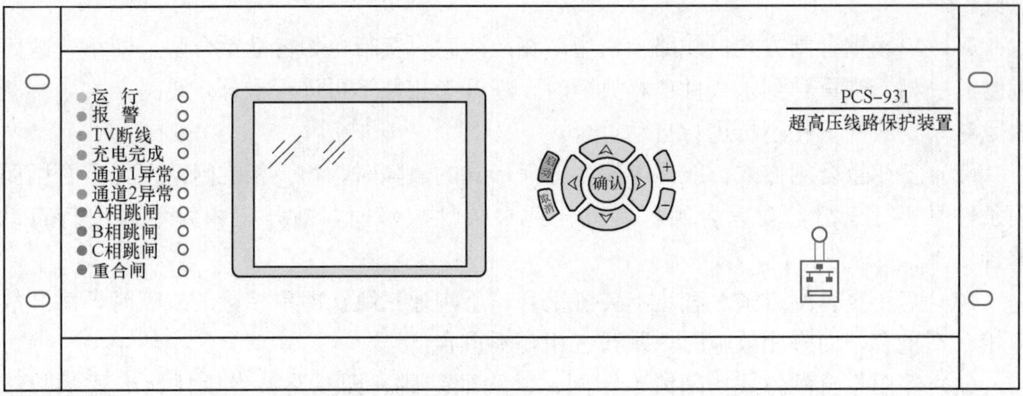

(a)

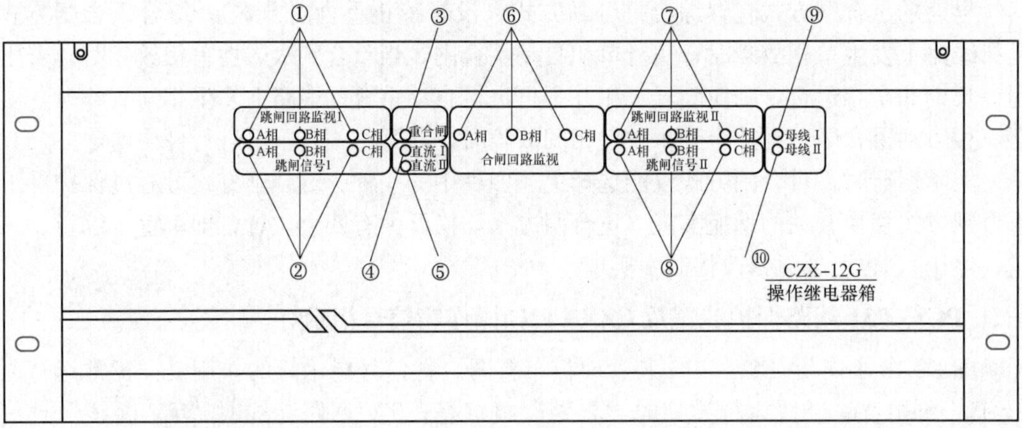

(b)

图 2-15 装置面板布置图

(a) PCS-931 面板图；(b) CZX-12G 操作箱面板图

动方式可以由保护动作启动或开关位置不对应启动。

1. 单相重合闸的启动条件

选择单相重合闸方式，可由保护启动重合闸，也可由断路器位置不对应启动重合闸。发生单相故障时，保护动作，断路器单相跳闸，跳闸触点返回后启动重合闸；当断路器单相偷跳，单相 KTP（跳闸位置继电器）动作，且满足单相 KTP 启动重合闸条件时，启动单相重合闸。若装置三跳或三相 KTP 动作，则不启动重合闸。

选择三相重合闸方式时，单相故障或多相故障，保护均三跳，当无闭锁重合闸信号时开放三相重合闸。当三相跳闸并当跳闸接点返回时，或者当三相 KTP 动作且满足三相 KTP 启动重合条件时，启动三重时间。

PCS-931 重合闸的启动逻辑如图 2-16 所示。G1、G2、G3、G4 构成单相重合闸方式的启动逻辑。

（1）控制开关与断路器位置不对应启动。线路三相断路器有一相偷跳，则启动单相重合方式。KTPA、KTPB、KTPC 分别为线路三相断路器的跳闸位置继电器，当其中之一动作（或门 G1），且不对应启动重合方式投入时，经 G3 判断偷跳相无电流，再经

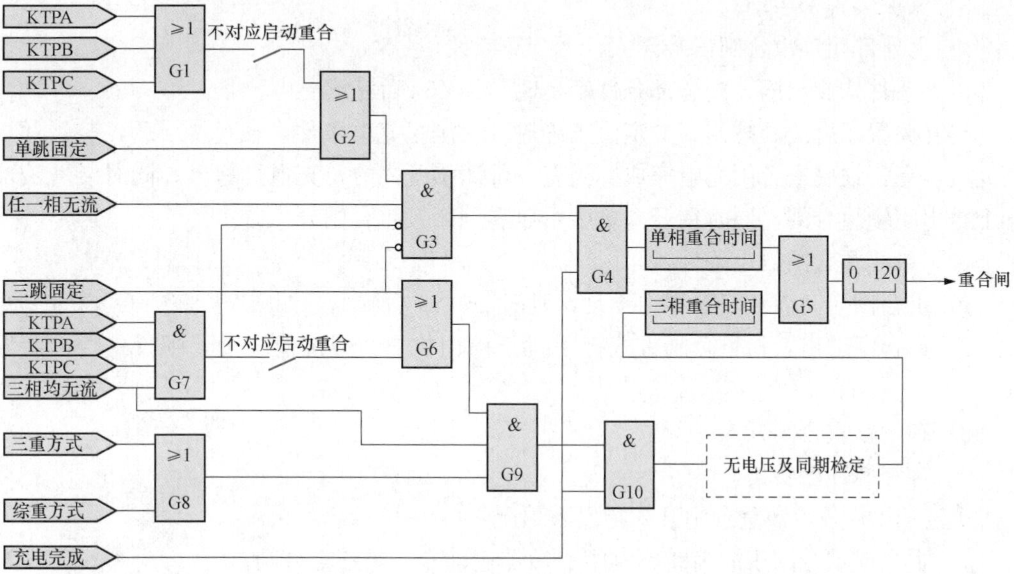

图 2-16　PCS-931 重合闸的启动逻辑

G4 启动单相重合闸时限，实现单相重合闸。

（2）保护动作启动。如果线路发生单相接地故障，保护动作跳开故障相，故障相电流消失，图 2-16 中“单跳固定”“任一相无流”同时满足，且无三跳固定和三相跳闸时，与门 G3 导通，开放与门 G4，启动“单相重合时间”。在线路保护中，保护单跳固定、保护三跳固定为该保护动作跳闸形成的跳闸固定（跳闸固定是为配合重合闸逻辑而设置的）。

2. 单相重合闸的充、放电逻辑

单相重合闸与三相一次自动重合闸一样是利用充、放电原理来实现一次合闸及闭锁重合闸的。如图 2-17 所示是 PCS-931 线路保护装置重合闸的充、放电逻辑框图。

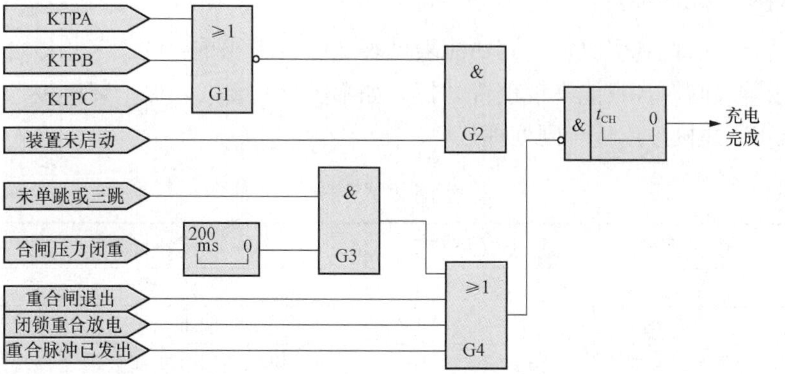

图 2-17　PCS-931 重合闸充、放电逻辑框图

（1）单相重合闸充电条件。单相重合闸与情境二任务一中所讲的三相重合闸充电逻辑类似，其充电条件有：

1）重合闸控制字正确投入；

2）无跳位开入（如图 2-17 中 KTPA、KTPB、KTPC 都不动作）；

3）保护装置未启动；

4）无外部闭锁重合闸信号开入、无 TV 断线信号。

以上条件构成与门，当全部条件满足时，经 15s 后完成充电。

当开关置于合位，控制字、定值正确输入，满足充电条件，经过 15s 后，装置面板上充电灯亮，说明重合闸充电完成。当有外部闭锁开入时，充电灯熄灭，同时装置液晶屏上报出闭锁重合闸，同时在开入量中可以看到闭锁重合闸开入置 1。

（2）单相重合闸放电条件：

1）重合闸启动前断路器压力不足，延时 200ms 后放电，如图 2-17 中 G3 逻辑；

2）重合闸退出，指重合闸方式把手置于停用位置，或定值中重合闸投入控制字置“0”；

3）有闭锁重合闸开入；

4）合闸脉冲已发出。

上述第 3）条闭锁重合闸开入指以下情况：

1）手合或重合闸于故障线路跳闸，后加速动作，闭锁重合闸；

2）非全相运行期间再发生故障；

3）零序Ⅳ段、相间距离Ⅲ段、接地距离Ⅲ段动作；

4）Ⅱ段零序、Ⅲ段零序、Ⅱ段相间距离、Ⅱ段接地距离等，若通过定值整定选择三跳闭锁重合闸方式时；

5）TV 断线过电流保护动作；

6）远跳受本侧控制，启动后收到远跳信号，三相跳闸并闭锁重合闸；远跳不受本侧控制，收到远跳信号后直接启动，三相跳闸并闭锁重合闸；

7）有外部闭锁开入（永跳继电器动作、手跳开入、低气压闭锁重合闸开入等）。

注意，这些条件图中未表示。

五、 重合闸方式控制字

重合闸方式由控制字决定，其功能表见表 2-4。单相重合闸、三相重合闸、禁止重合闸和停用重合闸有且只能有一项置“1”，如不满足此要求，保护装置报警（报“重合方式整定错”）并按停用重合闸处理。

表 2-4　　重合闸方式控制字

序号	重合方式	整定方式	备注
1	单相重合闸	0，1	单相跳闸单相重合方式
2	三相重合闸	0，1	三相跳闸三相重合方式
3	禁止重合闸	0，1	仅放电，禁止本装置重合，不沟通三跳
4	停用重合闸	0，1	即放电，又闭锁重合闸，并沟通三跳

控制字中“禁止重合闸”控制字置“1”，则重合闸退出，但保护仍是选相跳闸的。要实现重合闸停用，需将“停用重合闸”控制字、“停用重合闸”软压板、“闭锁重合闸”硬连接片三者任一投上。当控制字“单相重合闸”或“三相重合闸”置“1”时，重合闸投入。

六、 重合闸连接片

与重合闸相关连接片共有两个："闭锁重合闸"连接片、"重合闸出口"连接片。

"闭锁重合闸"连接片为保护功能开入连接片，当投入该连接片时，重合闸放电，在开入量中可以看到闭锁重合闸开入置1。

"重合闸出口"连接片作为保护装置的重合闸总出口，当该连接片退出时，满足重合闸动作条件保护可以正常发重合命令（合闸触点HJ可以正常动作），但是该重合命令不会发送至操作箱，开关无法完成重合。

任务准备

在开展任务之前，学生应按照《学生手册》中表2-19～表2-23所列项目，逐条确认该项准备工作是否完成或该项注意事项是否确已知晓。在已确认和已知晓的项目后确认框内打√。

任务实施

以PCS-931型线路保护装置为试验对象，对其单相重合闸功能进行检验。按照以下二～五的检验项目与方法进行检验，并将检验结果记录于《学生手册》中表2-25（输电线路单相自动重合闸功能检验试验报告）。

一、 准备工作

（1）执行二次安全措施票，并做好每一项标记，完成《学生手册》中表2-24。

（2）检查线路保护装置外部连接片在正确的投退状态。

（3）选择合适的试验地点放置保护测试仪器，测试仪的接地点应可靠接地。

二、 试验接线

1. 交流电流回路

按保护装置原理图将电流输入量接入端子1ID1（A相）、1ID2（B相）、1ID3（C相）、1ID4（N相），如图2-18所示。

图2-18 交流电流回路接线

2. 交流电压回路

按保护装置原理图将交流电压输入量接入端子1UD1（A相）、1UD2（B相）、

1UD3（C 相）、1UD4（N 相），如图 2-19 所示。注意，接入前需断开空开 1ZKK，测得上述端子不带电后可以接入。

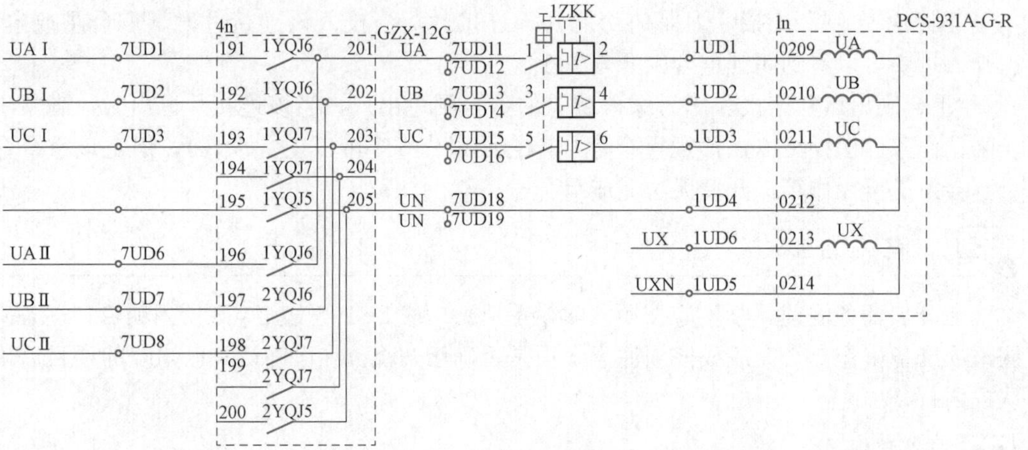

图 2-19　交流电压回路接线

3. 开关量回路接线

（1）保护测试仪开入回路接线。断开操作电源空气开关，参照图 2-20，拆除 1CD1 端子上装置配线 1n-1302，用试验线将拆下的线头接至保护测试仪输入公共端 COM/＋KM；拆除 1KD1 端子上装置配线 1CLP1-1，并将拆下的线头通过试验线接至保护测试仪开入端 1。从图 2-20 中可以看出，保护动作触点 TJA-1、TJB-1、TJC-1 分别对应 A、B、C 三相跳闸。试验中，模拟 A 相故障，所以这里只需要将 TJA-1 触点引入保护试验装置即可。

HJ-1 为保护重合闸触点，将该触点引入保护测试仪开入端 2，即可测量重合闸时间。

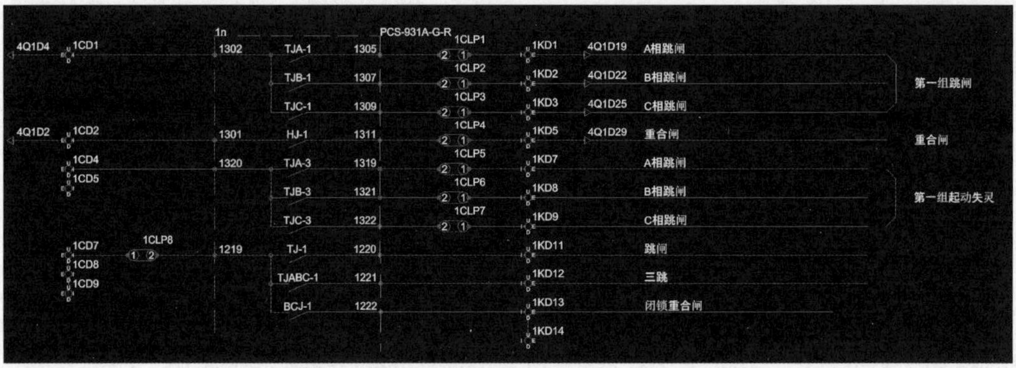

图 2-20　保护跳闸及合闸出口原理接线图

（2）模拟断路器跳闸、合闸回路接线。用试验线将保护屏端子排端子 4Q1D49、4C1D2、4C1D4、4C1D6 与模拟断路器开关量输入公共端子、跳 A、跳 B、跳 C 依次连接，用试验线将保护屏端子排端子 4C1D9、4C1D12、4C1D15 与模拟断路器合 A、合 B、合 C 依次连接；用试验线将保护屏端子排端子 4C1D8、4C1D11、4C1D14、4Q1D49

与模拟断路器开关量输出端子跳 A、跳 B、跳 C、公共端依次连接。

三、 单相重合闸充电逻辑验证

检查保护正常运行，无异常信号；检查控制字、定值正常投入（同期方式选择非同期）；检查保护开入，确认无闭锁条件开入；将断路器置于合位。经一定延时后，重合闸充电完成，“充电”灯亮，说明重合闸充电逻辑正确。

四、 单相重合闸放电逻辑验证

重合闸充电完成后，“充电”灯亮。

（1）将保护控制字“单相重合闸”由 1 改为 0，停用重合闸由 0 改为 1，固化完成后看到“充电”灯熄灭，说明重合闸控制字逻辑正确。

（2）重合闸充电完成后，投入“闭锁重合闸”硬连接片，“充电”灯熄灭，同时保护液晶屏报出闭锁重合闸报文，保护开入量中“闭锁重合闸”开入由 0 变为 1，说明外部闭锁开入功能正常。

（3）手动操作保护装置断开断路器，看到保护开入量中“闭锁重合闸”开入由 0 变为 1，同时“重合允许”灯熄灭，说明手跳闭锁重合闸逻辑正确。

（4）通过短接触点，模拟外部永跳开入，看到保护开入量中“闭锁重合闸”开入由 0 变为 1，同时“重合允许”灯熄灭，说明永跳开入闭重逻辑正确。

（5）通过短接开关气压表触点，模拟开关低气压信号，从保护液晶屏看到“低气压闭锁重合闸”信号报出，同时重合闸放电，说明低气压闭锁重合闸逻辑正确。

五、 单相重合闸动作逻辑验证及动作时间检测

（1）进入保护测试仪“状态序列”菜单，在“状态序列”菜单中设置三个状态，分别为正常态、故障态、重合态。其中正常态到故障态转换方式可采用手动切换，故障态、重合态均采用开入量触发切换方式。

（2）参照表 2 - 1 和表 2 - 2 所示定值单设置保护测试仪的三个状态的参数：正常态，测试仪模拟线路正常工作时的电压、电流；故障态，测试仪模拟线路 A 相接地故障时的电压、电流（需预先整定 PCS - 931，选择一种保护动作即可），线路保护装置判断 A 相接地发出 A 相跳闸命令；重合态，测试仪模拟 A 相单相跳闸后的电压、电流，线路保护装置检测到单相跳闸后启动重合。

（3）操作保护测试仪进入正常态，开始试验，观察线路保护装置，待重合闸充电完成后，手动切换至故障态，线路保护装置应正确动作，跳开故障相 A；A 相跳闸触点闭合后，保护测试仪应能自动切换至重合态，重合闸动作后，试验结束。

（4）测试仪中故障态的“开入 1”动作时间为保护跳闸出口时间，重合态的“开入 2”动作时间为重合闸动作出口时间，二者时间差即为重合闸动作时间，将该时间与定值中重合闸时间及保护动作报文中重合闸时间分别比对。

六、 结束工作

工作任务全部完成后，对照《学生手册》中表 2 - 26 所示结束工作清单对每一项目进行检查确认，整个工作过程结束。

任务评价

对该任务进行教学评价时，教师或互评小组对学生小组执行工作任务的整个过程按照《学生手册》中表2-27（输电线路单相自动重合闸功能检验任务评价表）及时记录并予以评价。

任务扩展

一、单相重合闸的动作时限

在整定单相重合闸动作时限时，除了应考虑满足大于故障点灭弧时间及周围介质去游离的时间，大于断路器及其操动机构复归原状准备好再次动作的时间外，还应考虑以下两个问题。

（1）无论是单侧电源还是双侧电源，两侧以不同的时限切除故障的可能性。对于线路两侧以不同的时限切除故障的影响，与双电源线路三相一次自动重合闸动作时限相同。

（2）潜供电流对灭弧所产生的影响。当发生单相接地故障时，保护将故障相两侧断路器跳开后，由于非故障相与断开相之间存在静电（通过电容）和电磁（通过互感）的联系，因此，虽然短路电流已被切断，但在故障点的弧光通道中仍然流有电流存在。①非故障相A通过A、C间的电容C_{AC}供给的电流i_{CA}。②非故障相B通过B、C间的电容C_{BC}供给的电流i_{CB}。③继续运行的两相中，由于流过负荷电流$\dot{I}_{LA}$和$\dot{I}_{LB}$而在C相中产生互感电动势$\dot{E}_M$，此电动势通过故障点和该相对地电容C_0而产生的电流i_M。这些电流的总和（$i_M+i_{CA}+i_{CB}$）就称为潜供电流，如图2-21所示。

潜供电流使短路点弧光通道的去游离受到严重阻碍，而自动重合闸只有在故障点电弧熄灭且绝缘强度恢复以后才有可能重合成功，因此，考虑潜供电流的影响，单相重合闸的动作时限需设定得长一些。三相重合闸不存在这个问题，其时限一般比单相重合闸的动作时限设定得短一些。在330～500kV的长距离输电线路上，一般要采用并联电容的方法限制潜供电流，当潜供电流被限制在10～15A以下时，单相与三相重合闸可取同样的值。

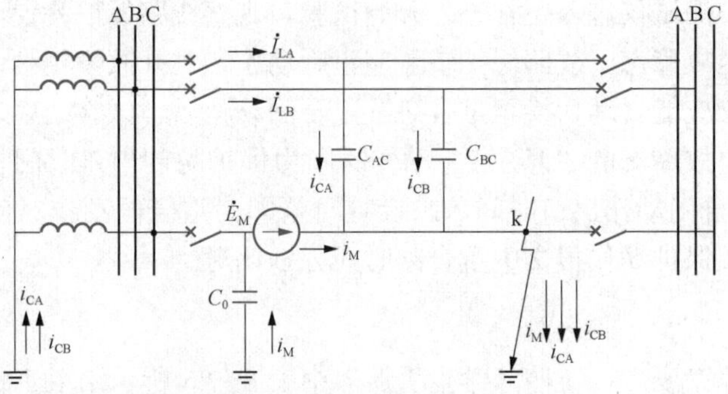

图2-21 潜供电流产生原理

潜供电流的持续时间与很多因素有关，通常由实测来确定熄弧时间，以便正确整定单相重合闸的时间。

二、 非全相运行对继电保护的影响

在单相重合闸的过程中，线路处于非全相运行的状态，此时会出现负序和零序分量的电流和电压，对零序保护和距离保护都会造成影响，需要采取必要的措施。

（1）零序电流保护。长线路处于非全相运行时，线路的零序电流可达正常负荷电流的 40%，因此，凡整定值躲不开该值的零序电流保护（如灵敏Ⅰ、Ⅱ段）需退出工作，当线路转入全相运行后，应适当延时才能投入工作。在非全相运行期间，还应将本线路的零序三段保护缩短一个时间差，以防止本线路重合闸不正常时造成相邻线路零序电流保护误动作。

（2）距离保护。非全相运行期间，当系统有振荡时，相间距离保护存在误动作的可能。对于接地距离保护，当使用线路电压互感器时，也存在误动的可能，故实际运行的距离保护在非全相运行时均被闭锁退出工作。

线路非全相运行中不会误动作的保护（例如纵差保护、零序不灵敏Ⅰ段等），在线路非全相运行过程中，作为其余两相的保护继续工作，被退出的保护则在单相重合后再投入工作。

三、 综合重合闸方式中的无压及同期检定

单相重合闸时是不需要检查同期的，而综合重合闸方式下进行三相重合闸时，可通过控制字选择，工作在检定线路无压重合闸、检同期重合闸方式，也可选用不检而直接重合闸方式。无电压检定和同期检定的工作原理与双电源线路三相一次重合闸中检定原理相同。

四、 3/2 断路器接线方式下的重合闸

对于不同的主接线形式，重合闸由不同的保护装置来实施。一般在双母线、单母线接线方式中，重合闸由相应线路的微机线路保护装置来完成。这是因为输电线路保护发跳闸命令时，只跳本线路本端的断路器，如图 2-22 中线路 1 的 QF1，重合闸也只重合该断路器，所以重合闸由该线路保护来实现比较方便。

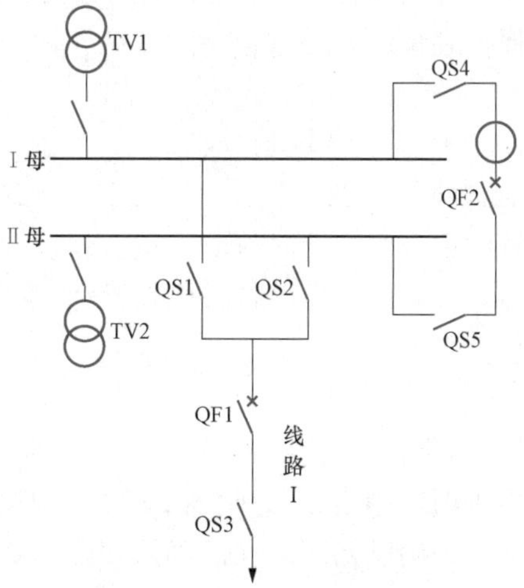

图 2-22　双母线接线中线路重合闸的配置

3/2 接线方式下的重合闸

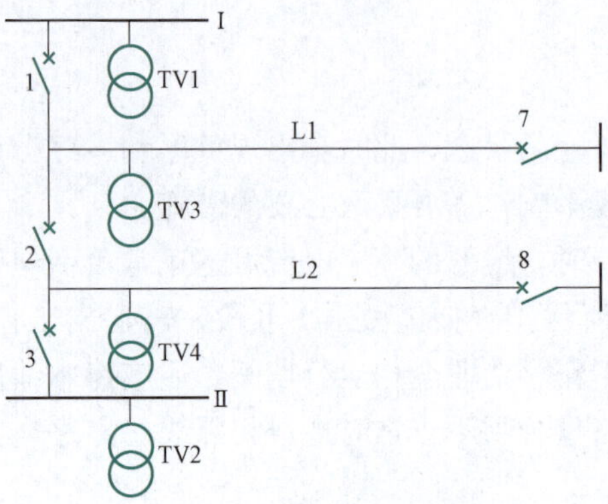

图 2-23　3/2 断路器接线示意图

对 3/2 断路器接线方式来说，重合闸往往由对应的断路器保护装置来完成。如图 2-23所示，线路 L1 的保护发跳闸命令时，将会跳 1 号、2 号两个断路器，重合闸自然也要合这两个断路器，而且这两个断路器的重合还有一个顺序问题，所以对 1 号、2 号断路器各设置一套包含重合闸功能的断路器保护装置，各自重合自己的断路器。3/2 断路器接线方式中把失灵保护、自动重合闸、三相不一致保护、死区保护、充电保护由一个保护装置完成，这个保护装置称作断路器保护。

此外，在 3/2 断路器接线方式下，输电线保护跳合的断路器有两个，如图 2-23 中 L1 故障跳 1、2 两个断路器。为了减少断路器的动作次数，缩短永久性故障的切除时间，在故障断开后，一般采用先后合闸方式进行重合闸，即两台断路器预先指定一台断路器作为先合断路器。在重合时，先合断路器合闸后，如故障已经消除，经一定延时后再合另一台断路器。如果是永久性故障，先合断路器合闸不成功，线路保护动作并同时向两台断路器发出跳闸命令，后合断路器不再重合。

任务四　自动重合闸的异常判断与处理

任务目标

理解线路保护装置和与之关联的操动机构箱中有关单相自动重合闸的信号的含义；熟悉输电线路保护装置中有关重合闸的常见异常（故障）告警信息的含义；熟悉输电线路保护装置中有关重合闸的常见异常（故障）的排查方法；理解输电线路保护装置中有关重合闸的异常（故障）排查及处理过程中各工具的用途、危险点分析方法及防范措施；在专人监护和配合下完成输电线路保护装置中有关重合闸的常见异常（故障）的排查及处理。

任务描述

本任务主要完成对输电线路保护装置中重合闸的无法充电、重合闸误动作、动作过程异常等缺陷进行排查及处理。本任务以 PCS-931 型线路保护装置和 CZX-12G 操作箱为例。

任务准备

在开展任务之前，学生应按照《学生手册》中表 2-28～表 2-32 所列项目，逐条确认该项准备工作是否完成或该项注意事项是否确已知晓。在已确认和已知晓的项目后确认框内打√。

任务实施

在专人监护下，按照下面“二、重合闸常见异常、故障及其排查方法”完成以下场景中重合闸缺陷处理。

场景一：某 220kV 变电站，某线路新装调试，保护装置接线完成后，发现重合闸无法正确充电，请根据图纸资料进行检查，并简要写明检查思路。

场景二：某 220kV 变电站某 220kV 线路发生跳闸，保护跳开断路器后，重合闸动作不正确，根据现象分析、查找故障点。

并仿照表 1-4 给出的备自投装置异常事故处理报告实例，将处理结果记录于《学生手册》中表 2-34（自动重合闸异常判断与处理报告）。

一、准备工作

执行二次安全措施票，并做好每一项标记，完成《学生手册》中表 2-33。检查线路保护装置外部连接片在正确的投退状态。选择合适的试验地点放置保护测试仪器，测试仪的接地点应可靠接地。

二、重合闸常见异常、故障及其排查方法

（一）重合闸不能正确充电

重合闸充电正常与否的判断需要观察 PCS-931 保护装置面板上的“充电完成”灯。需要注意的是，当重合闸充电完成后，“充电完成”灯亮；重合闸充电过程中或重合闸被闭锁、不满足充电条件时，“充电完成”灯不会亮。

如果发现重合闸“充电”灯没有亮，需要做如下检查：

（1）应检查控制字、定值、连接片的投入是否正确。

（2）检查保护开入量状态是否有外部闭锁重合闸开入。查看保护装置信息，若外部闭锁重合闸开入显示为 0，则无外部闭锁重合闸开入量；若外部闭锁重合闸开入显示为 1，则表明有外部闭锁重合闸开入量，需进一步测量 4P1D11 端子电位，若测得正电，则说明有外部闭锁开入。

自动重合闸故障处理

检查 4P1D11 端子外部闭锁开入的具体方法是：两人配合，一人站在保护屏前监视开入量变位，一人在屏后，逐一拆除 4P1D11 上所接外部线，每拆除一根，询问屏前配合人员闭锁是否复归，若未复归，则恢复接线，继续拆除其他外部线。如果拆除某根接线后闭锁信号复归，则表明闭锁信号是由该外部线发送至保护的，需进一步检查配线对侧触点，判断闭锁信号是否正常，进行处理。外部闭锁重合闸开入量如图 2-24（a）所示。

（3）若测得 4P1D11 端子为低电位，则说明无外部闭锁开入，需进一步检查是否有低气压闭锁重合闸开入。查看保护装置信息，若低气压闭锁重合闸开入量显示为 1，则说明有外部低气压闭锁重合闸信号开入，需进一步检查：将 4P1D12 上所接外部线拆除，若信号复归，说明闭锁信号由拆除的外部线所发送，检查该外部线对侧所接触点状态是否正确。低气压闭锁开入量如图 2-24（a）所示。

（4）查看保护装置信息，若低气压闭锁重合闸开入量显示也为 0，则需检查断路器位置开入是否正确。

重合闸充电条件为三相断路器均为合位，而如果断路器跳闸位置继电器触点异常（例如黏合）时，重合闸不会充电。

检查断路器位置是否正确的方法是：检查保护开入量中各相断路器位置，可在屏后用万用表测量保护屏端子排端子 4P1D6、4P1D7、4P1D8 的电位，若测量有正电位，说明对应相位置继电器触点异常。断路器位置开入量如图 2-24（a）所示。

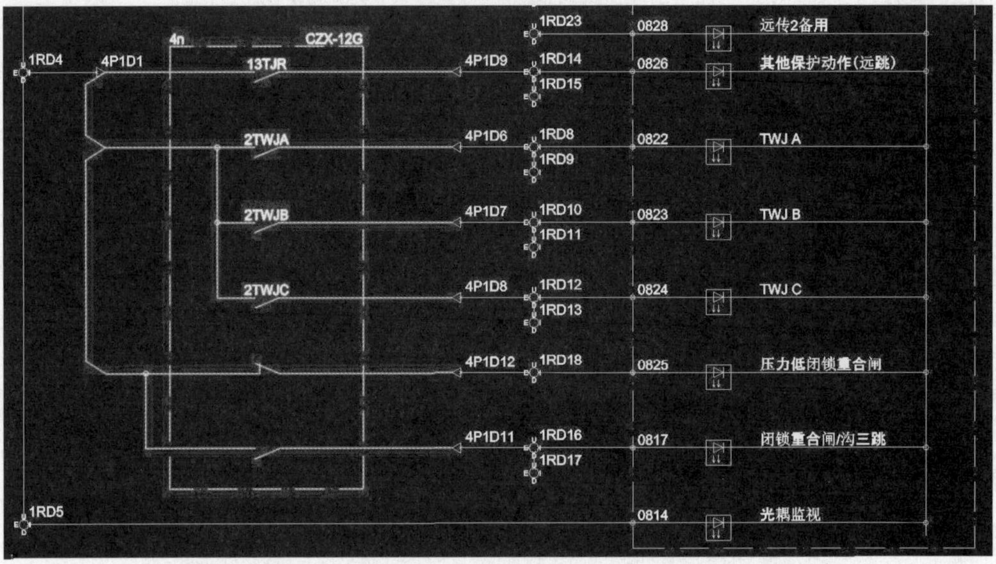

(a)

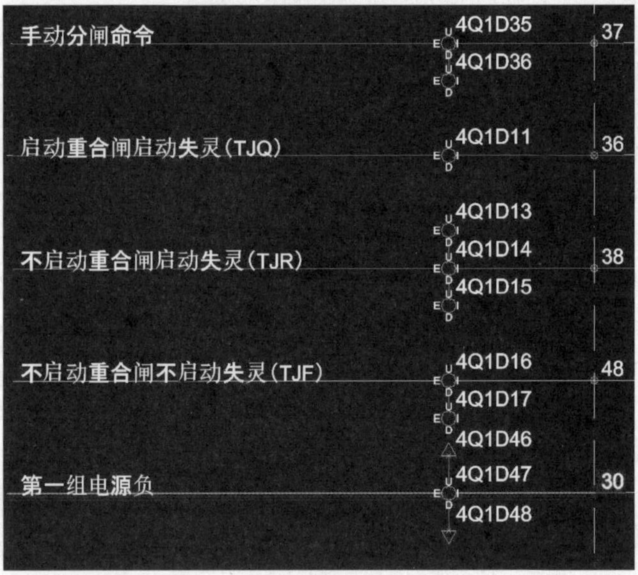

(b)

图 2-24 PCS-931 外部闭锁重合闸开入回路图

（a）外部闭锁开入回路 1；（b）外部闭锁开入回路 2

（二）重合闸完成充电后，不能正确动作

若重合闸不能正确动作，需从如下几个方面来确认故障原因。

（1）检查 PCS-931 保护装置重合闸定值是否正确，检查保护屏上各连接片投、退是否正确。

（2）检查保护装置面板及报文。保护装置上重合闸红灯是否正确亮，若红灯未亮，说明保护装置中重合闸未动作，检查动作时保护报文，看保护动作后是否有外部闭锁开入、永跳开入、手跳开入，检查外部闭锁开入回路（参考图 2-24）。如果保护报文中有闭锁重合闸变位，则检查 4P1D11 端子上所接外部回路触点是否正确；保护报文中有手跳开入变位，则检查 4Q1D35 端子上所接外部回路触点是否正确。有压力低闭重信号，则检查 4P1D12 上所接外部回路触点是否正确，检查方法同（一）。

（3）调取保护录波，看波形中保护启动开关量变位，保护切除后，是否还有电流采样长期存在。检查电流回路，结合系统运行情况进行合理分析。

三、结束工作

异常判断与处理工作全部完成后，对照表 2-35 所示结束工作清单对每一项目进行检查确认，整个工作过程结束。

任务评价

需要进行教学评价时，教师或互评小组对学生小组执行工作任务的整个过程按照《学生手册》中表 2-37（自动重合闸的异常判断与处理任务评价表）及时记录并予以评价。

任务扩展

故障处理：保护重合闸正确动作，断路器无法正确重合。

保护装置上重合闸灯正确点亮，但是断路器未正确重合，遇到此类情况，应依次做如下检查：

（1）检查出口连接片是否正确投入。

（2）检查操作箱上重合灯是否正确点亮，若重合灯未点亮，说明重合闸回路存在故障，需检查保护重合闸回路。

1）参照图 2-25，用万用表检查保护屏端子排 1CD2 端子、1CLP4 连接片电位。正常情况下（HJ-1 断开时），公共端 4Q1D1 端子上操作电源正极经配线接至 1CD2 端子，1CLP4 连片经继电器、配线等最终与操作电源负极相连。若电位错误，说明回路存在断开点，逐级寻找断点。

2）参照检查图 2-26，用万用表检查保护屏端子排 4Q1D6、4C1D9 端子电位，正常情况下 4Q1D6 端子与操作电源正极相连，4C1D9 端子经断路器合闸回路与操作电源负极相连。若电位错误，说明回路存在断开点，逐级寻找断点。

图 2-25 中，当线路保护装置送来的合闸触点 HJ-1 闭合时，合闸正电源经触点送至 CZX-12G 操作箱端子 n33，操作箱内部 ZHJ、ZXJ 继电器动作。ZHJ 为重合闸重动继电器，动作后有三对动合触点闭合并被分别送到 A、B、C 三个分相合闸回路（见图 2-26），启动断路器的合闸线圈（图 2-26 中仅画出了 A 相合闸回路）。ZXJ 为磁

保持信号继电器，动作后一方面启动一个发光二极管，表示重合闸回路动作，另一方面去启动有关信号回路。当按下复位按钮时，磁保持继电器复位线圈励磁，合闸信号复归。

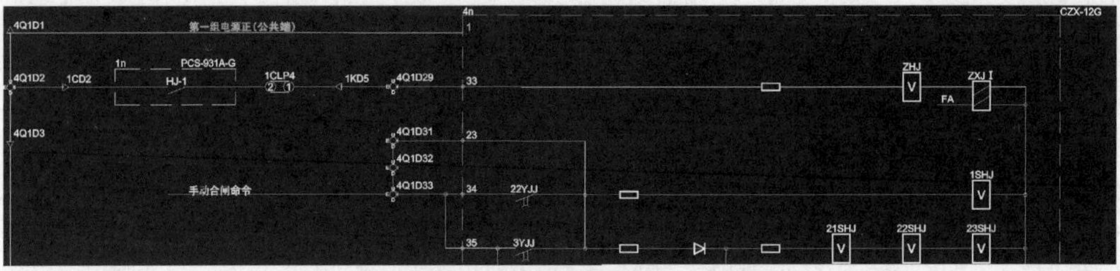

图 2-25 CZX-12G 开入回路图（局部）

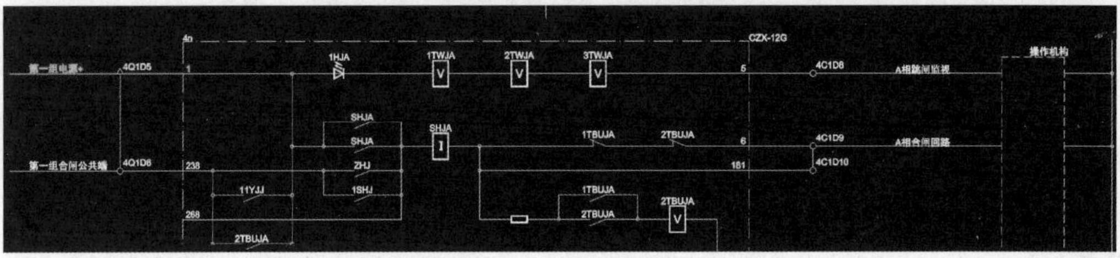

图 2-26 CZX-12G 合闸回路图（局部）

情境三　电力系统低频低压减负荷装置运行与维护

情境描述

电力系统低频低压减负荷装置属于电网安全自动装置。电力系统低频低压减负荷装置的检验，以及常见的异常及故障处理属于继电保护员的日常工作。继电保护及电网安全自动装置的检验可分为新安装检验、全部检验和部分检验。本情境以PCS-994C型频率电压紧急控制装置为例，按照DL/T 995—2016《继电保护和电网安全自动装置检验规程》规定的项目对该装置进行部分检验，并对装置常见的异常及故障进行处理。

情境目标

通过本情境学习，应达到以下目标：知识目标：熟悉电力系统低频低压减负荷装置的工作原理、基本结构与二次回路；熟悉装置常见异常及故障的起因、处理方法；熟悉各项检验的安全要求、目的及原理与方法；熟悉检验报告的格式及填写要求；牢固树立安全风险防范意识，养成严谨、细致的工作态度，形成逻辑严密的思考习惯。

任务一　低频低压减负荷装置通用检验

任务目标

理解电力系统自动按频率减负荷的作用；理解电力系统自动按频率分级减负荷的工作原理；理解自动按频率减负荷动作频率、动作时间定值的含义、整定原则；熟悉电力系统低频低压减负荷装置的结构及菜单操作；熟悉电力系统低频低压减负荷装置二次接线的工作原理及各相关元件的作用；理解电力系统低频低压减负荷装置中有关自动按频率减负荷动作信息的含义；理解自动按频率减负荷通用检验的目的、各检验工具的用途、危险点分析方法及防范措施；熟悉自动按频率减负荷通用检验的接线、检验原理及检验步骤；在专人监护和配合下完成自动按频率减负荷通用检验，并依据检验标准对检验结果进行正确的分析、判断。

任务描述

本任务主要完成低频低压减负荷装置的通用检验，包括外部检查、通电检查、电源、装置采样、开入、开出、定值检查等7个方面的检验。本任务以PCS-994C型频率电压紧急控制装置为例。

知识准备

一、 电力系统中频率降低的控制措施

电力系统的频率与电力系统的有功功率是否平衡有关。当发电机组发出的有功功率与负荷消耗的有功功率相等时，电力系统的频率会稳定不变；当发电机组发送的有功功率有盈余时，频率就会上升；当发电机组发送的有功功率有缺额时，频率就会下降。如果电力系统受到扰动失去部分电源（如切除发电机、系统解列等），造成电力系统（通常是某区域电网）中发电总有功功率不足以供给该系统中负荷所需有功功率，电力系统就会出现有功缺额，频率就会下降。有功缺额越大，频率下降速度越快，幅度也越大，严重的频率降低会危及电力系统的安全。

运行实践表明，电力系统频率不能长期维持在 49.5～49Hz 以下，事故情况下不能较长时间停留在 47Hz 以下，绝对不允许系统频率低于 45Hz。因此，当电力系统因故出现较大的功率缺额时，应采取紧急控制措施，以保证系统的稳定运行。电力系统中应设置限制频率降低的控制装置，以便在系统频率严重下降时将频率降低限制在短时允许范围内，并使频率在允许时间内恢复至长时间允许值。

当电力系统因有功缺额而频率严重下降时，通常采用按频率降低减负荷装置（文字代号 AFL）切除部分负荷，同时通过启动旋转备用或投入备用机组的方法来增加发电功率。这些措施都可以减小有功缺额，从而恢复系统频率。电力系统按频率降低切负荷是电力系统安全稳定控制的第三道防线。

由于电力系统扰动的随机性，每次扰动造成的有功缺额很难确定，为了避免过多切除负荷，电力系统通常采用分级切负荷的策略来恢复频率，即随着频率下降逐级切除负荷，切负荷总量及各级切负荷量由区域调度统一安排。

按频率减负荷原理

1. 电力系统自动按频率减负荷的配置特点

电网的自动按频率减负荷配置可用图 3-1 说明。图中基本级由 n 轮切负荷构成，每轮切负荷按系统规划配置在一个或多个变电站中。特殊级由 m 轮切负荷构成，每轮切负荷同样按系统规划配置在一个或多个变电站中。每轮自动按频率减负荷都由频率测量元件（f）、延时元件（Δt）和执行元件（CA）三部分组成。频率测量元件负责监视系统频率的变化，当系统频率降低到频率测量元件的动作频率时，该轮启动，经延时后启动执行元件，切除对应的负荷。

如图 3-1 所示，当电网频率降至 f_1时，第 1 轮频率测量元件启动，经延时 Δt_1 后执行元件 CA1 动作，切除第 1 轮负荷 ΔP_1；当系统频率降至 f_2时，第 2 轮频率测量元件启动，经延时 Δt_2 后执行元件 CA2 动作，切除第 2 轮荷 ΔP_2。如果系统频率继续下降，则基本级后几轮依次继续切除负荷；若切除某一轮后频率不再继续降低，则下一轮不再启动。

在基本级各轮依次切负荷的过程中，可能出现下述两种情况：其一，第 i（$i<n$）轮动作后，频率回升稳定值不能满足要求，悬浮于规定恢复频率最低值（例如 49.2Hz）以下的某频率值，如图 3-2 中曲线 1 所示；其二，第 i 轮动作后，频率继续下降，但不足以使第 $i+1$ 轮动作，悬浮于 f_{i+1}频率之上的某频率值，如图 3-2 中曲线 2 所示。

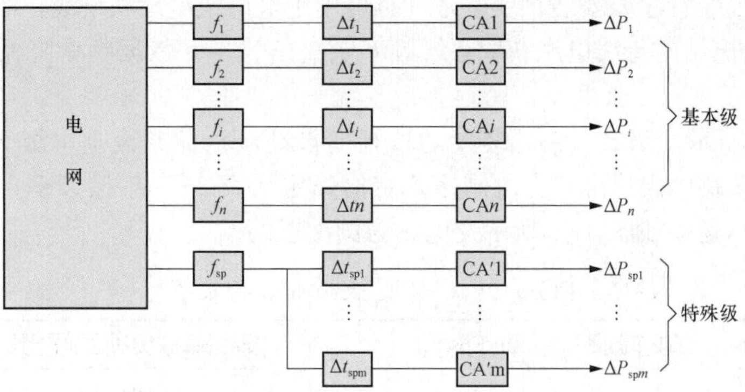

图 3-1　电网自动按频率减负荷示意图

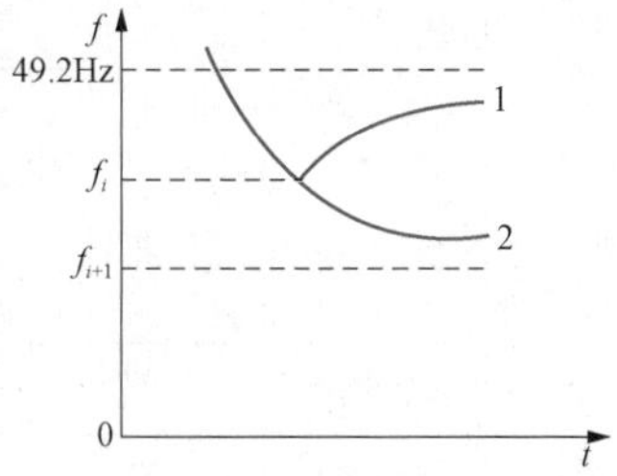

图 3-2　频率变化的特殊情况

为使频率恢复至规定的恢复频率（例如 49.2Hz）以上，系统设置了按频率减负荷的特殊级。特殊级检测到系统频率低于规定的恢复频率时，经长延时再切去一部分负荷，使系统频率恢复希望值以上。考虑到特殊级动作时系统频率已处于稳定，为防止误动作，特殊级带 10～20s 的时限。特殊级与基本级一样，多轮依次切负荷。

当然，如果有功缺额过大，基本级各轮全部动作切负荷后系统频率仍不能恢复，特殊级也应动作。

2. 常用的自动按频率减负荷装置

实现自动按频率减负荷的方法关键在于测量频率，在微处理器特别是单片机推广应用以前，测频主要靠电磁型或晶体管型的频率继电器，后来又发展了数字式频率继电器，由频率继电器和控制轮次的中间继电器组成整套自动按频率减负荷装置。目前常用的低频低压减负荷的设备基本都是微机式的，常用的有：①在变电站中配置专用的频率电压紧急控制装置（集中式）；②利用各馈电线路的保护装置实现低频低压减负荷功能（分散式）。

现在微机保护装置都是面向对象设置的，每回线路配一套保护装置，在保护装置中增加一个测频、测压环节，便可以实现自动按频率、按电压减负荷的控制功能了。但是，有时电力系统在扰动时需要实施按频率升高自动切机、自动解列等措施，线路保护装置通常不具备这些功能，此时往往采用专用的频率电压紧急控制装置。

频率电压
紧急控制装置
（基本级和特殊级）

3. 动作定值整定原则

按照 GB/T 14285—2006《继电保护和安全自动装置技术规程》的规定：基本级第 1 轮动作频率不高于 49.2Hz；基本级各轮动作时间不超过 0.2s；特殊级第 1 轮动作时间不小于 10s 到 15s。

二、 PCS-994C 频率电压紧急控制装置的工作原理

PCS-994C 型频率电压紧急控制装置（简称 PCS-994C 装置）是目前应用较为广泛的低频低压减负荷装置之一。

PCS-994C 装置主要安装在变电站（也可用于电厂或电厂联络线，但作用与变电站不同），它从变电站的母线电压获取系统频率变化信息，并依据频率降低的程度分级切除部分负荷。

如表 3-1 所示，PCS-994C 装置的按频率自动减负荷共设基本级 5 轮，特殊级 3 轮，各轮减负荷跳闸出口配置由跳闸矩阵定值确定。表 3-1 中按频率自动减负荷各级各轮的跳闸出口是以如图 3-3 所示变电站为例配置的。

表 3-1　　PCS-994C 装置低频减负荷配置

级属	轮次	动作频率	动作时间	按频率减负荷跳闸出口配置
基本级	第 1 轮	F_1	T_{f1}	切除负荷 1、2 两条线路，从出口 01、出口 02 出口
	第 2 轮	F_2	T_{f2}	切除负荷 7、8 两条线路，从出口 07、出口 08 出口
	第 3 轮	F_3	T_{f3}	不切负荷
	第 4 轮	F_4	T_{f4}	切除负荷 9、10 两条线路，从出口 09、10 出口
	第 5 轮	F_5	T_{f5}	切除负荷 5、6 两条线路，从出口 05、06 出口
特殊级	第 1 轮	F_{s1}	T_{fs1}	切除负荷 3 一条线路，从出口 03 出口
	第 2 轮	F_{s2}	T_{fs2}	不切负荷
	第 3 轮	F_{s3}	T_{fs3}	不切负荷

PCS-994C 装置低频切负荷的过程是：当系统频率下降到基本级第 1 轮的动作频率 F_1 时，基本级第 1 轮经延时 T_{f1} 切除对应的负荷（即从出口 01、出口 02 跳两条线路断路器）；如果系统频率仍下降，降低到基本级第 2 轮的动作频率 F_2 时，基本级第 2 轮经延时 T_{f2} 切负荷（从出口 07、出口 08 跳两条线路断路器）；如果频率继续降低，则依次启动基本级的第 3、4、5 轮。但是若基本级某一轮切除负荷后系统频率不再下降，或虽然略有下降，但不足以使基本级的下一轮动作，或频率略有上升，但仍徘徊在较低水平，则特殊级各轮再依次经延时切负荷，直到系统频率恢复到理想的范围内。

三、按电压自动减负荷的作用及基本原理

1. 按电压自动减负荷的作用

当电网发生大的无功功率缺额时，为防止电压崩溃的发生，除了分区安排无功功率事故紧急备用容量外，必要时应该切除一定容量的有功功率负荷（包含相应的无功负荷），这就是按电压自动减负荷（或称低压减载）。完成低压减载的自动装置一般配置在可能发生电压崩溃的负荷中心区域，在系统无功不足引起电压下降时，减去一部分负荷，这样当系统发生大的无功功率缺额时可有效防止电压崩溃，避免发生大的停电事故。

2. PCS-994C 装置按电压自动减负荷的基本原理

低压减载与低频减载相似，也是分级多轮实现的，也安排有基本级和特殊级，这里不再赘述。

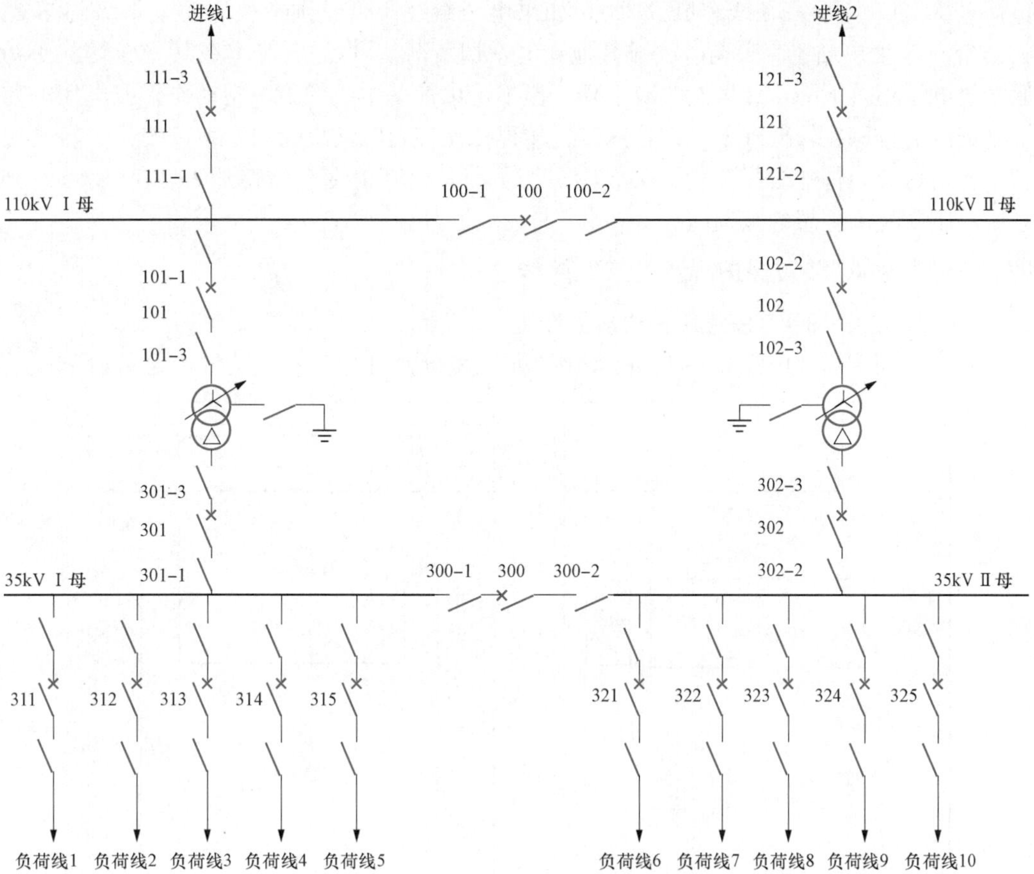

图 3-3　110kV 变电站主接线图

PCS-994C 装置的按电压自动减负荷共设基本级 5 轮，特殊级 3 轮，见表 3-2。PCS-994C 装置各轮减负荷跳闸出口配置由跳闸矩阵定值确定，表 3-2 中低压减负荷的跳闸出口也是按图 3-3 所示变电站配置情况。

表 3-2　　PCS-994C 装置按电压减负荷基本级和特殊级配置

级属	轮次	动作电压	动作时间	切除负荷跳闸出口
基本级	第 1 轮	U_1	T_{u1}	切除 1 条线路，从出口 03 出口
	第 2 轮	U_2	T_{u2}	切除 1 条线路，从出口 01 出口
	第 3 轮	U_3	T_{u3}	不出口
	第 4 轮	U_4	T_{u4}	不出口
	第 5 轮	U_5	T_{u5}	不出口
特殊级	第 1 轮	U_{s1}	T_{us1}	切除 1 条线路，从出口 02 出口
	第 2 轮	U_{s2}	T_{us2}	不出口
	第 3 轮	U_{s3}	T_{us3}	不出口

PCS-994C 装置低压减负荷的过程是：当系统电压下降到基本级第 1 轮的动作电压 U_1 时，基本级第 1 轮经延时 T_{u1} 切除对应的负荷（即从出口 03 跳一条线路断路器）；如果系统电压仍下降，降低到基本级第 2 轮的动作电压 U_2 时，基本级第 2 轮经延时 T_{u2} 切

负荷（从出口 01 跳一条线路断路器）；如果电压继续降低，则依次启动基本级的第 3、4、5 轮（本变电站不切负荷，安排其他变电站切负荷）。但是若基本级某一轮切除负荷后系统电压不再下降，或虽然略有下降，但不足以使基本级的下一轮动作，或电压略有上升，但仍徘徊在较低水平，则特殊级各轮再依次经延时切负荷（本站仅安排了特殊级第一轮切负荷，特殊级第 2 轮、第 3 轮不切负荷，由其他变电站特殊级切负荷），直到系统电压恢复到理想的范围内。

四、PCS-994C 装置保护屏及其二次接线

（一）PCS-994C 装置保护屏屏面布置

如图 3-4 所示为 PCS-994C 装置保护屏柜面布置图。表 3-3 为屏内设备清单。

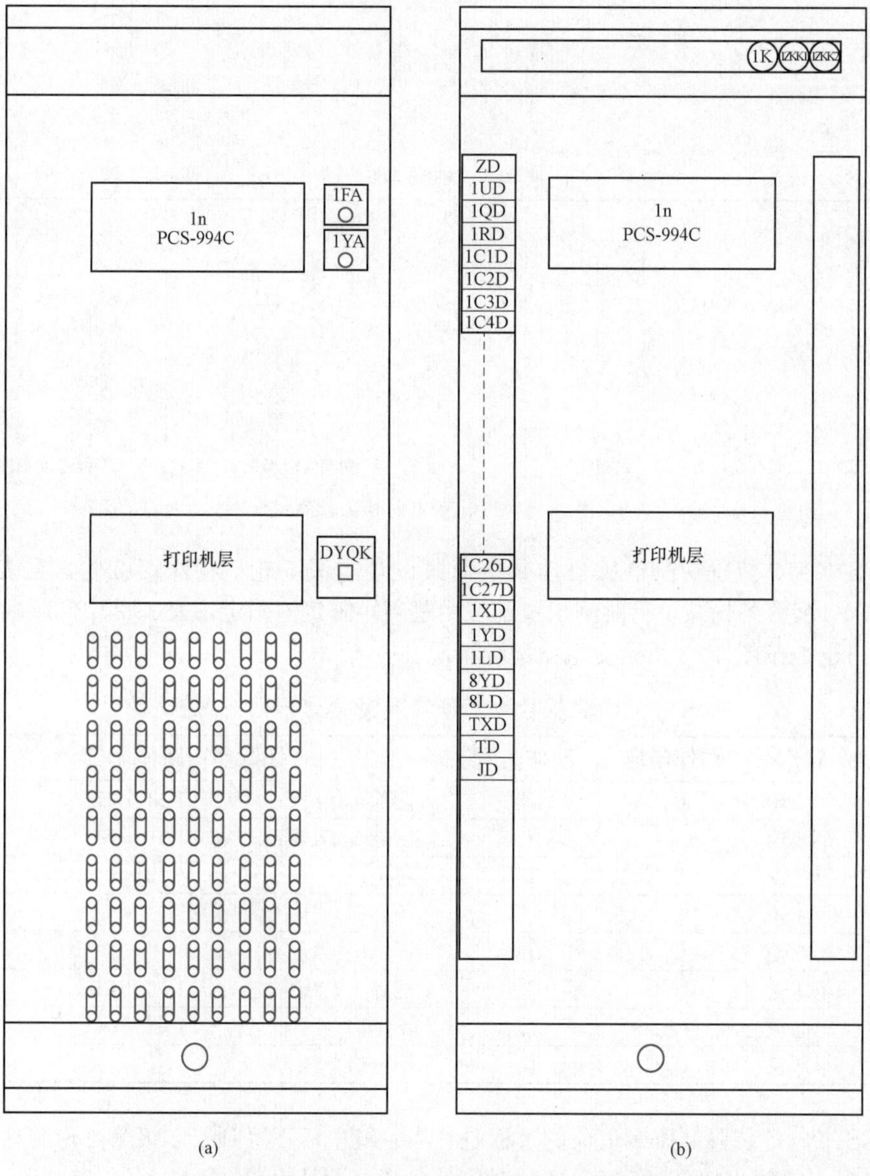

图 3-4 PCS-994C 装置保护屏屏面布置图
（a）正面布置图；（b）背面布置图

表 3-3 PCS-994C 装置保护屏屏内设备清单

序号	编号	名称	数量	型号
1	1n	频率电压紧急控制装置	1	PCS-994C
2	1FA、1YA	按钮	2	10/G
3	1K	1n 装置电源开关	1	2P-C-3A-DC
4	1ZKK1	Ⅰ母电压空气开关	1	3P-C-1A
5	1ZKK2	Ⅱ母电压空气开关	1	3P-C-1A
6		帧式打印机		

1. 屏柜正面布置图

屏柜正面布置图如图 3-4（a）所示，PCS-994C（1n）为频率电压紧急控制装置；右侧 1FA 为该装置复归按钮，1YA 为打印按钮；下方为连接片，第 1 排从左至右依次为 1LP1～1LP8 功能开入连接片（黄色），第 2～4 排 1CLP1～1CLP27 为出口连接片（红色）。功能连接片用途及投退要求见表 3-4。

表 3-4 连接片功能用途及投退要求

序号	连接片名称	用途	投退要求
1	1LP1 装置检修	为了防止在装置进行试验时向监控系统发送相关信息，而干扰调度系统的正常运行，一般在屏上设置一投检修态连接片，在装置检修时，将该连接片投上，在此期间进行试验的动作报告不会通过通信口上送，但本地的显示、打印不受影响	运行时应将该连接片退出，检修时投入
2	1LP2 Ⅰ母低频投入	分列运行时控制Ⅰ母低频功能投退，并列运行控制低频功能投退	依据定值单投退
3	1LP3 Ⅰ母低压投入	分列运行时控制Ⅰ母低压功能投退，并列运行控制低压功能投退	依据定值单投退
4	1LP4 Ⅱ母低频投入	分列运行时控制Ⅱ母低频功能投退，并列运行时不投入	依据定值单投退
5	1LP5 Ⅱ母低压投入	分列运行时控制Ⅱ母低压功能投退，并列运行时不投入	依据定值单投退
6	1LP6 母线分列运行投入	控制分列运行时装置行为，分列运行时投入，依据运行方式投退	依据定值单投退
7	1CLP1 至 1CLP27 切负荷出口连接片	投入时接通相应线路跳闸回路，退出时断开相应线路跳闸回路	按运行要求投退

PCS-994C 装置面板指示灯及其含义如下：

(1)“运行”灯为绿色，装置正常运行时亮。

(2)“报警”灯为黄色，当发生装置告警时亮。

（3）“TV断线”灯为黄色，当TV断线时亮。

（4）“动作”灯为红色，当装置动作出口亮，在人工复归后熄灭。

（5）其他指示灯，备用。

2. 屏柜背面布置图

屏柜背面布置图如图3-4（b）所示，屏柜背面最上方为空气开关布置区，1K为1n（即PCS-994C）装置电源开关，1ZKK1为1n装置Ⅰ母电压空气开关，1ZKK2为1n装置Ⅱ母电压空气开关。

左侧为端子排，从上到下依次为，ZD段为连接装置直流电源空开上端及直流馈线屏回路，1UD为Ⅰ、Ⅱ母电压采集端子，1QD为1n装置电源空开下端接入装置电源回路，1RD为装置弱电开入回路（如连接片、复归等），1C1D～1C27D为装置开出回路端子（切除相应负荷线路），1XD为带保持的装置中央硬接点信号开出回路（如装置闭锁、异常、保护动作等），1YD为装置瞬时复归遥信硬接点信号开出回路（如装置闭锁、异常、保护动作等），TXD为装置串口通信回路，TD为装置对时回路，JD为打印机交流电源回路，下方圆孔为试验导线穿线孔。

（二）PCS-994C装置二次原理展开图

1. 直流电源回路

PCS-994C装置直流电源回路如图3-5所示。电源采用直流±110V电源，+110V电源由ZD1经空气开关1K的3、4接线口，过1QD1端子接入装置P110（P1板10端子），-110V电源由ZD7端子经空气开关1K的1、2接线口，过1QD4端子接入装置P111（P1板11端子）端子，构成装置电源回路。

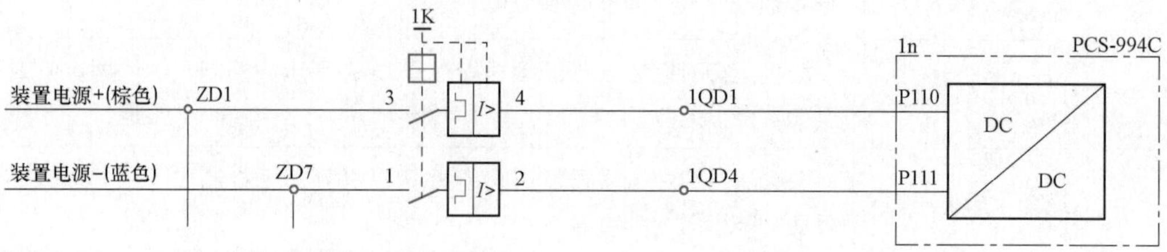

图3-5 PCS-994C装置直流电源回路

2. 交流电压回路

PCS-994C装置交流电压回路如图3-6所示。Ⅰ母二次保护电压A相、B相、C相经1UD1、1UD2、1UD3，过1ZKK1空气开关，接入1n装置B02（NR1401）插件0213、0215、0217端子，再经0214、0216、0218端子引出，接至1UD4端子构成交流电压回路；Ⅱ母二次保护电压A相、B相、C相经1UD6、1UD7、1UD8，过1ZKK2空气开关，接入1n装置B02（NR1401）插件0219、0221、0223端子，再经0220、0222、0224端子引出，接至1UD9端子构成交流电压回路。

3. 开关量输入回路

PCS-994C装置开关量输入回路如图3-7所示。开关量输入回路为24V弱电回路，由1n装置P1电源插件变换出的24V电源正极P107连接端子排1RD1、1RD2，将装置外部开入（1LP1～1LP6、1YA、1FA）分别经1n装置的端子0803、0805、0806、0807、0808、0809、0802、0804接入装置遥信开入回路光耦的一端，光耦另一端并接

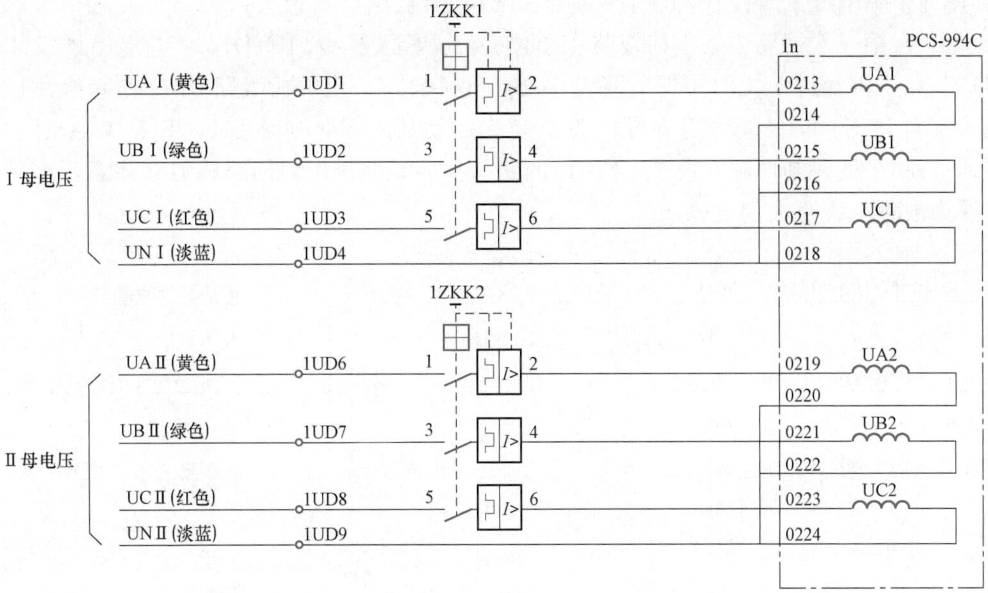

图 3-6　PCS-994C 装置交流电压回路

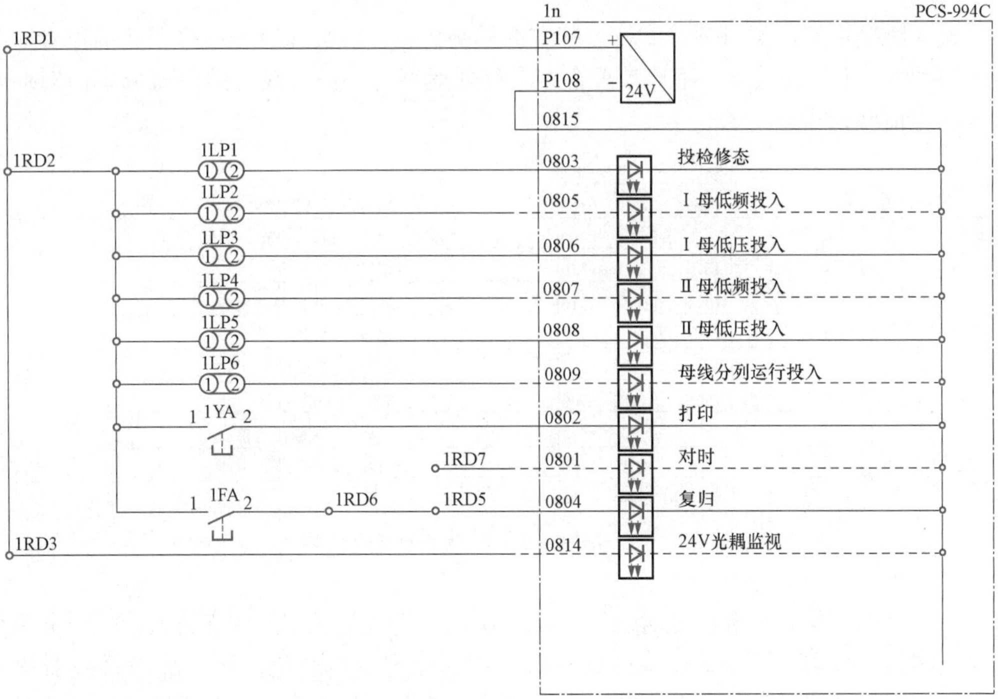

图 3-7　PCS-994C 装置开关量输入回路

之后通过 1n 装置的端子 0815 连接至 P1 电源插件 24V 电源负极 P108，构成完整的遥信回路。当外部连接片或按钮闭合时，对应的光耦将该闭合信息输入至 1n 装置。

4．开关量输出回路

PCS-994C 装置开关量输出回路如图 3-8 所示。TJ1、TJ2、TJ3、TJ4 为 PCS-

994C型频率电压紧急控制装置切负荷出口继电器触点（其余出口回路与此相似，图中未画出）。第一个回路中，负荷线路01的控制电源正极接入1C1D1，经过装置的TJ1-1出口节点，再经过1CLP1（切负荷线01出口连接片），至负荷线路01操作箱永跳接入端子。当PCS-994C动作切负荷01时，首先启动其内部继电器TJ1，TJ1-1触点闭合，接通负荷01的跳闸回路。第2～4出口回路与负荷线路1出口回路相似（注意，该回路电源为被跳闸线路控制电源）。

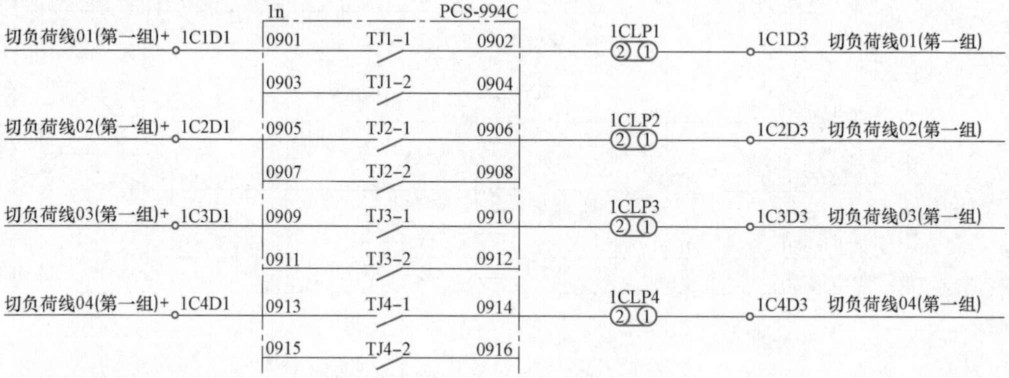

图3-8 PCS-994C装置开关量输出回路

接入跳闸回路注意事项：①稳控装置的跳闸出口，应接入操作回路合适的位置（如TJF/手跳），不启动失灵，不启动重合；②分列运行时各段母线上的负荷分别由对应母线组态定值整定出口。

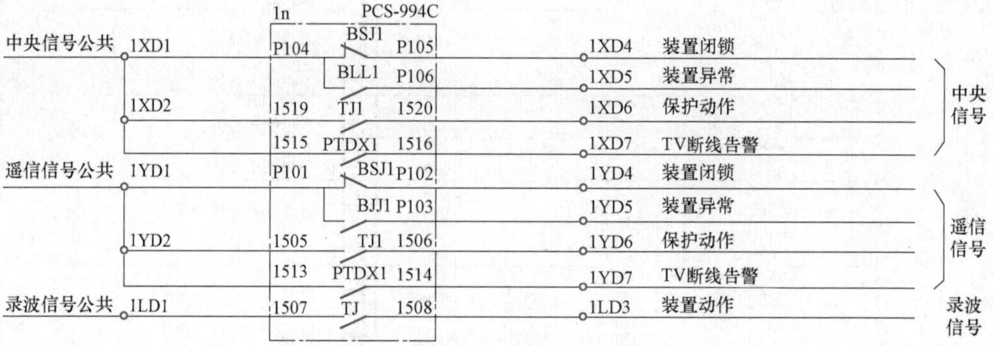

图3-9 PCS-994C装置告警信号回路

5. 告警信号回路

PCS-994C装置告警信号回路如图3-9所示。告警信号回路用于将低频低压减负荷装置的闭锁、异常、保护动作等信息发送给中央信号屏、公用测控、故障录波器等装置，用于监视装置的运行工况。其中中央信号为动作保持信号，遥信信号和录波信号为动作瞬时复归信号。以公用测控接入的遥信信号“保护动作”为例，公用信号遥信回路正电源接至1YD1端子，经1n装置背板1505、1506端子接至端子排1YD6端子，最终接回公用测控的相应遥信开入回路。

任务准备

在开展任务之前，学生应按照《学生手册》中表3-1～表3-5所列项目，逐条确认该项准备工作是否完成或该项注意事项是否确已知晓。在已确认和已知晓的项目后确认框内打√。

任务实施

一、 准备工作

（1）为了人身及设备安全，在进行工作之前需执行二次安全措施票，检查备自投装置外部连接片在退出状态。请在教师协助下填写《学生手册》中表3-6所示二次安全措施票，并做好每一项标记。

（2）选择合适的试验地点放置微机保护测试仪器，将保护测试仪的接地点可靠接地。

二、 通用检验试验

按照以下（一）～（七）的检验项目与方法，对PCS-994C型频率电压紧急控制装置进行通用检验，将检验结果记录于《学生手册》中表3-7（PCS-994C装置通用检验试验报告）。

（一） 装置外部检查

电压紧急控制装置模拟量检验接线

确认保护装置的实际构成情况是否与设计相符合，如装置的配置、装置的型号、额定参数（直流电源额定电压，交流额定电流、电压等）；确认主要设备、辅助设备的工艺质量，以及导线与端子采用材料的质量是否合格；确认保护装置内部的所有焊接点、插件接触的牢靠性等（属于制造工艺质量的问题主要依靠制造厂负责保证产品质量）；检查屏柜上的标志应正确完整清晰，并与图纸和运行规程相符；检查安装在保护装置输入回路和电源回路的减缓电磁干扰器件和措施应符合相关标准和制造厂的技术要求；取下保护屏柜上不参与正常运行的连接片，或采取其他防止误投的措施；清扫电路板及屏柜内端子排上的灰尘；检查装置的小开关、按钮是否良好，显示屏是否清晰，文字是否清楚；检查各插件上元件是否焊接良好，芯片是否插紧；检查各插件上变换器、继电器是否固定好，有无松动；检查装置横端子排螺栓是否拧紧，后板配线连接是否良好；按照装置技术说明书描述的方法，根据实际需要，检查、设定并记录保护装置插件内的选择跳线和拨动开关的位置。

（二） 通电检查

在装置直流电源送电状态下，检查装置液晶显示的信息及信号指示灯状态，确认装置正常运行。通电检查步骤及要求如下。

（1）打开保护装置电源，装置应能正常工作。

（2）按照保护装置技术说明书描述的方法，检查并记录装置的硬件和软件版本号、校验码等信息。

（3）校对时钟。

（三）工作电源检查

利用直流试验电源检验PCS-994C装置在直流电源异常供电的情况下是否处于正常运行状态。步骤如下：

(1) 将直流馈线屏内至低频低压减负荷屏馈线空气开关断开，做“禁止合闸”标识。

(2) 用数字万用表直流电压挡监测1ZD1与1ZD7端子之间直流电压差值由220V降至0V。

(3) 打开1ZD1与1ZD7端子外部端子接线，做绝缘化处理，在二次安全措施票上相应执行栏打√。

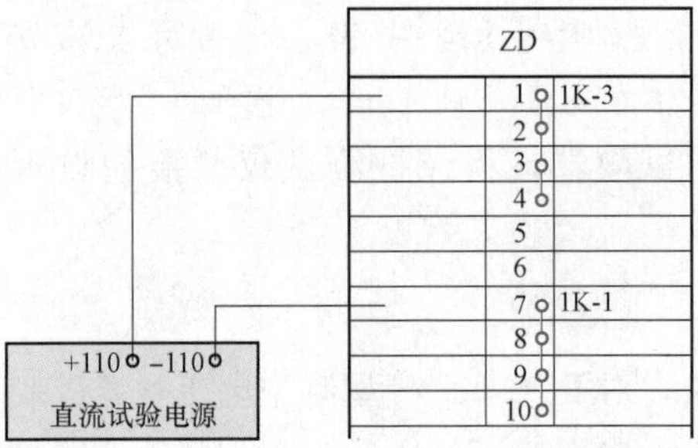

图3-10 工作电源检查试验接线图

(4) 用试验导线将端子1ZD1连接至仪器直流电源输出正（+110V），用试验导线将端子1ZD7连接至仪器直流电源输出负（-110V），试验接线如图3-10所示。

(5) 按以下要求对工作电源进行检查。

1）插入全部插件。

2）试验电源调至PCS-994C装置额定工作电压的80%，检验PCS-994C装置应稳定工作。

3）电源自启动试验。闭合直流电源插件上的电源开关，将试验直流电源由零缓慢调至PCS-994C装置额定电源值的80%，此时保护装置运行灯应燃亮，装置无异常。

4）直流电源拉合试验。保持试验直流电源在PCS-994C装置直流电源额定电压的80%，拉合3次直流工作电源，逆变电源可靠启动，保护装置不误动，不误发信号。

5）PCS-994C装置断电恢复过程中无异常，通电后工作稳定正常。

6）在PCS-994C装置上电、掉电瞬间，装置不应发异常数据，继电器不应误动作。

7）将电源接线恢复至正常运行时的直流电源。

（四）模数变换系统检验

1. 检验零点漂移

进行该项目检验时，要求PCS-994C装置不输入交流电压量。观察装置在一段时间内的零漂值是否满足装置技术条件的规定，做好记录。电压零漂值应在0.05V以内，频率零漂值应在±0.01Hz以内。

2. 电压的幅值、相位、频率精度检验

利用保护测试仪对PCS-994C装置分别输入几组不同幅值和相位的电压量，检验装置的采样值精度是否满足装置技术条件的规定：频率误差不大于±0.2Hz，角度误差不大于±2°，幅值误差不大于±2%。

(1) 检查Ⅰ母电压。

1）打开1UD1、1UD2、1UD3、1UD4试验端子连接片，在二次安全措施票上相应执行栏打√。

2）将微机保护测试仪输出的电压A、B、C、N相分别用试验导线连接至端子排1UD1、1UD2、1UD3、1UD4内侧，如图3-11所示。试验导线应可靠连接。

3）运行微机保护测试仪，将1ZKK1空气开关合上，按《活页式手册》中表3-7所列条件开始检验，填写记录。

（2）检查Ⅱ母电压。

1）打开1UD6、1UD7、1UD8、1UD9试验端子连接片，在二次安全措施票上相应执行栏打√。

2）参照图3-11，将微机保护测试仪输出的电压A、B、C、N相分别用试验导线连接至端子排1UD6、1UD7、1UD8、1UD9内侧，试验导线应可靠连接。

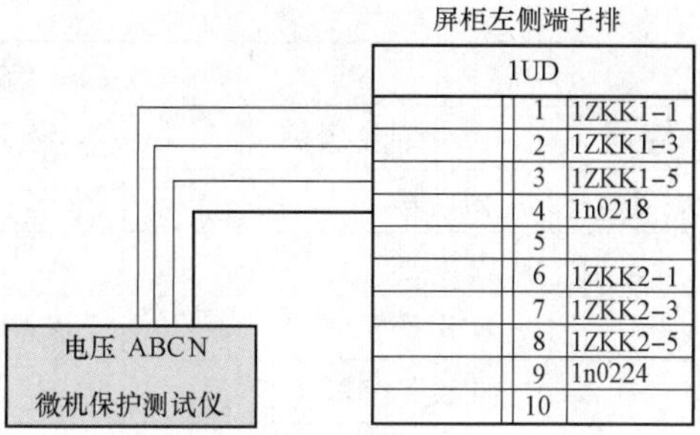

图3-11　模拟量检验试验接线示意图

3）将1ZKK2空气开关合上，按《活页式手册》中的表3-7所列条件开始检验，填写记录。

（五）开关量输入回路检验

对已投入使用的开关量输入回路依次加入激励量，观察装置的行为。

操作方法：依次投入/退出1LP1～1LP6功能连接片，按下松开复归按钮，进入“装置状态量”→“输入量”菜单查看各个开入量状态。要求投退各个功能连接片和开入量，装置能正确显示当前状态，同时有详细的变位报告。依次检查各开入量，正确时在二次安全措施票相应的格子内打√，否则打×并备注原因。

（六）开出校验

通过操作PCS-994C装置对各出口继电器进行开出传动，检验开关量输出触点及输出信号回路能否正常工作，满足标准要求。检查方法：

（1）在PCS-994C装置面板操作，依次开出传动出口1～10（其余暂不做）。

（2）在装置屏柜端子排处，使用数字万用表（欧姆挡），在端子排测试输出触点的通断状态（如切负荷线路01出口，测试1CD1和1CD3端子之间的通断状态）。要求PCS-994C装置的开出触点应能可靠保持、返回，接触良好不抖动，且装置的动作延时应能满足工程和设计要求。

（3）模拟保护装置告警、闭锁、动作、TV断线情况，检查装置告警回路正确，告警触点通断符合要求。

（七）定值检查

定值检查包括如下两个方面的内容：

（1）将表3-5所列定值输入到装置并核对、保存。

（2）整定值的失电保护功能检验。通过断、合装置电源开关的方法检验保护装置的整定值在直流失电后不会丢失。

表3-5　　PCS-994C装置定值清单样例

××电力系统继电保护定值通知单					
出单日期	2018年6月16日	厂站名称	培训站	定值单编号	201901
作废定值单	新投	被保护设备名称	110kV母线	装置型号	RCS-994C
版本号					

续表

设备参数定值					
序号	参数名称	数值	序号	参数名称	数值
1	定值区号	1	5	Ⅰ母额定线电压	110kV
2	厂站名称	培训站	6	Ⅱ母额定线电压	110kV
3	一次设备名称	110kV 母线	7	Ⅰ母投运	1
4	一次设备编号	110kV 母线	8	Ⅱ母投运	1
定值表					
序号	定值名称	数值	序号	定值名称	数值
1	低频第 1 轮定值	49.0Hz	24	低压第 2 轮定值	$80\%U_N$
2	低频第 2 轮定值	48.8Hz	25	低压第 3 轮定值	$75\%U_N$
3	低频第 3 轮定值	48.6Hz	26	低压第 4 轮定值	$70\%U_N$
4	低频第 4 轮定值	48.4Hz	27	低压第 5 轮定值	$65\%U_N$
5	低频第 5 轮定值	48.2Hz	28	低压特殊 1 轮定值	$85\%U_N$
6	低频特殊 1 轮定值	49.2Hz	29	低压特殊 2 轮定值	$80\%U_N$
7	低频特殊 2 轮定值	49.2Hz	30	低压特殊 3 轮定值	$75\%U_N$
8	低频特殊 3 轮定值	49.2Hz	31	加速切 2 轮 du/dt 定值	$30\%U_N/s$
9	加速切 2 轮 df/dt 定值	1.0Hz	32	加速切 2、3 轮 du/dt 定值	$50\%U_N/s$
10	加速切 2、3 轮 df/dt 定值	2.0Hz	33	电压变化率闭锁定值	$100\%U_N/s$
11	频率变化率闭锁定值	5.0Hz	34	判故障电压定值	$20\%U_N$
12	df/dt 不灵敏区定值	0.1s	35	故障切除后电压恢复定值	$75\%U_N$
13	低频第 1 轮延时	0.2s	36	低压第 1 轮延时	1s
14	低频第 2 轮延时	0.2s	37	低压第 2 轮延时	10s
15	低频第 3 轮延时	0.2s	38	低压第 3 轮延时	10s
16	低频第 4 轮延时	0.2s	39	低压第 4 轮延时	10s
17	低频第 5 轮延时	0.2s	40	低压第 5 轮延时	10s
18	低频特殊 1 轮延时	10s	41	低压特殊 1 轮延时	20s
19	低频特殊 2 轮延时	10s	42	低压特殊 2 轮延时	20s
20	低频特殊 3 轮延时	10s	43	低压特殊 3 轮延时	20s
21	加速切低频 2 轮延时	0.2s	44	加速切低压 2 轮延时	0.2s
22	加速切低频 2、3 轮延时	0.2s	45	加速切低压 2、3 轮延时	0.2s
23	低压第 1 轮定值	$85\%U_N$	46	躲过故障切除时间	6s
控制字					
序号	定值名称	数值	序号	定值名称	数值
1	Ⅰ母低频第 1 轮投	1	5	Ⅰ母低频第 5 轮投	1
2	Ⅰ母低频第 2 轮投	1	6	Ⅰ母低频特殊 1 轮投	1
3	Ⅰ母低频第 3 轮投	1	7	Ⅰ母低频特殊 2 轮投	1
4	Ⅰ母低频第 4 轮投	1	8	Ⅰ母低频特殊 3 轮投	0

续表

控制字					
序号	定值名称	数值	序号	定值名称	数值
9	Ⅰ母加速切低频 2 轮投	0	25	Ⅱ母低频第 5 轮投	0
10	Ⅰ母加速切低频 2、3 轮投	0	26	Ⅱ母低频特殊 1 轮投	0
11	Ⅰ母低压第 1 轮投	1	27	Ⅱ母低频特殊 2 轮投	0
12	Ⅰ母低压第 2 轮投	1	28	Ⅱ母低频特殊 3 轮投	0
13	Ⅰ母低压第 3 轮投	0	29	Ⅱ母加速切低频 2 轮投	0
14	Ⅰ母低压第 4 轮投	0	30	Ⅱ母加速切低频 2、3 轮投	0
15	Ⅰ母低压第 5 轮投	0	31	Ⅱ母低压第 1 轮投	1
16	Ⅰ母低压特殊 1 轮投	1	32	Ⅱ母低压第 2 轮投	0
17	Ⅰ母低压特殊 2 轮投	0	33	Ⅱ母低压第 3 轮投	0
18	Ⅰ母低压特殊 3 轮投	0	34	Ⅱ母低压第 4 轮投	0
19	Ⅰ母加速切低压 2 轮投	0	35	Ⅱ母低压第 5 轮投	0
20	Ⅰ母加速切低压 2、3 轮投	0	36	Ⅱ母低压特殊 1 轮投	0
21	Ⅱ母低频第 1 轮投	0	37	Ⅱ母低压特殊 2 轮投	0
22	Ⅱ母低频第 2 轮投	0	38	Ⅱ母低压特殊 3 轮投	0
23	Ⅱ母低频第 3 轮投	0	39	Ⅱ母加速切低压 2 轮投	0
24	Ⅱ母低频第 4 轮投	0	40	Ⅱ母加速切低压 2、3 轮投	0
软压板					
序号	连接片名称	数值	序号	连接片名称	数值
1	远方修改定值	1	5	Ⅰ母低压投入软压板	1
2	远方切换定值区	1	6	Ⅱ母低频投入软压板	0
3	远方控制连接片	1	7	Ⅱ母低压投入软压板	0
4	Ⅰ母低频投入软压板	1			
备注					

1. 低频第 1 轮动作，出口 1、2，切负荷线 01、切负荷线 02（跳闸矩阵：Ⅰ母低频 1 轮出口 00000003H）。

2. 低频第 2 轮动作，出口 7、8，切负荷线 07、切负荷线 08（跳闸矩阵：Ⅰ母低频 2 轮出口 000000C0H）。

3. 低频第 3 轮动作，不出口（跳闸矩阵：Ⅰ母低频 3 轮出口 00000000H）。

4. 低频第 4 轮动作，出口 9、10，切负荷线 09、切负荷线 10（跳闸矩阵：Ⅰ母低频 4 轮出口 00000300H）。

5. 低频第 5 轮动作，出口 5、6，切负荷线 05、切负荷线 06（跳闸矩阵：Ⅰ母低频 5 轮出口 00000030H）。

6. 低频特殊第 1 轮动作，出口 1，切负荷线 03（跳闸矩阵：Ⅰ母低频特殊 1 轮出口 00000004H）。

续表

备注
7. 低频特殊第 2 轮动作，不出口（跳闸矩阵：Ⅰ母低频特殊 2 轮出口 00000000H）。 8. 低频特殊第 3 轮动作，不出口（跳闸矩阵：Ⅰ母低频特殊 3 轮出口 00000000H）。 9. 低压第 1 轮动作，出口 3，切负荷线 03（跳闸矩阵：Ⅰ母低压 1 轮出口 00000004H）。 10. 低压第 2 轮动作，出口 1，切负荷线 01（跳闸矩阵：Ⅰ母低压 2 轮出口 00000001H）。 11. 低压特殊 1 轮动作，出口 2，切负荷线 02（跳闸矩阵：Ⅰ母低压特殊 1 轮出口 00000002H）。 12. 低压其他轮，不出口。 13. 出口组态根据定值自行整定
定值单执行信息
本定值于　　年　　月　　日　　时　　分，由保自班　　改完，于　　年　　月　　日　　时　　分由调度员与值班员核对无误投入运行
批准：　　　　审核：　　　　校核：　　　　计算：

三、结束工作

以上检验工作全部完成后，对照《学生手册》中表 3－8 所示结束工作清单对每一项目进行检查确认，整个试验过程结束。

任务评价

需要进行教学评价时，教师或互评小组对学生小组执行工作任务的整个过程按照《学生手册》中表 3－9（PCS－994C 频率电压紧急控制装置通用检验任务评价表）及时记录并予以评价。

任务扩展

一、电力系统限制频率降低控制措施的规定

根据 GB/T 14285—2006《继电保护和安全自动装置技术规程》第 5.5 条，关于电力系统频率和电压异常紧急控制的规定如下：

5.5　频率和电压异常紧急控制

5.5.1　电力系统中应设置限制频率降低的控制装置，以便在各种可能的扰动下失去部分电源（如切除发电机、系统解列等）而引起频率降低时，将频率降低限制在短时允许范围内，并使频率在允许时间内恢复至长时间允许值。

5.5.1.1　低频减负荷是限制频率降低的基本措施，电力系统低频减负荷装置的配置及其所断开负荷的容量，应根据系统最不利运行方式下发生事故时，整个系统或其各部分实际可能发生的最大功率缺额来确定。自动低频减负荷装置的类型和性能如下：

a. 快速动作的基本段，应按频率分为若干级，动作延时不宜超过 0.2s。装置的频率整定值应根据系统的具体条件、大型火电机组的安全运行要求，以及由装置本身的特性等因素决定。提高最高一级的动作频率值，有利于抑制频率下降幅度，但一般不宜超过 49.2Hz。

b. 延时较长的后备段，可按时间分为若干级，启动频率不宜低于基本的最高动作频率。装置最小

动作时间可为 10～15s，级差不宜小于 10s。

5.5.1.2　为限制频率降低，有条件时应首先将处于抽水状态的蓄能机组切除或改为发电工况，并启动系统中的备用电源，如旋转备用机组增发功率、调相运行机组改为发电运行方式、自动启动水电机组和燃气轮机组等。切除抽水蓄能机组和启动备用电源的动作频率可为 49.5Hz 左右。

5.5.1.3　当事故扰动引起地区大量失去电源（如 20%以上），低频减负荷不能有效防止频率严重下降时，应采用集中切除某些负荷的措施，以防止频率过度降低。集中切负荷的判据应反应受电联络线跳闸、大机组跳闸等，并按功率分档联切负荷。

5.5.1.4　为了在系统频率降低时，减轻弱互联系统的相互影响，以及为了保证发电厂厂用电和其他重要用户的供电安全，在系统的适当地点应设置低频解列控制。

5.5.2　由于某种原因（联络线事故跳闸、失步解列等）有可能与主网解列的有功功率过剩的独立系统，特别是以水电为主并带有火电机组的系统，应设置自动限制频率升高的控制装置，保证电力系统：

a. 频率升高不致达到汽轮机危急保安器的动作频率。

b. 频率升高数值及持续时间不应超过汽轮机组（汽轮机叶片）特性允许的范围。

限制频率升高控制装置可采用切除发电机或系统解列，例如将火电厂及与其大致平衡的负荷一起与系统其他部分解列。

二、 PCS-994C 装置出口矩阵整定方法

PCS-994C 型频率电压紧急控制装置一般提供 60 组出口，8 轮低频减负荷及 8 轮低压切负荷中的每一轮都可从 60 个出口中任意选择出口。每轮切负荷的出口选择由两个控制字控制：控制字 1 控制 1～30 出口的选用，控制字 2 控制 31～60 出口的选用。控制字按 16 进制数进行整定，控制字 1 和控制字 2 的取值范围都是 00000000H～3FFFFFFFH。减负荷的定值控制字共 16 个，构成 16×16 组态矩阵，称为组态定值。组态定值中各位（bit）的定义见表 3-6。

表 3-6　出口矩阵控制字各位含义

出口矩阵各位（bit）	出口字 1	出口字 2
0	出口 1	出口 31
1	出口 2	出口 32
2	出口 3	出口 33
3	出口 4	出口 34
4	出口 5	出口 35
5	出口 6	出口 36
6	出口 7	出口 37
7	出口 8	出口 38
8	出口 9	出口 39
9	出口 10	出口 40
10	出口 11	出口 41
11	出口 12	出口 42
12	出口 13	出口 43
13	出口 14	出口 44

续表

出口矩阵各位（bit）	出口字 1	出口字 2
14	出口 15	出口 45
15	出口 16	出口 46
16	出口 17	出口 47
17	出口 18	出口 48
18	出口 19	出口 49
19	出口 20	出口 50
20	出口 21	出口 51
21	出口 22	出口 52
22	出口 23	出口 53
23	出口 24	出口 54
24	出口 25	出口 55
25	出口 26	出口 56
26	出口 27	出口 57
27	出口 28	出口 58
28	出口 29	出口 59
29	出口 30	出口 60

任务二　自动按频率减负荷动作定值及逻辑检验

任务目标

理解自动按频率减负荷动作逻辑；理解电力系统低频低压减负荷装置中有关自动按频率减负荷动作及告警信息的含义；理解自动按频率减负荷动作定值及动作逻辑检验的目的、各检验工具的用途、危险点分析方法及防范措施；熟悉自动按频率减负荷动作定值及动作逻辑检验的接线、检验原理及检验步骤；在专人监护和配合下完成自动按频率减负荷动作定值检验及动作逻辑检验，并依据检验标准对检验结果进行正确的分析、判断。

任务描述

本任务主要完成电力系统低频低压减负荷装置中有关自动按频率减负荷动作定值及动作逻辑检验。本任务以 PCS - 994C 型频率电压紧急控制装置为例。

知识准备

一、PCS - 994C 装置低频减负荷功能的动作逻辑

PCS - 994C 装置低频减负荷动作逻辑如图 3 - 12 所示。当满足各闭锁条件之一（逻辑“或”1 处）时，装置将不开放低频减负荷，并闭锁各轮。装置检测到系统频率 $f\leqslant$

49.5Hz 时，经延时 0.05s 开放低频减负荷（逻辑“与”1 处）；当系统频率 f 下降到基本级第 1 轮的动作频率 F_1 时，基本级第 1 轮经延时 T_{f1}，再经“或”2、“与”2 切除对应的负荷；如果系统频率仍继续下降，降低到基本级第 2 轮的动作频率 F_2 时，基本级第 2 轮经延时 T_{f2}，再经“或”3、“与”3 切除对应的负荷切负荷；如果频率继续降低，则依次启动基本级的第 3、4、5 轮。但是若基本级某一轮切除负荷后系统频率不再下降，或虽然略有下降，但不足以使基本级的下一轮动作，或频率略有上升，但仍徘徊在较低水平，则特殊级各轮再依次经延时切负荷，直到系统频率恢复到理想的范围内。

按频率分级减负荷的实现

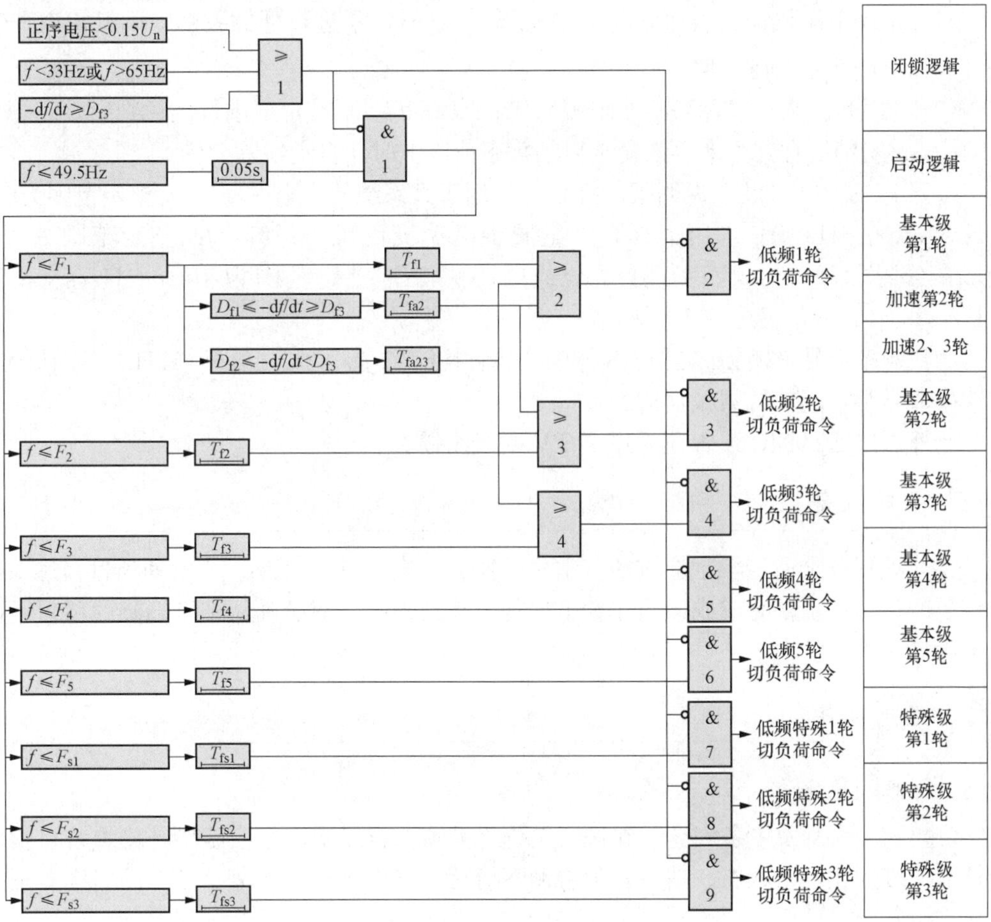

图 3-12　PCS-994C 装置低频率减负荷动作逻辑

需要说明，当电力系统功率缺额较大时，系统频率下降速度会比较快，为了尽早制止频率的下降，防止出现频率崩溃事故，PCS-994C 装置增加了根据频率下降速度（df/dt）加速切负荷的功能，在切基本级第 1 轮时可加速切基本级第 2 轮或 2、3 两轮，如图 3-12 所示。具体判据如下：

(1) 当系统频率下降至基本级第 1 轮动作频率 F_1，且 $D_{f1} \leqslant -df/dt < D_{f3}$ 时，经较短延时 T_{fa2} 同时启动基本级第 1 轮和基本级第 2 轮（图 3-12 中“或”2、“或”3）。其

中 D_{f1} 为加速第 2 轮频率变化率（df/dt）定值，D_{f3} 为频率变化率闭锁定值，T_{fa2} 为加速切低频 2 轮延时。

（2）当系统频率下降至基本级第一轮动作频率 F_1，且 $D_{f2} \leqslant -df/dt < D_{f3}$ 时，经较短延时 T_{fa23} 同时启动基本级第 1 轮和基本级第 2 轮、第 3 轮（图 3-12 中"或"2、"或"3、"或"4）。其中 D_{f2} 为加速第 2、3 轮频率变化率（df/dt）定值，D_{f3} 为频率变化率闭锁定值，T_{fa23} 为加速切低频 2、3 轮延时。

二、PCS-994C 装置低频减负荷功能的闭锁逻辑

PCS-994C 装置低频减负荷功能的闭锁条件有三个，如图 3-12 所示。当三个闭锁条件之一成立即闭锁低频减负荷（图中"或"1）。具体原理如下：

（1）正序电压闭锁。当正序电压 $U_1 < 0.15U_n$ 时，不进行低频判断，闭锁出口。U_n 是 TV 二次侧额定电压，取 $100/\sqrt{3}$V。

（2）df/dt 闭锁（或称为滑差闭锁）。当 $-df/dt \geqslant D_{f3}$ 时，不进行低频判断，闭锁出口。df/dt 闭锁后直到频率再恢复至启动频率值以上时才自动解除闭锁。

按照 PCS-994C 装置说明书的推荐：应用于大系统的变电站时，D_{f3} 整定范围为 5～7Hz/s（推荐 6Hz/s）；应用于具有大量同步电动机负荷的系统，D_{f3} 整定范围为 4～5Hz/s（推荐 4Hz/s）；应用于小系统或电厂侧，D_{f3} 整定范围为 10～30Hz/s（推荐 30Hz/s）。

（3）频率值异常闭锁。当 PCS-994C 装置检测到 $f < 33$Hz 或 $f > 65$Hz 时，认为测量频率值异常，闭锁低频减负荷。

此外，PCS-994C 装置还采用了 TV 断线闭锁。

任务准备

在开展任务之前，学生应按照《学生手册》中表 3-10～表 3-14 所列项目，逐条确认该项准备工作是否完成或该项注意事项是否确已知晓。在已确认和已知晓的项目后确认框内打√。

任务实施

一、准备工作

（1）为了人身及设备安全，在进行工作之前需执行二次安全措施票，检查备自投装置外部连接片在退出状态。请在教师协助下填写《学生手册》中表 3-15 的二次安全措施票，做好每一项标记。

（2）选择合适的试验地点放置微机保护测试仪器，将保护测试仪的接地点可靠接地。

按照以下二、三的检验项目与方法，对 PCS-994C 装置进行自动按频率减负荷动作定值及逻辑检验，将检验结果记录于《学生手册》中表 3-16（自动按频率减负荷动作定值检验及动作逻辑检验试验报告）。

二、PCS-994C 装置低频减负荷定值检验及动作逻辑检验

利用保护测试仪的频率检验功能模拟系统频率降低，检验 PCS-994C 装置的频率定

值的精确度及动作逻辑（暂时不设置闭锁条件）。

1. 检验前检查项目

（1）定值区：定值固化在 01 区，当前运行区 01 区。

（2）低频启动定值 49.5Hz，低频启动时间 0.05s。

（3）低频第 1 轮定值（F_1）为 49.0Hz，低频第 1 轮延时（T_{f1}）为 0.2s。

（4）低频第 2 轮定值（F_2）为 48.8Hz，低频第 2 轮延时（F_{f2}）为 0.2s。

（5）低频第 3 轮定值（F_3）为 48.6Hz，低频第 3 轮延时（T_{f3}）为 0.2s。

（6）低频第 4 轮定值（F_4）为 48.4Hz，低频第 4 轮延时（T_{f4}）为 0.2s。

（7）低频第 5 轮定值（F_5）为 48.2Hz，低频第 5 轮延时（T_{f5}）为 0.2s。

（8）特殊第 1 轮定值（F_{S1}）为 49.2Hz，特殊第 1 轮延时（T_{fs1}）：10s。

（9）出口矩阵核查

1）低频第 1 轮切负荷出口 1、2（出口组态：组态 1 整定值 00000003H）。

2）低频第 2 轮切负荷出口 7、8（出口组态：组态 1 整定值 000000C0H）。

3）低频第 3 轮不出口（出口组态：组态 1 整定值 00000000H）。

4）低频第 4 轮切负荷出口 9、10（出口组态：组态 1 整定值 00000300H）。

5）低频第 5 轮切负荷出口 5、6（出口组态：组态 1 整定值 00000030H）。

6）低频特殊 1 轮切负荷出口 3（出口组态：组态 1 整定值 00000004H）。

（10）控制字核查：Ⅰ母低频第 1 轮投 1，Ⅰ母低频第 2 轮投 1，Ⅰ母低频第 3 轮投 1，Ⅰ母低频第 4 轮投 1，Ⅰ母低频第 5 轮投 1，Ⅰ母低频特殊 1 轮投 1，Ⅰ母加速切低频 2 轮投 1，Ⅰ母加速切低频 2、3 轮投 1，其余控制字投 0。

（11）硬连接片核查：1LP1 检修连接片投入，1LP6 母线分列运行投入连接片在分（母线并列运行），Ⅰ母低频投入 1LP2 连接片投入（并列运行时低频、低压功能的投退受Ⅰ母的投退控制字控制）。

（12）软压板核查：Ⅰ母低频投入软压板 1。

注意：当两段母线分列运行时，各母线的低频功能的投退受各自的投退控制字控制，当两段母线并列运行时，低压功能的投退受Ⅰ母的投退控制字控制，在此次调试中以母线并列运行方式为例。

2. 检验接线

（1）打开 1UD1、1UD2、1UD3、1UD4 试验端子连接片，在二次安全措施票上相应执行栏打√。

（2）将微机保护测试仪输出的电压 A、B、C、N 相分别用试验导线连接至端子排 1UD1、1UD2、1UD3、1UD4 内侧，如图 3-11 所示。试验导线应可靠连接。

（3）将模拟断路器接入 PCS-994C 屏上低频切负荷各线路的开出回路。

3. 检验步骤

（1）模拟系统正常额定电压运行，TV 告警断线复归，然后使系统频率下降到 49.5Hz，检验 PCS-994C 装置能否启动。

（2）模拟系统频率以小于 D_{f1} 定值的速度下降到基本级第一轮动作频率 F_1 时，检验 PCS-994C 装置基本级第 1 轮应能正常动作，接通切负荷线路 01 回路。检验过程需记录动作频率、动作延时、传动是否正常。

(3) 模拟系统频率以 $D_{f1} \leqslant -df/dt < D_{f2}$ 的速度下降至基本级第 1 轮动作频率 F_1，检验装置能否以短延时 T_{fa2} 同时启动基本级第 1 轮和基本级第 2 轮，并检验第 1 轮和第 2 轮应能正常动作，切除负荷线路 01 和 07。检验过程需记录动作频率、动作延时、传动是否正常。

(4) 模拟系统频率以 $D_{f2} \leqslant -df/dt < D_{f3}$ 的速度下降至基本级第 1 轮动作频率 F_1，检验装置能否以短延时 T_{fa23} 同时启动基本级第 1 轮和基本级第 2 轮、第 3 轮，并检查第 1 轮和第 2 轮、第 3 轮应能正常动作，切除负荷线路 01 和 07（注：定值中低频第 3 轮不出口）。检验过程需记录动作频率、动作延时、传动是否正常。

(5) 模拟系统频率以小于 D_{f1} 定值的速度下降到基本级第 2 轮动作频率 F_2 时，检验 PCS-994C 装置基本级第 2 轮应正确动作，切除负荷线路 07。检验过程需记录动作频率、动作延时、传动是否正常。

(6) 以类似 (5) 的方法依次检验其余各轮动作情况，保护均匀正确动作切除相应支路。做好记录，分析结果。

三、 PCS-994C 装置低频减负荷闭锁逻辑检验

利用保护测试仪的频率检验功能模拟系统频率降低以及闭锁条件成立，检验 PCS-994C 装置的低频率切负荷闭锁逻辑是否正常。

试验前检查项目及试验接线同上述检验。

1. 低压闭锁检验

(1) 利用保护测试仪给 PCS-994C 装置加入三相正序、额定电压，检查装置 TV 断线复归。

(2) 将三相电压 U_a、U_b、U_c 降低至低于 $0.15U_n$（U_n 为 TV 二次额定电压）。

(3) 利用保护测试仪模拟系统频率以小于 D_{f1} 定值的速度下降到低于基本级第 1 轮动作频率 F_1。

(4) 查看并记录装置信息。频率降低到了 F_1 频率定值，延时超过整定时间 T_{f1}，正序电压闭锁应能保证低频切负荷不动作。

2. 滑差闭锁检验

(1) 利用保护测试仪对 PCS-994C 装置加入三相正序、额定电压，检查 PCS-994C 装置 TV 断线复归。

(2) 模拟系统频率降低，以 $-df/dt \geqslant D_{f3}$ 的速度下降至基本级第 1 轮动作频率 F_1，PCS-994C 装置闭锁出口，不动作。

(3) 查看并记录装置信息。

3. 频率值异常闭锁检验

(1) 使用测试仪加入三相正序、额定电压，检查装置 TV 断线复归。

(2) 将三相电压频率由 50Hz 突变至 33Hz，装置报频率异常，闭锁低频保护。

(3) 将三相电压频率由 50Hz 突变至 65Hz，装置报频率异常，闭锁低频保护。

(4) 查看并记录装置信息。

四、 结束工作

以上检验工作全部完成后，对照《学生手册》中表 3-17 所示结束工作清单对每一

项目进行检查确认，整个试验过程结束。

任务评价

需要进行教学评价时，教师或互评小组对学生小组执行工作任务的整个过程按照《学生手册》中表3-18（自动按频率减负荷动作定值及动作逻辑检验任务评价表）及时记录并予以评价。

任务扩展

低频减负荷装置可能误动作的原因及防范措施

低频减负荷装置通常是通过变电站母线电压来获取系统频率变化的信息的，如果系统由于小的扰动造成局部母线电压或局部频率发生波动（不是系统由于大扰动而出现的频率严重下降），甚至是电压互感器断线引起二次电压消失，低频减负荷装置都可能误判而误减负荷，所以低频减负荷装置在设计时都考虑了防止误动作的措施。

低频减负荷装置误动作的原因及防误动措施可总结如下：

（1）电压互感器断线引起误动作的防范措施。电压互感器回路断线时，低频减负荷装置检测不到系统电压，从而测不到系统频率。为防止这种情况下误动作，装置采用了TV断线闭锁、低电压闭锁的措施。很多减负荷装置利用正序电压和负序电压来判断TV断线从而实现闭锁。当正序电压小于$0.15U_n$（U_n为TV二次额定电压）或负序电压大于$0.15U_n$，则判为TV回路断线，延时5s发TV断线异常告警信号。异常消失后，延时5s自动返回。

（2）电力系统短路故障时，谐波电压、非周期分量等可能使频率测量不正确，造成低频切负荷装置误动。为防止这种情况下的误动，低频减负荷装置通常采用延时减负荷的措施。这是因为通过适当延时可以躲过电力系统短路切除前后短暂的过渡过程。有的减负荷装置还使用了负序电压闭锁的措施来防止系统不对称短路故障带来的影响。

（3）小系统中线路故障引起误动的原因及防范措施。在小系统中，故障线路上的有功功率损失可能造成较大的局部功率缺额（由于电抗器作用，其他用户负荷基本不受影响），导致系统局部频率降低，低频减负荷装置可能误动作。在较小容量的系统中，冲击负荷也可短时引起频率的波动（系统出现短时有功缺额）。低频减负荷装置也可以通过延时切负荷的措施躲过频率波动，防止误动作。

（4）负荷反馈引起误动的原因及防范措施。

1）负荷反馈引起误动的原因。如图3-13所示，供电线路AB因瞬时性故障跳闸或误跳闸后，会引起电网局部负荷（BC处）供电短时间中断，在此期间，局域负荷中（C母线上）的调相机、同步电动机、异步电动机相当于失去原动力的发电机（由于转子磁场仍然存在），它们作为电压源对母线C反馈供电。但是由于这些电机的转速由正常工作时的额定转速迅速降低，因此母线电压C较低且逐渐衰减，母线电压的频率随转速降低而下降，低频减负荷装置检测到母线频率降低将会动作，切去负荷，等到自动重合闸装置或备用电源自动投入装置动作恢复供电时，这部分负荷已被切去（显然，如果系统在重合闸或备自投的作用下可以恢复正常，是不需要切除这部分负荷），这种误动作称为负荷反馈引起的误动作。

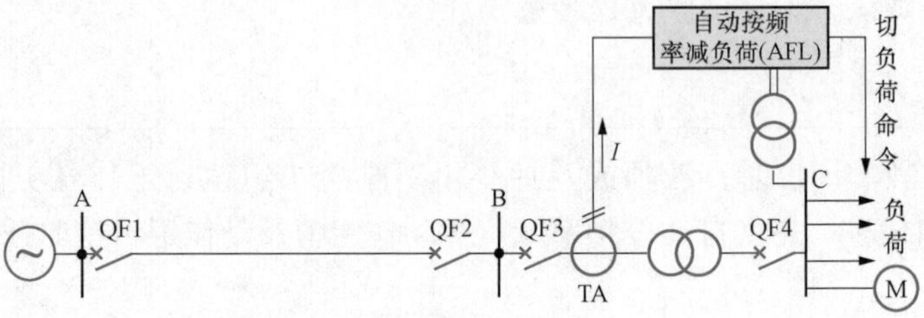

图 3-13 低电流闭锁取用的电流

2）防止负荷反馈引起误动作的措施。为防止负荷反馈引起的误动作，可采用以下措施：

a. 采用低电流闭锁。闭锁用电流取自线路电流或变压器电流，如图 3-13 所示。当电源中断时，TA 中无电流，将低频减负荷装置闭锁，防止了误动作。为防止正常运行时误将 AFL 闭锁，闭锁动作电流应小于 AFL 投入时的最小负荷电流，一般情况下，取 10%～25%的正常负荷电流就可满足要求。

b. 采用低电压闭锁。如图 3-13 所示，自动按频率减负荷装置的电压取自母线 C，在 AB 线路跳闸期间，母线 C 上存在负荷反馈电压时，电压是比较低的，所以利用这个特点也可闭锁低频减负荷装置。闭锁电压值的整定应保证在 AB 线路恢复供电后，母线 C 运行于最低电压时，自动按频率减负荷装置不被闭锁。一般取闭锁电压为 0.65～0.7 倍的母线额定电压。

c. 滑差闭锁。滑差闭锁就是利用频率下降至自动按频率减负荷装置动作频率的变化速度（df/dt）来区分是系统功率缺额引起的频率下降，还是负荷反馈电压造成的频率下降，从而决定是否进行闭锁。

运行实践表明，系统功率缺额引起的频率下降速度相对较慢，而负荷反馈时频率下降速度则相对较快。因此，低频减负荷装置通常采用 df/dt 大于某一定值作为滑差闭锁的条件。滑差定值的大小依据系统的不同而定（可参考 PCS-994C 装置使用说明书中的定值说明）。

滑差闭锁与电流和电压闭锁相比有着明显的优点，是目前广泛采用的一种防误闭锁方式。另外，当电力系统容量不大，系统中有很大冲击性负荷时，系统频率将瞬时下跌，滑差闭锁来防止这种情况下的误动作。

除了上述防止误动作的措施外，目前的低频减负荷装置还普遍采用正序电压闭锁，即当低频减负荷装置安装处母线正序电压低于闭锁值时，闭锁低频切负荷装置。这种闭锁可防止线路三相短路故障、近处不对称短路故障、电压互感器二次回路断线时的误动作；借助延时，对防止系统振荡、负荷反馈引起的误动作也有一定的作用。正序电压闭锁定值通常可取 60～70V（相间）。

任务三　自动按电压减负荷动作定值及动作逻辑检验

任务目标

理解电力系统自动按电压减负荷的作用，分级减负荷的工作原理及闭锁逻辑；理解有关自动按电压减负荷动作电压、动作时间定值的含义、整定原则及电压过低闭锁、电压突变闭锁定值和电压互感器断线闭锁定值含义及整定原则；理解有关自动按电压减负荷动作信息的含义；理解自动按电压减负荷定值检验的目的、各检验工具的用途、危险点分析方法及防范措施；熟悉自动按电压减负荷定值检验的接线、检验原理及检验步骤；在专人监护下完成自动按电压减负荷定值检验，并依据检验标准对检验结果进行正确的分析、判断。

任务描述

本任务主要完成低频低压减负荷装置中自动按电压减负荷的动作电压、动作时间定值校验、动作逻辑正确性检验以及闭锁逻辑检验。本任务以 PCS-994C 型频率电压紧急控制装置为例。

知识准备

一、PCS-994C 装置低压减负荷动作逻辑

PCS-994C 装置低电压减负荷动作逻辑图如图 3-14 所示，低电压减负荷一般按采用基本轮按顺序动作的方案（也可选择基本轮独立动作逻辑）。当满足三个闭锁条件之一时（图 3-14 中“或”1 处），装置将不开放低压减负荷（图中“与”1），并闭锁各轮（图中“与”2 至“与”9）。装置未检测到闭锁条件，装置检测到系统电压降低到 $U \leqslant U_1 + 0.05U_n$（$U_1$ 为第一轮动作电压；U_n 为电压互感器二次额定电压，取 $100/\sqrt{3}$V）时，经延时 0.05s 开放低压减负荷（图中“与”1）。

当系统电压下降到基本级第一轮的动作电压 U_1 时，基本级第 1 轮经延时 T_{u1} 切除对应的负荷（图 3-14 中“或”2，“与”2），如果系统电压仍下降，降低到基本级第 2 轮的动作电压 U_2 时，基本级第 2 轮经延时 T_{u2} 切负荷（“或”3，“与”3），如果电压继续降低，则依次启动基本级的第 3、4、5 轮（“或”4，“与”4 至“与”6）。但是若基本级某一轮切除负荷后系统电压不再下降，或虽然略有下降，但不足以使基本级的下一轮动作，或电压略有上升，但仍徘徊在较低水平，则特殊级各轮再依次经延时切负荷（图中“与”7 至“与”9），直到系统电压恢复到理想的范围内。

需要说明，当电力系统功率缺额较大时，系统电压下降速度会比较快，为了尽早制止电压的下降，防止出现电压崩溃事故，PCS-994C 装置增加了根据电压下降速度（du/dt）加速切负荷的功能，在切基本级第一轮时可加速切基本级第 2 轮或 2、3 两轮，如图 3-14 所示。具体判据如下。

（1）当系统电压下降至基本级第 1 轮动作电压 U_1，且 $D_{u1} \leqslant -du/dt < D_{u3}$ 时，经延时 T_{ua2} 同时启动基本级第 1 轮和基本级第 2 轮（图 3-14 中“或”门 2、3 处）。其中 D_{u1} 为加速第 2 轮电压变化率（du/dt）定值，D_{u3} 为电压变化率闭锁定值，T_{ua2} 为加速切低压 2 轮延时，它小于延时 T_{u1}、T_{u2}。

（2）当系统电压下降至基本级第一轮动作电压 U_1，且 $D_{u2} \leqslant -du/dt < D_{u3}$ 时，经延时 T_{ua23} 同时启动基本级第 1 轮和基本级第 2 轮、第 3 轮（图 3-14 中“或”2、3、4 处）。其中 D_{u2} 为加速第 2、3 轮电压变化率（du/dt）定值，D_{u3} 为电压变化率闭锁定值，T_{ua23} 为加速切低压 2、3 轮延时，它小于延时 T_{u1}、T_{u2}、T_{u3}。

二、低压减负荷的闭锁条件

图 3-14 中或门 1 有三个闭锁条件，即正序电压过低、负序电压过高、电压变化速

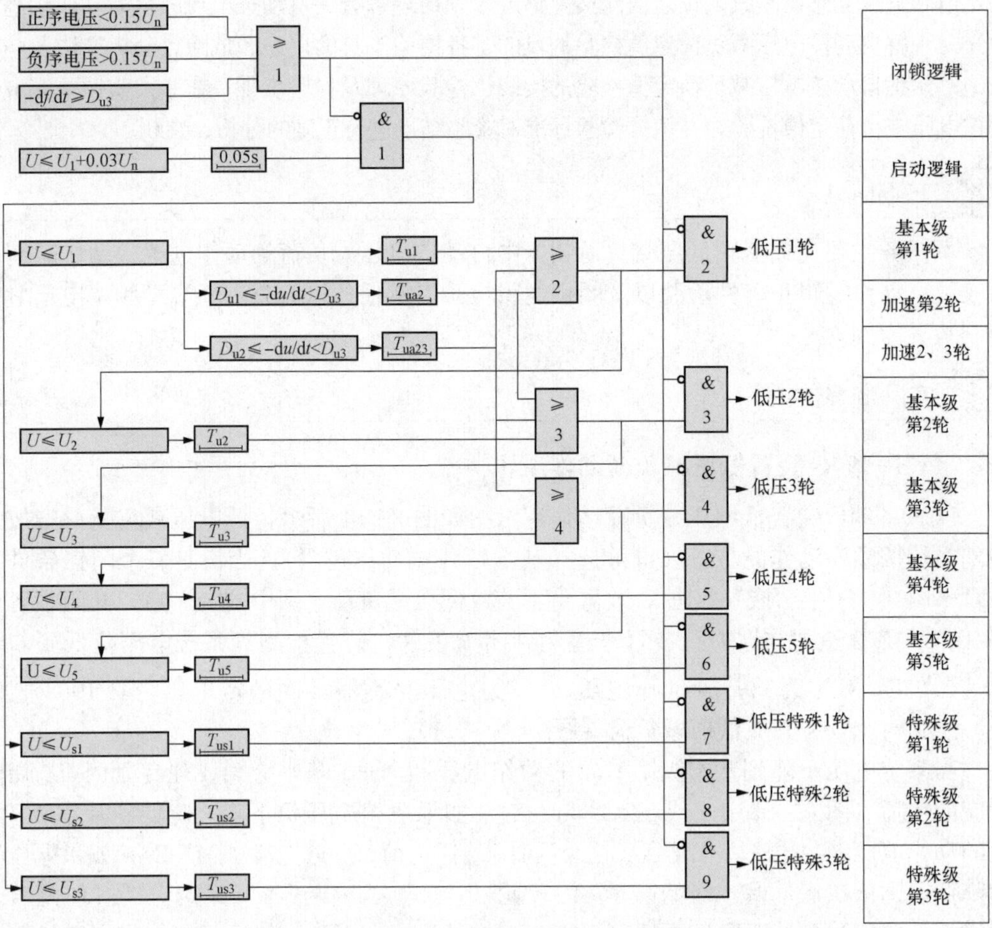

图 3-14 PCS-994C 装置低电压减负荷动作逻辑

度，三个条件中任何一个条件满足即闭锁低压减负荷。各闭锁条件含义及作用如下：

（1）电压过低闭锁。当正序电压 $U_1<0.15U_n$ 时，不进行低压判断，闭锁出口。U_n 是 TV 二次侧额定电压，取 $100/\sqrt{3}$V。

（2）负序电压闭锁。当负序电压 $U_2>0.15U_n$ 时，不进行低压判断，闭锁出口。

（3）电压突变闭锁。当 $-du/dt \geqslant D_{u3}$ 时，不进行低压判断，闭锁出口。电压突变闭锁后，当电压恢复至启动电值以上时自动解除闭锁。

任务准备

开展任务之前，学生应按照《学生手册》中表 3-19～表 3-23 所列项目，逐条确认该项准备工作是否完成或该项注意事项是否确已知晓。在已确认和已知晓的项目后确认框内打√。

任务实施

一、准备工作

（1）为了人身及设备安全，在进行工作之前需执行二次安全措施票，检查装置外部连接片在退出状态。请在教师协助下填写《学生手册》中表 3 - 24 的二次安全措施票，做好每一项标记。

（2）选择合适的试验地点放置微机保护测试仪器，将保护测试仪的接地点可靠接地。

按照以下二、三的检验项目与方法，对 PCS - 994C 型频率电压紧急控制装置进行自动按电压减负荷动作定值及动作逻辑检验，将检验结果记录于《学生手册》中表 3 - 25（PCS - 994C 装置低电压减负荷定值检验及动作逻辑检验试验报告）。

二、 低压减负荷定值检验及动作逻辑检验

利用保护测试仪模拟系统电压降低检验 PCS - 994C 装置的低电压减负荷动作定值的准确性及动作逻辑的正确性（暂时不设置闭锁条件）。

1. 检验前检查

注意：当两段母线分列运行时，各母线的低压功能的投退受各自的投退控制字控制，当两段母线并列运行时，低压功能的投退受Ⅰ母的投退控制字控制，在此次试验中以母线并列运行方式为例。

（1）定值区：定值固化在 01 区，当前运行区 01 区。

（2）低压启动定值为 $U \leqslant U_1 + 0.03U_n = 85\%U_n + 0.03U_n \approx 50.8V$，其中 $U_n = 100/\sqrt{3}V$；低压启动时间为 0.05s。

（3）低压第一轮定值（U_1）：$85\%U_n \approx 49.1V$；低压第 1 轮延时（T_{u1}）：0.2s。

（4）低压第二轮定值（U_2）：$80\%U_n \approx 46.2V$；低压第 2 轮延时（T_{u2}）：0.2s。

（5）特殊第一轮定值（U_{s1}）：$90\%U_n \approx 52.0V$；特殊第一轮延时（T_{us1}）：5s。

（6）出口矩阵核查

1）Ⅰ母低压第 1 轮切负荷出口 3（跳闸矩阵：I 母低压 1 轮出口 00000004H）。

2）Ⅰ母低压第 2 轮切负荷出口 1（跳闸矩阵：I 母低压 1 轮出口 00000001H）。

3）Ⅰ母低压特殊 1 轮切负荷出口 2（跳闸矩阵：I 母低压特殊 1 轮出口 00000002H）。

（7）控制字核查：Ⅰ母低压第 1 轮投 1，Ⅰ母低压第 2 轮投 1，Ⅰ母低压特殊 1 轮投 1，Ⅰ母加速切低压 2 轮投 1，其余控制字投 0。

（8）硬连接片核查：1LP1 检修连接片投入，1LP6 母线分列运行投入连接片在分（母线并列运行），Ⅰ母低压投入 1LP3 连接片投入（并列运行时低频、低压功能的投退受Ⅰ母的投退控制字控制）。

（9）软压板核查：Ⅰ母低压投入软压板 1。

2. 检验接线

（1）打开 1UD1、1UD2、1UD3、1UD4 试验端子连接片，在二次安全措施票上相应执行栏打√。

（2）将微机保护测试仪输出的电压 A、B、C、N 相分别用试验导线连接至端子排 1UD1、1UD2、1UD3、1UD4 内侧，如图 3 - 11 所示。试验导线应可靠连接。

（3）将模拟断路器接入 PCS - 994C 屏上低压切负荷各线路的开出回路。

3. 检验步骤

（1）模拟系统正常额定电压运行，检查 PCS - 994C 装置 TV 断线告警信号复归。

（2）模拟系统电压由额定下降到50.2V（低压启动值为50.8V，按照PCS-994C装置技术标准取大于1%误差），检验装置能否启动。

（3）模拟系统电压以小于D_{u1}定值（D_{u1}取30%U_n≈17.3V/s，见表3-5）的速度下降到低于基本级第1轮动作电压U_1时（高压第2轮动作电压U_2），检验装置基本级第1轮是否能正常动作并启动出口继电器。检验过程需记录动作电压、动作延时、传动是否正常。

（4）模拟系统电压以小于D_{u1}定值（D_{u1}取50%U_n≈28.9V/s，见表3-5）的速度下降到低于特殊第1轮动作电压U_{s1}时，检验装置特殊第1轮是否能正常动作并启动出口继电器。检验过程需记录动作电压、动作延时、传动是否正常。

（5）模拟电压以$D_{u1} \leqslant -du/dt < D_{u2}$的速度下降至基本级第1轮动作电压$U_1$，检验装置能否以短延时$T_{ua2}$同时启动基本级第1轮和基本级第2轮，并启动第1轮和第2轮的出口继电器。检验过程需记录动作电压、动作延时、传动是否正常。

（6）模拟系统电压以小于D_{u1}定值的速度下降到基本级第2轮动作电压U_2时，检验装置基本级第2轮是否能正常动作并启动出口继电器。检验过程需记录动作电压、动作延时、传动是否正常。

三、 低压减负荷闭锁逻辑检验

利用保护测试仪模拟系统电压降低检验PCS-994C装置的低电压减负荷闭锁逻辑的正确性。

试验前检查项目及试验接线同上述检验项目。

1. 正序电压低压闭锁检验

（1）设置保护测试仪输出三相正序电压，三相电压相等且低于0.15U_N。

（2）开始试验，观察PCS-994C装置信号、信息，低压减负荷应可靠不动作。

（3）将结果记入试验报告。

2. 负序电压闭锁检验

（1）设置保护测试仪输出三相不对称电压，计算正序电压低于第一轮动作电压U_1，计算负序电压高于0.15U_n。

（2）开始试验，观察PCS-994C装置信号、信息，低压减负荷应可靠不动作。

（3）将结果记入试验报告。

3. 电压突变闭锁（滑差闭锁）检验

（1）设置保护测试仪输出三相正序电压，三相电压等于额定电压，检查装置TV断线复归。

（2）设置保护测试仪模拟系统电压降低，以$-du/dt \geqslant D_{u3}$的速度下降至低于基本级第1轮动作电压U_1。

（3）开始试验，观察PCS-994C装置信号、信息，低压减负荷应可靠不动作。

（4）将结果记入试验报告。

四、 结束工作

以上检验工作全部完成后，对照《活页式手册》中表3-26所示结束工作清单对每一项目进行检查确认，整个试验过程结束。

任务评价

需要进行教学评价时，教师或互评小组对学生小组执行工作任务的整个过程按照《学生手册》中表 3-27（自动按电压减负荷动作定值及动作逻辑检验任务评价表）及时记录并予以评价。

任务扩展

一、 PCS-994C 装置中防止低压切负荷误动作的措施

1. 防止 TV 断线引起 PCS-994C 误动作

当正序电压 $U_1<0.15U_n$ 或负序电压 $U_2>0.15U_n$，则判为 TV 回路断线，延时 5s 发 TV 断线异常告警信号。异常消失后，延时 5s 自动返回。

2. 防止系统短路故障引起 PCS-994C 误动作

当系统短路故障时，闭锁的原理是：

（1）以下两个条件之一满足，装置即判断为系统故障而闭锁低压切负荷功能：

1）$-du/dt \geqslant D_{u3}$，即电压突然下降，下降速度高于定值 D_{u3}。

2）$U_p \leqslant K_1$，即任一相电压（U_p）降低到定值 K_1 以下。K_1 为判故障电压定值。

（2）装置判断系统发生短路故障后，经躲过故障切除时间定值 T_{fc} 延时，如果以下两个条件之一满足，装置即判断为系统故障被保护切除而恢复，随即开放闭锁低压切负荷功能。

1）$du/dt \geqslant D_{u3}$，即电压突然上升，上升速度高于定值 D_{u3}。

2）U_u，U_v，$U_w \geqslant K_2$，即三相电压均恢复至定值 K_2 以上。K_2 为故障切除后电压恢复定值。故障切除后系统电压可能暂时不能恢复到额定值附近，若希望解除闭锁则需将 K_2 整定得比较小，一般可将 K_1 和 K_2 整定为同样大小。

由上述闭锁及恢复条件可知，当系统发生短路故障时，母线电压突然降低，装置立即闭锁，不再进行低电压判断。而当保护动作切除故障元件后，装置安装处的电压迅速回升，如果恢复不到正常的数值，但大于 K_2，则装置立即解除闭锁，允许装置快速切除相应数量的负荷，使电压恢复。

装置设定了一个躲过故障切除时间定值 T_{fc}，该定值一般应大于后备保护的动作时间。若后备保护最长时间为 4s，则 T_{fc} 可以设为 4.5～5s。如果电压在超过 T_{fc} 时间还未回升到 K_2 以上，则装置发出异常告警信号。

图 3-14 中未画出闭锁条件（4）的逻辑部分。

二、 电力系统限制电压降低控制措施的规定

根据 GB/T 14285—2006《继电保护和安全自动装置技术规程》第 5.5.3、5.5.4 条，关于电力系统频率和电压异常紧急控制的规定如下：

5.5 频率和电压异常紧急控制

5.5.3 为防止电力系统出现扰动后，无功功率欠缺或不平衡，某些节点的电压降到不允许的数值，甚至可能出现电压崩溃，应设置自动限制电压降低的紧急控制装置。

5.5.3.1 限制电压降低控制装置作用于增发无功功率（如发电机、调相机的强励，电容补偿装置强行补偿等）或减少无功功率需求（如切除并联电抗器，切除负荷等）。

5.5.3.2 低电压减负荷控制作为自动限制电压降低和防止电压崩溃的重要措施，应根据无功功率和电压水平的分析结果在系统中妥善配置。低电压减负荷控制装置反应于电压降低及其持续时间，装置可按动作电压及时间分为若干级，装置应在短路、自动重合闸及备用电源自动投入期间可靠不动作。

5.5.3.3 电力系统故障导致主网电压降低，在故障清除后主网电压不能及时恢复时，应闭锁供电变压器的带负荷自动切换抽头装置（OLTC）。

5.5.4 为防止电力系统出现扰动后，某些节点无功功率过剩而引起工频电压升高的数值及持续时间超过允许值，应设置自动防止电压升高的紧急控制。

5.5.4.1 限制电压升高控制装置应根据输电线路工频过电压保护的要求，装设于 330kV 及以上线路，也可装设于长距离 220kV 线路上。

5.5.4.2 对于具有大量电缆线路的配电变电站，如突然失去负荷导致不允许的母线电压升高时，宜设置限制电压升高的装置。

5.5.4.3 限制电压升高控制装置的动作时间可分为几段，例如：第 1 段投入并联电抗器，第 2 段切除其充电功率引起电压升高的线路。

任务四　自动按频率电压减负荷装置的异常判断与处理

任务目标

理解自动按频率电压减负荷装置的常见异常（故障）告警信息的含义；熟悉自动按频率电压减负荷装置的常见异常（故障）的排查方法；理解自动按频率电压减负荷装置的异常（故障）排查及处理过程中各工具的用途、危险点分析方法及防范措施；在专人监护和配合下完成自动按频率电压减负荷装置的常见异常（故障）的排查及处理。

任务描述

本任务主要完成对自动按频率电压减负荷装置无法上电、采样异常、开入异常、开出异常、通信中断、无法充电、误动作、动作过程异常等缺陷的排查及处理。本任务以 PCS-994C 型频率电压紧急控制装置为例。

知识准备

PCS-994C 装置的硬件回路和软件工作条件始终在系统的监视下，一旦有异常情况发生，将显示相应的报警信息。某些异常报警可能会闭锁一些功能，一些严重的硬件故障和异常报警可能会闭锁整个装置。此时运行灯将会熄灭，同时开出信号的装置闭锁触点将会闭合，装置必须退出运行，需要检修以排除故障。

低频低压紧急控制装置

若自动按频率电压减负荷装置在运行中发生异常现象，要判断出是装置内部元件故障造成的还是外部设备回路造成的，或者是操作使用不当引起的，综合判断后准确找出故障并处理。判断故障时，必须查看装置液晶屏显示的运行信息、自检报警信息（见表 3-7），或查看自检报告、动作报告、变位报告，并观察装置面板指示灯，同时借助工具对二次回路接线进行检查处理。

表 3-7　　PCS-994C 装置报警信号列表

序号	自检报警元件	指示灯		是否闭锁装置	含义	处理意见
		运行	报警			
1	装置报警	×	●	否	装置报警总信号	看其他详细报警信息
2	通信传动报警	×	●	否	装置在通信传动试验状态	无需特别处理，传送试验结束报警消失
3	对时异常	×	●	否	对时信号异常	检查对时的设置及对时信号的连接情况
4	装置闭锁	○	×	是	装置闭锁总信号	查看其他详细自检信息
5	定值超范围	○	×	是	定值超出可整定的范围	根据说明书的定值范围重新整定定值
6	板卡配置错误	○	×	是	装置板卡位置和具体工程的设计图纸不匹配	通过“装置信息”→“板卡信息”菜单，检查板卡异常信息；检查板卡是否安装到位和工作正常
7	版本错误报警认	×	●	否	装置的程序版本校验出错	工程调试阶段下载打包程序文件消除报警；投运时报警通知厂家处理
8	定值校验出错	×	●	否	管理板定值与 DSP 板的定值不一致	通知厂家处理
9	定值项变化报警	○	×	是	当前版本的定值项与装置保存的定值单不一致	通过“定值设置”→“定值确认”菜单确认；通知厂家处理
10	定值区不一致	×	●	否	装置开入指示的当前定值区号和定值中设置当前定值区不一致（特殊版本专用）	检查区号开入和装置“定值区号”定值，保持两者一致
11	定值修改	×	●	否	定值修改后出现此报警	确定是否进行了定值修改操作
12	内存不足	×	●	否	装置内存不足	通知厂家处理
13	GOOSE 传动报警	×	●	否	装置在通信传动试验状态	无需特别处理，传送试验结束报警消失
14	I 母保护板采样无效异常	×	●	否	数字化变电站采样出错	检查采样回路
15	I 母启动板采样无效异常	×	●	否	数字化变电站采样出错	检查采样回路

续表

序号	自检报警元件	指示灯		是否闭锁装置	含义	处理意见
		运行	报警			
16	I母数据不一致	○	●	是	I母逻辑板与启动板采样数据比较不一致异常，闭锁保护	通知厂家处理
17	I母TV断线	×	●	否	电压回路断线，发告警信号，双母均断线闭锁部分保护	检查电压二次回路接线
18	Ⅱ母保护板采样无效异常	×	●	否	数字化变电站采样出错	检查采样回路
19	Ⅱ母启动板采样无效异常	×	●	否	数字化变电站采样出错	检查采样回路
20	I母保护板采样异常	○	●	是	A/D采样异常	通知厂家处理
21	I母启动板采样异常	○	●	是	A/D采样异常	通知厂家处理
22	Ⅱ母保护板采样异常	○	●	是	A/D采样异常	通知厂家处理
23	Ⅱ母启动板采样异常	○	●	是	A/D采样异常	通知厂家处理
24	Ⅱ母数据不一致	○	●	是	I母逻辑板与启动板采样数据比较不一致异常，闭锁保护	通知厂家处理
25	Ⅱ母TV断线	×	●	否	电压回路断线，发告警信号，双母均断线闭锁部分保护	检查电压二次回路接线
26	定值出错	×	●	否	1136板定值出错	通知厂家处理
27	内存出错	×	●	否	1136板定值出错	通知厂家处理
28	两母频差异常	×	●	否	两段母线频差大于0.3Hz，闭锁频率保护	检查输入装置的电压频率
29	电压未回升	×	●	否	du/dt闭锁后，在T_{fc}时间内电压未回升	输入装置的电压恢复正常后自动消失
30	DSP1内存出错	○	●	是	保护DSP板内存出错	通知厂家处理
31	DSP2内存出错	○	●	是	启动DSP板内存出错	通知厂家处理
32	NR1502开入电源异常	×	●	是	24V或220V光耦正电源失去，闭锁保护	检查开入板的隔离电接好

续表

序号	自检报警元件	指示灯		是否闭锁装置	含义	处理意见
		运行	报警			
33	DSP 互校错误	○	●	是	逻辑 DSP 与启动 DSP 互校错误	通知厂家处理
34	B09. 出口回路异常	×	●	否	保护跳闸回路出现异常	更换跳闸出口插件
35	B10. 出口回路异常	×	●	否	保护跳闸回路出现异常	更换跳闸出口插件
36	B11. 出口回路异常	×	●	否	保护跳闸回路出现异常	更换跳闸出口插件
37	B12. 出口回路异常	×	●	否	保护跳闸回路出现异常	更换跳闸出口插件
38	B13. 出口回路异常	×	●	否	保护跳闸回路出现异常	更换跳闸出口插件
39	B14. 出口回路异常	×	●	否	保护跳闸回路出现异常	更换跳闸出口插件

注　"●"表示点亮，"○"表示熄灭，"×"表示无影响。

任务准备

开展任务之前，学生应按照《学生手册》中表 3 - 28～表 3 - 32 所列项目，逐条确认该项准备工作是否完成或该项注意事项是否确已知晓。在已确认和已知晓的项目后确认框内打√。

任务实施

一、 准备工作

执行二次安全措施票，并做好每一项标记，完成《学生手册》中表 3 - 33。检查保护装置外部压板在正确的投退状态。

在专人监护下，按照下面"二、故障排查"中的项目和方法完成 PCS - 994C 装置出现的异常判断并进行处理（教师设置故障点）。将处理结果记录于《学生手册》中表 3 - 34（自动按频率电压减负荷装置异常判断与处理报告）。

二、 故障排查

（一） PCS - 994C 装置无法上电检查

（1）检查 1K 空气开关（见图 3 - 5）是否正确投入。如正确投入，进行步骤（2）。

（2）用万用表直流挡测量保护屏端子排 ZD1 对地直流电压，看是否为＋110V，如果是，进行步骤（3），如果无电压或电压不正常，检查直流屏电源正极电压是否正常，如直流屏电源正极电压正常，检查保护屏到直流屏电缆接线是否正确。

（3）用万用表直流挡测量保护屏端子排 ZD7 对地直流电压，看是否为－110V，如果是，进行步骤 4，如果无电压或电压不正常，检查直流屏电源正极电压是否正常，如直流屏电源正极电压正常，检查保护屏到直流屏电缆接线是否正确。

（4）检查空气开关下端电压是否正常，如正常，继续沿着线芯进行检查，直至装置背板，如电压均正常，进行步骤（5）。

（5）断开 1K 空气开关，将装置电源插件拔出检查是否有异常。

（二） PCS-994C 交流采样异常检查

（1）使用微机保护测试仪对端子排 1UD1、1UD2、1UD3、1UD4 电压 A、B、C 三相依次通入 10、20、30V 的交流电压，此时如装置采样与微机保护测试仪设置量不符，进行步骤（2）。

（2）用万用表交流电压挡测量端子排 1UD1、1UD2、1UD3（见图 3-6）电压 A、B、C 三相电压是否为 10、20、30V，如不正确，检查微机保护测试仪输出量，如正确，沿着端子排检查装置背板交流采样插件上 A、B、C 三相电压，如正确，断电检查装置交流采样插件。

（3）同步骤（1）、（2），检查端子排 1UD6、1UD7、1UD8、1UD9 回路。

（4）如出现三相电压三相数值有互换的情况，从微机保护测试仪接线开始检查互换相的接线直至查出问题。

（三） PCS-994C 开入异常检查

（1）如果所有开入量异常，检查装置是否有自检异常信息“开入电源异常”（监视原理图见图 3-7），若有，用万用表测量端子排 1RD1 电位是否正常，若不正常，检查装置电源，若正常，检查开关量输入插件的隔离电源是否接好。

（2）如果仅某一路开入量异常，则检查该路开入量，可利用短接线在装置端子侧短接相应公共端和开入二次线，如不上送则基本确定装置节点异常（或接线松动），或逻辑未触发（用短接线测试前需利用数字万用表通断挡确认该短接线为通畅状态）。

（四） PCS-994C 开出异常检查

（1）如装置异常信号不能正确报出，检查信号电源正极 1XD1、1YD1 是否为＋110V，如不正确，检查公共测控屏电源及接线，如正确，检查对应 1XD4、1XD5、1XD6、1XD7 以及 1YD4、1YD5、1YD6、1YD7 是否为＋110V，如正确，检查到公共测控屏的接线，如不正确，检查内配线接线及电源插件。各端子符号见图 3-9。

（2）如果装置自检信息报“出口回路异常”，则需要更换跳闸出口插件。

（五） PCS-994C 装置动作， 跳闸线路与定值单要求的线路不一致

低频低压减载装置因为出口跳闸回路较多，出口矩阵整定复杂，如不仔细调试，极易出现被跳闸线路与定值单要求不一致的现象，如低频Ⅰ母第一轮跳出口 1，结果出口 1 负荷 1 线断路器未正确跳开，主要可能因为以下几个方面会导致上述问题出现。

（1）检查保护装置面板及报文、定值；检查装置跳闸灯亮，检查装置告警报文，若报文不是Ⅰ母低频第 1 轮跳出口 1，而是Ⅰ母低频第 1 轮跳其他出口，则检查出口矩阵是否设置正确，并改正。若报文Ⅰ母低频第 1 轮未动作，则检查定值，控制字是否正确整定。

（2）若报文正确，则检查压板和回路。参考图 3-8，检查出口 1 跳闸回路切负荷线

01（第一组），1-1C1D1 端子带正电，出口压板 1CLP1 的下端不带电，上端带负电。如若电位不满足上述要求，仔细核对接线的正确性，是否存在错接、虚接的情况，导致出口回路不通，逐级寻找断点。

（3）消除上述故障，重新进行试验。

三、结束工作

异常判断与处理工作全部完成后，对照《学生手册》中表 3-35 结束工作清单对每一项目进行检查确认，整个工作过程结束。

任务评价

需要进行教学评价时，教师或互评小组对学生小组执行工作任务的整个过程按照《学生手册》中表 3-36（低频低压减负荷装置异常判断与处理任务评价表）及时记录并予以评价。

任务扩展

PCS-994C 装置运行灯熄灭，故障处理方法如下。

（1）检查装置自检信息中有“装置闭锁”，需要进一步查看其他详细自检信息。

（2）检查装置自检信息中是否有“定值超范围”，如果有，根据说明书的定值范围重新整定定值。

（3）检查装置自检信息中是否有“板卡配置错误”，如果有，通过菜单“装置信息”→“板卡信息”检查板卡异常信息；检查板卡是否安装到位和工作正常。

（4）检查当前版本的定值项与装置保存的定值单是否不一致，如果不一致，通过菜单“定值设置”→“定值确认”确认；无法处理，通知厂家。

（5）检查自检信息中是否有“保护 DSP 板内存错”，如果有，通知厂家处理。

（6）检查自检信息中是否有“启动 DSP 板内存错”，如果有，通知厂家处理。

情境四　故障录波装置运行与维护

情境描述

故障录波装置的检验、故障录波信息的调取与分析以及故障录波装置常见的异常及故障处理属于继电保护员的日常工作。继电保护及电网安全自动装置的检验可分为新安装检验、全部检验和部分检验。本情境以 FH-3000 型故障录波装置为例，按照 DL/T 995—2016《继电保护和电网安全自动装置检验规程》规定的项目对该装置进行部分检验，并练习故障录波信息调取及分析、对故障录波装置常见的异常及故障进行处理。

情境目标

通过本情境学习，应达到以下目标：熟悉故障录波装置的工作原理、基本结构与二次回路；熟悉故障录波信息的调取及分析方法；熟悉故障录波装置各项检验的安全要求、目的及原理与方法；熟悉故障录波装置常见异常及故障的起因和处理方法；熟悉检验报告的格式及填写要求；牢固树立安全风险防范意识，养成严谨、细致的工作态度，形成逻辑严密的思考习惯。

任务一　故障录波装置通用检验

任务目标

掌握故障录波装置的基本结构与工作原理；熟悉故障录波装置菜单功能及各信号指示灯及装置信息的含义；明确通用检验的目的、各检验工具的用途、危险点分析方法及防范措施；掌握故障录波装置通用检验的接线、原理及步骤；能够在专人监护和配合下完成故障录波装置通用检验，并依据检验标准对检验结果进行正确的分析、判断。

任务描述

本任务主要完成故障录波装置的通用检验，包括装置的电源、采样、开入、开出、通信状态等 5 个方面的检验。本任务以 FH-3000 型故障录波装置为例。

知识准备

一、 故障录波装置的作用

故障录波装置是用于记录电力系统稳态过程或暂态过程的专用设备，故障录波装置也称故障录波器或电力系统动态记录装置。故障录波装置最典型的功能就是录制扰动（故障或波动）发生前后电力系统电压、电流的波形，目前广泛应用的微机式故障录波装置还具有测量、实时数据输出、故障分析等功能。

为了对电力系统进行全方位的运行状态分析，需要掌握电力系统扰动（故障或波动）发生前后的真实数据，例如：电力系统潮流情况，短路电流的实际值（它们的理论值与实际值有一定差距），继电保护及自动装置的实际动作情况，电气设备受冲击的程度等。这些数据在理论上很难模拟，又不能通过试验获得，对电力系统安全稳定运行分析具有十分重要的意义。使用利用故障录波装置就能获得这些信息，所以故障录波装置就好像是电力系统的“黑匣子”，是电力系统十分重要的安全自动装置。

概括起来，故障录波装置的作用大致有以下几个方面：

（1）帮助正确分析事故原因，为及时处理事故提供重要依据。根据所录故障过程波形图和有关数据，可以准确判断故障类型、相别、故障电流和电压的大小、断路器跳合闸时间和重合闸动作情况等，从而可以帮助分析和确定事故原因，研究有效的防止事故发生的对策，并为及时处理事故提供可靠的依据。

（2）根据录取的波形图和数据，可以准确评价继电保护和自动装置工作的正确性，这是十分难得的试验数据，特别是在发生转换性故障时。

（3）根据录取的波形图和数据，结合短路电流计算结果，可以较准确地判断故障地点范围，便于寻找故障点，加速处理事故进程，减轻巡线人员劳动强度。目前最新的微机型故障录波装置，线路故障点测距准确度误差在2%以内。

（4）分析研究振荡规律。从录波图可以清楚反映振荡发生、失步、同步振荡、异步振荡和再同步全过程以及振荡周期、振荡频率、振荡电流和振荡电压特性等，为研究防止振荡对策、改进继电保护和自动装置提供依据。

（5）分析录波图，可以发现继电保护和自动装置的缺陷及一次设备的缺陷，可及时消除事故隐患；可提供转换性故障和非全相运行再故障的信息；还可反映电力系统内部过电压的情况等。

（6）借助录波装置的录波资料提供的波形和数据，不仅可用于核对系统参数和短路计算值，而且还可实测系统参数，对理论上计算的系统参数作必要修正。

由此可见，故障录波装置对保证电力系统安全运行有十分重要和显著的作用，同时还可积累运行经验，提供运行水平。所以，GB/T 14285—2006《电力系统继电保护和安全自动装置技术规程》规定：为了分析电力系统事故和安全自动装置在事故过程中的动作情况，以及为迅速判定线路故障点的位置，在主要发电厂、220kV及以上变电站和110kV重要变电站应装设专用故障记录装置。单机容量为200MW及以上的发电机或发电机变压器组应装设专用故障记录装置。

二、 故障录波装置的基本原理

故障记录装置结构

目前的故障录波装置都是微机型的，主要由微机系统及外围的模拟量输入电路、开关量输入电路等构成。运行中的故障录波装置实时地通过模拟量输入电路对来自TV二次侧的电压信号、来自TA二次侧的电流信号、来自直流系统的直流电压信号、直流电流等数据进行采样，通过开关量输入电路对来自断路器位置、隔离开关位置、保护跳合闸出口、各种告警出口等位置信息进行采样。当电力系统发生扰动时，故障录波装置通过监视模拟量和某些开关量的变化来启动，并记录装置安装处电力系统的运行信息。

1. 启动方式

(1) 模拟量启动：通过监视系统的电流、电压、频率以及它们的突变量是否越限来决定是否启动。

(2) 开关量变位启动：监视开关量变化、开关量断开、开关量闭合等状态变化来决定是否启动。

(3) 手动启动：由人工控制启动录波。

(4) 遥控录波：通过远传下达启动命令。

(5) 定时录波：在设定的时间进行录波。

2. 记录时段

当系统出现大扰动时，要求故障录波装置能详细记录扰动发生前一段时间（A 时段）及扰动发生后一段时间（B 时段）系统参数变化规律。DL/T 553—2013《电力系统动态记录装置通用技术条件》规定：A 时段是大扰动开始前的状态数据，故障录波装置应能输出原始记录波形及有效值，该时段记录时间可以整定，且整定范围不小于 0.1s，采样频率不小于 4000Hz；B 时段为系统大扰动开始后的状态数据，故障录波装置应能输出原始记录波形及有效值，该时段记录时间可以整定，且整定范围不小于 3s，采样频率不小于 4000Hz。

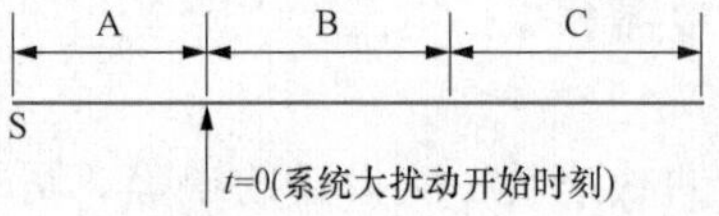

图 4-1 录波三时段划分示意图

不同的故障录波装置生产厂家采样了不同的时段划分，有三个时段的，有四个时段的。如图 4-1 所示为 A、B、C 三个时段划分示意图，C 时段为电力系统大扰动中后期状态数据记录段。

3. 参数配置

故障录波装置应用到某个具体变电站时，必须对其进行初始配置，包括将变电站母线、线路、变压器、发电机等的参数输入故障录波装置，对故障录波装置的模拟量和开关量通道进行配置以及定值的输入等。这样才能使故障录波装置正常运行，并进行正确的事故分析。

母线的参数包括母线电压、电压互感器变比等。

线路的参数通常包括间隔名称、所属母线、正序电阻、正序电抗、正序电容、电容补偿系数、线路长度、零序电阻、零序电抗、零序电容等。

变压器的参数通常有设备分类（主变压器、厂用变压器、励磁变压器、启/备变压器），额定容量（高、中、低压侧的额定容量），绕组类型（三绕组、双绕组、自耦），关联母线（高、中、低压侧电压等级），主变压器各侧电流互感器变比，一次侧额定电流，接线方式，同名端等。

模拟量通道主要设置故障录波装置采集的模拟量的间隔名称、类型（电流、电压）、额定值等，便于与采集到的实际值进行比较。

开关量通道主要设置故障录波装置采集的开关量名称及其是否投入、动合或动断等。

设置的定值主要作为故障录波装置判定是否启动录波的判据。

4. 录波分析

目前的微机故障录波装置都具有丰富的分析功能，录波分析软件是对录波数据进行详细分析的工具。主要的分析功能包括波形分析（查看瞬时值、有效值、相角值、向量分析、谐波分析、序分量分析）、故障分析（单端测距）、过激磁分析、差流分析、阻抗分析等，可绘制波形和向量图，并进行自由缩放，直观展示故障发生过程。

三、 FH-3000型故障录波装置的屏面布置及接线

（一） FH-3000型故障录波装置屏面布置

FH-3000型故障录波装置屏面布置如图4-2所示。

（二） FH-3000型故障录波装置屏各元件作用

FH-3000型故障录波装置机箱正面配置6个状态指示灯、1个液晶显示器、2个操作按钮和2个USB 2.0接口。

故障记录装置介绍

1. FH-3000型故障录波装置的状态指示灯

FH-3000型故障录波装置的状态指示灯的功能说明见表4-1。

表4-1　　FH-3000装置状态指示灯功能说明

序号	信号指示灯名称	含义
1	电源A/B	装置供电指示灯，双色灯，亮红灯为电源模块A供电，亮绿灯为电源模块B供电
2	运行/调试	双色灯，亮红灯为运行状态，亮绿灯为调试状态
3	GPS同步	绿灯闪烁表示装置时钟与GPS时钟同步，绿灯不亮表示与GPS失去同步
4	启动录波	绿灯亮表装置处于录波状态
5	告警1	装置有告警时红灯常亮，需手动复归才能熄灭
6	告警2	备用

2. 按钮

录波屏上有手动录波和手动复归两个按钮。它们的作用如下。

（1）手动录波按钮。当按下录手动波按钮时，装置按照设定的录波参数录波。

（2）手动复归按钮。按下手动复归按钮可熄灭告警灯。

3. 空气开关

录波屏背面交流空气开关JZK是打印机电源开关，直流空气开关ZZK是录波装置电源开关，1DK是母线1交流电压空气开关，2DK、3DK、4DK、5DK、6DK、7DK、8DK依次为母线2、3、4、5、6、7、8的交流电压空气开关。

4. 故障录波装置背板插件

从录波屏背面看，FH-3000型故障录波装置插件分上下两层。上层插件用于信号处理，包括电源模块、分析存储管理模块、采集模块、测频模块、GPS模块和告警模块，下层插件用于信号调理包括开关量输入模块和各类模拟量输入模块。

（1）电源模块。经空气开关ZZK接入220V直流电源。

（2）分析存储管理模块（MST模块）。以中央处理器（CPU）为核心，对录波数据进行处理、分析。它背后的接口有如下几个：

1）通信接口。

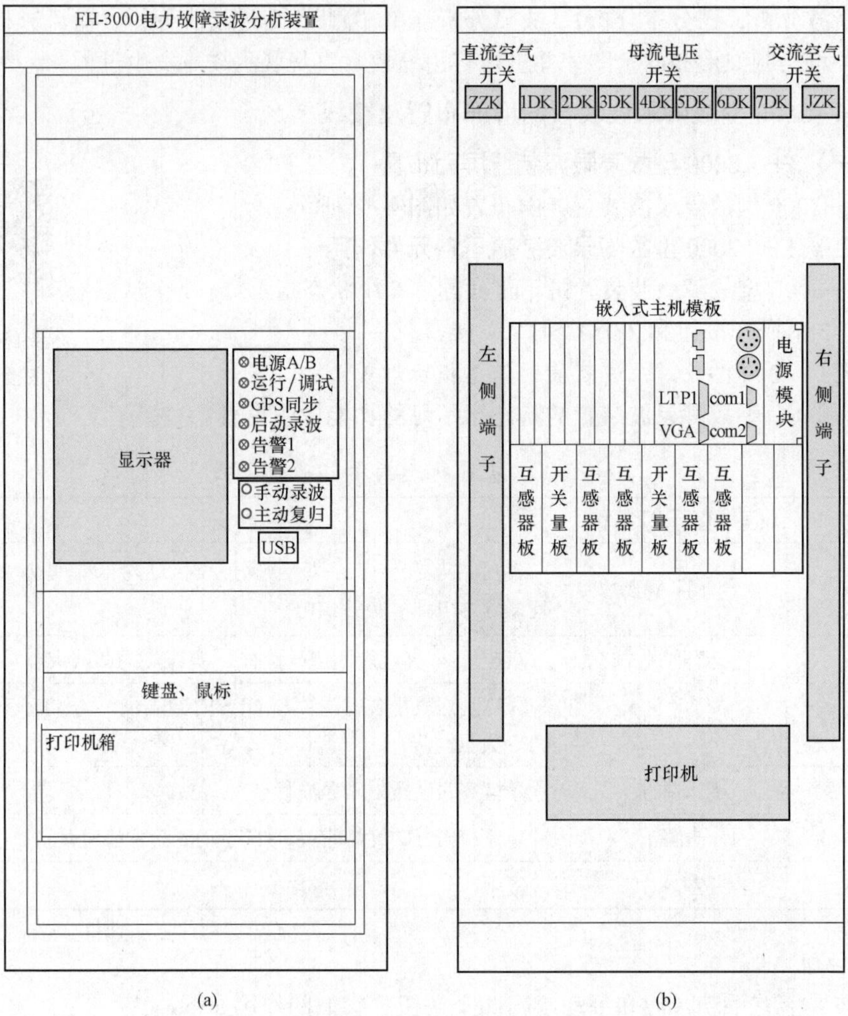

图 4-2 FH-3000 型故障录波装置屏面布置图

(a) 屏正面布置图；(b) 屏背面布置图

a. RS-232 接口：2 个，其中 1 个全串口接 MODEM，支持电话网数据远传。

b. 10/100M 以太网接口：2 个，可与厂站自动化系统、各级调度中心通信。

2）USB2.0 接口：4 个，连接 U 盘、移动硬盘等。

3）打印接口：连接打印机。

（3）采集模块（DSP 模块）。用于数据采集处理。每块 DSP 处理模块单元可接入 16 路模拟量信号、32 路开关量信号。

（4）测频模块。测量母线电压的频率，同时还接收 GPS 对时用的时/分/秒脉冲以及 IRIG-B 码，产生内部实时时钟和采样脉冲。

（5）GPS 模块。接收 GPS 天线信号（BNC 接口）和 IRIG-B 码，授出标准时/分/秒对时硬脉冲，IRIG-B 码对时信号（TTL 电平与差分电平），RS-232 标准串口对时信号和 RS-485 标准差分对时信号。

（6）告警模块（ALM）。提供 4 对可控的独立的动合触点，2 对触点用于告警输出，1 对触点用于录波启动输出，1 对触点备用。

（7）模拟量输入模块。接入来自各电压互感器的电压、各电流互感器的电流信号，来自高频保护收发信机的收、发电平信号，来自励磁系统的励磁电压、电流，来自直流系统的直流电压，4～20mA 直流电流等。这些信号经信号调理进入采集模块，经处理后供 CPU 采样。

（8）开关量输入模块。接入外部开关量（外接＋24V 直流电源）。这些信号经信号调理进入采集模块，经处理后供 CPU 采样。

5. 交直流电源回路

录波屏交直流电源回路如图 4-3 所示，交流电源 220V 经交流空气开关 JZK 为打印机电源和 MODEM 供电，直流 220V 电源经直流空气开关 ZZK 为录波装置供电。

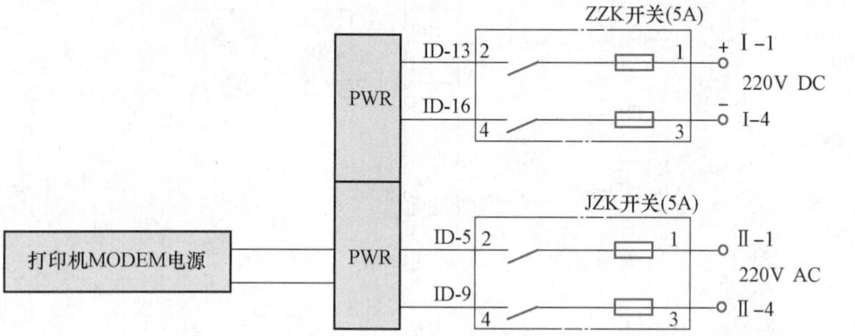

图 4-3　录波屏交直流电源回路

故障录波装置——交直流电源回路原理图

6. 交流电流回路

故障录波装置交流电流回路如图 4-4 所示。对于一条线路，通常取来自线路 TA 二次侧的三相电流，经端子排接入故障录波装置的电流采样电路。

7. 交流电压回路

故障录波装置交流电压回路如图 4-5 所示。通常取来自各母线 TV 二次侧的三相电压，经端子排、再经空气开关接入故障录波装置的电流采样电路。

8. 开关量输入回路

故障录波装置开关量输入回路如图 4-6 所示。输入开关量为空接点，外接＋24V 电源。

任务准备

在开展任务之前，学生应按照《学生手册》中表 4-1～表 4-5 所列项目，逐条确认该项准备工作是否完成或该项注意事项是否确已知晓。在已确认和已知晓的项目后确认框内打√。

任务实施

一、准备工作

（1）为了人身及设备安全，在进行工作之前需执行二次安全措施票，检查备自投装置外部连接片在退出状态。请在教师协助下填写《学生手册》中表 4-6 的二次安全措

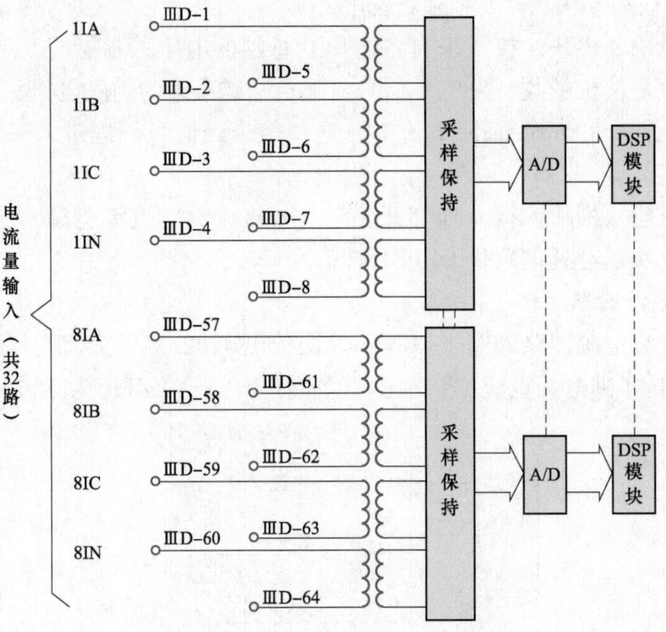

图 4-4　故障录波装置交流电流回路

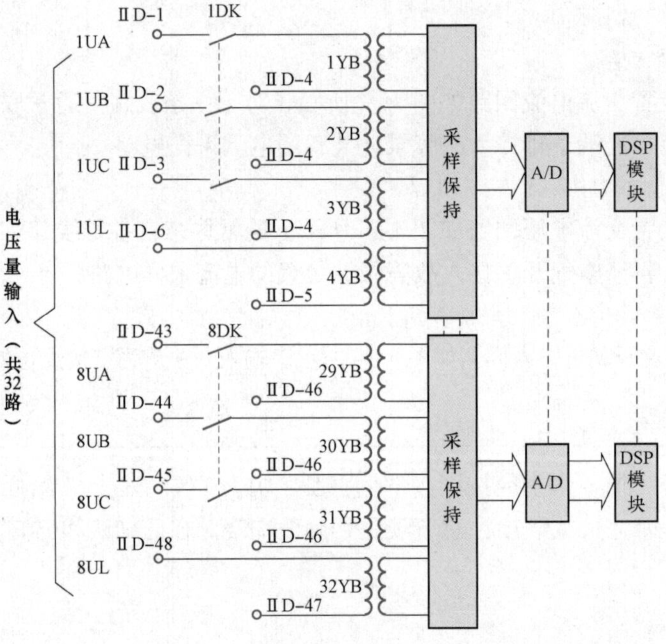

图 4-5　故障录波装置交流电压回路

施票，做好每一项标记。

（2）选择合适的试验地点放置微机保护测试仪器，将保护测试仪的接地点可靠

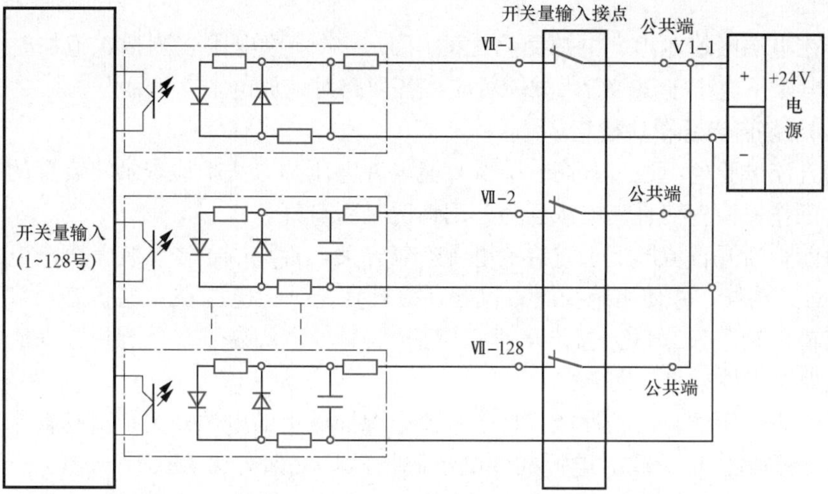

图 4-6 故障录波装置开关量输入回路

接地。

二、 通用检验试验

按照以下（一）～（六）的检验项目与方法，对 FH-3000 型故障录波装置进行通用检验，将检验结果记录于《学生手册》中表 4-7（故障录波装置通用检验报告）。

（一） 装置外观检查

（1）检查打印机、键盘、鼠标、电源线、接口线、后台机接口连接是否正常。

（2）装置外观完整，接线有无松动、接触是否良好。

（3）装置上电后检查液晶窗口、运行指示灯显示是否正常，查看软件版本信息是否正确，时间显示是否正确。

（4）检查录波器屏端子接线与原理图、端子排图是否一致。

（5）检查装置交流、直流额定电压是否与现场相符（交流电源要求为 220V，直流电源为 110/220V）。

（二） 绝缘电阻试验

利用绝缘电阻表测量规定回路的绝缘电阻，检查故障录波器屏体内二次回路的绝缘性能。试验前应注意断开有关回路连线，防止高电压造成设备损坏。

1. 试验前准备工作

（1）在端子排处断开直流电源、交流电流、电压回路外部连线，以及录波装置与其他装置的有关连线，断开打印机与装置的连接。

（2）在录波装置端子排内侧分别短接交流电压回路端子、交流电流回路端子、直流电源回路端子、开关量输入回路端子、远动接口回路端子及信号回路端子。

2. 绝缘电阻检测

（1）在交流回路对地、交流回路之间、交流回路与直流回路之间用 1000V 绝缘电阻表测量，施加时间不小于 5s，绝缘电阻不应小于 10MΩ。

（2）直流回路对地用 1000V 绝缘电阻表测量，施加时间不小于 5s，绝缘电阻不应小于 10MΩ。

(3) 在电源回路对地、电源回路之间用 1000V 绝缘电阻表测量，施加时间不小于 5s，绝缘电阻不应小于 10MΩ。试验后应将各回路对地放电。

（三） 装置电源模块检查

利用直流试验电源通过升高、降低直流电源电压的方法来检查录波装置的电源模块能否正常工作；检查交直流电源互为备用情况是否良好。

试验前，断开直流屏上录波装置电源空气开关，拆除端子排上装置直流电源进线端子（I1、I4）接线，并使用绝缘胶布包好，检查直流试验电源在停电状态，将直流试验电源直流输出端子（220V）接端子排 I1（+）、I4（-）端子，合上装置直流电源开关 ZZK。此处各元件编号见图 4-3。

(1) 检查电源的自启动性能。合上直流电源插件上的电源开关，试验直流电源由零缓慢调至 80%额定值，此时电源插件的电源指示灯（如+5，+15，−15，+24V）应点亮，装置无异常。然后，断、合 3 次直流电源开关，上述灯应点亮，装置不误动且不误发信号。

(2) 检查工作电压值及其稳定性。直流电压分别在 80%、100%、115%额定值下，用万用表在该插件背面接线端子上测量电源模块输出的各级电压，各级电压应保持稳定[要求：+5V×（±5%），+15V×（±5%），+24V×（±10%）]。

（四） 检查零点漂移

在录波装置没有交流电压、交流电流输入的情况下观察零点漂移值，确认零点漂移值在规定范围内。

(1) 装置上电后，将接入装置的交流电压回路断开、交流电流回路短接，使装置的各交流端子均开路，检查各通道采样值，此采样值即为零点漂移值。

(2) 手动录波，查看电压、电流零漂值并记录，要求稳态数据、暂态数据记录的电压零漂值在 0.05V 以内，电流零漂值在 $0.01I_N$（I_N为 TA 二次额定电流）以内。

（五） 交流量的幅值及相位特性校验

故障记录仪交流量的幅值及相位校验接线

利用保护测试仪交流试验功能对录波装置交流电流、交流电压采样精度进行检验，并检查录波效果是否正常。下面仅以一条线路的交流电压、交流电流测试为例进行说明。

1. 试验接线

(1) 选择合适的试验地点放置微机保护测试仪，并可靠接地。打开电源开关，检查测试仪正常。

(2) 将微机保护测试仪正确接线，再将测试仪与被测试故障录波装置端子排进行测试线连接，接线图 4-7 所示。连接时注意按规定任务查看对应的端子排接线图，确保电流及电压测试线连接正确。试验接线接触必须良好，防止电流回路开路、电压回路短路。

(3) 试验人员检查自己的试验接线，确认正确后，由试验负责人复查试验接线正确后，在征得试验负责人同意后，开始故障录波装置电流、电压加量测试。在试验过程中要进行呼唱并加强监护。

2. 检验过程

(1) 设置微机保护测试仪：I_a、I_b、I_c 三相电流值 5A，正序，角度互差 120°；U_a、U_b、U_c、U_l 电压值 57.7V，U_a、U_b、U_c 三相正序，角度互差 120°。设置完毕开始测试。

(2) 用手动录波获取数据，观察电流通道的电流波形。电流通道波形应正常，幅值相符，相位一致，要求误差在 2%内。

(3) 用手动录波获取数据，观察电压通道的电压波形。电压通道波形应正常，幅值相符，相位一致，要求误差在 2%内。

(4) 测试完毕后，应先关闭测试仪的电源开关，取下测试仪与被测试故障录波装置端子排间的测试线。

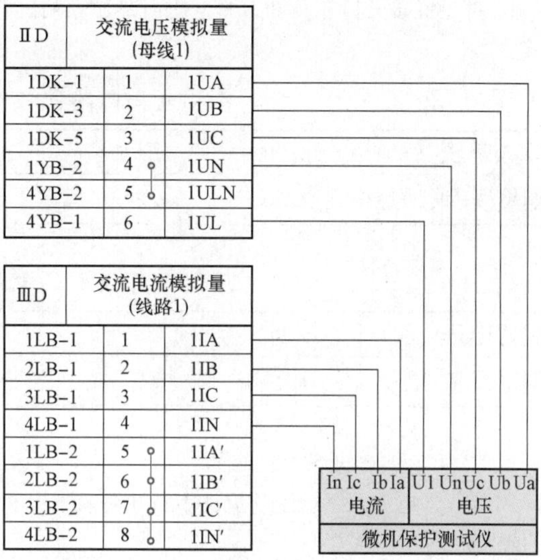

图 4-7 交流量的幅值及相位特性校验接线

(六) 开关通道检查

利用短接线逐个短接录波装置的开关量输入端子（见图 4-6）的方法启动录波，观察端子次序与录波输出结果是否一致。

对照定值检查每一通道启动录波的情况，并记录测试结果。

三、 结束工作

以上检验工作全部完成后，对照《学生手册》中表 4-8 所示结束工作清单对每一项目进行检查确认，整个试验过程结束。

任务评价

需要进行教学评价时，教师或互评小组对学生小组执行工作任务的整个过程按照《学生手册》中表 4-9（故障录波装置通用检验任务评价表）及时记录并予以评价。

任务扩展

以下内容摘自 DL/T 650—1999《220kV～500kV 电力系统故障动态记录装置检测要求》。

3.2 性能检测试验

3.2.1 零漂检查

a. 装置各交流回路不加任何激励量（交流电压回路短路、交流电流回路开路），手动启动录波；

b. 要求交流电压回路的零漂值在 0.05V 以内，交流电流回路的零漂值在 0.05A 以内。

3.2.2 交流电压、交流电流的线性范围

3.2.2.1 交流电压

a. 将装置各相电压回路端子同极性并联并加入测试电压，要求各回路的测量范围和测量误差满足表 4-2 的规定；

b. 对装置接开口三角 $3U_0$ 的电压回路加入测试电压，要求其测量范围和测量误差满足表 4-3 的规定。

表 4-2　各相电压回路同极性并联电压测试

输入电压（V）	3.00	10.0	30.0	60.0	90.0	120
测量误差（%）	≤10	≤2.5	≤1	≤0.5	≤1	≤5

表 4-3　开口三角 $3U_0$ 的电压回路电压测试

输入电压（V）	5.00	20.0	50.0	100	150	180
测量误差（%）	≤10	≤2.5	≤1	≤0.5	≤2.5	≤5

3.2.2.2　交流电流

将装置各电流回路端子顺极性串联并通入测量电流，要求各回路的测量范围和测量误差满足表 4-4 的规定。

表 4-4　交流电流回路准确度要求

输入电流	$0.1I_N$	$0.2I_N$	$0.5I_N$	$1I_N$	$5I_N$	$10I_N$	$20I_N$
测量误差（%）	≤5	≤2.5	≤1	≤0.5	≤1	≤2.5	≤5

注　表中 I_N 为 TA 二次侧额定电流。

3.2.3　交流电压、交流电流相位一致性检查

a. 将装置各电压回路端子同极性并联，将装置各电流回路端子顺极性串联，通入同相位的额定电压、额定电流（模拟纯电阻性负载），手动启动录波；

b. 要求装置记录的各路电压和电流波形相位一致，相互之间的相位测量误差不大于 5°。

3.2.4　非周期分量的记录性能检查

a. 任选一相交流电流回路分量，模拟短路故障，短路电流的基波分量为 3 倍额定电流值，控制合闸角使短路电流的非周期达到最大，非周期分量衰减时间常数为 0.1s；

b. 要求装置所记录的电流波形非周期分量衰减时间常数的测量误差小于 10%。

3.2.5　谐波的可观测性检查

a. 任选一相交流电压回路，分别通入 20%额定电压值的 2、3、5 次谐波电压，手动启动录波装置；

b. 要求装置记录的波形图上能明显观测到相应的谐波波形。

3.2.6　开关量的分辨率检查

a. 用空气开关触点闭合/断开方式检查开关量的分辨率；

b. 调整空气开关触点闭合/断开时间为 10ms/10ms，要求装置测量的闭合、断开时间误差均不大于 1ms。

3.2.7　有功及无功功率记录性能的检查

a. 装置应能记录暂态及动态过程中的有功功率、无功功率及其变化过程；

b. 对装置施加额定电压、额定电流，要求装置在功率因数角为 0°、45°、90°时的有功功率、无功功率测量误差不大于 1.5%的视在功率。

3.2.8　频率记录性能的检查

a. 装置应能记录暂态及动态过程中的频率变化过程；

b. 对装置施加额定电压，在输入电压频率分别为 45、50、55Hz 时，要求装置的频率测量误差不

大于0.05Hz。

3.2.9　高频通道信号录波性能的检查

输入占空比为10ms/10ms的方波信号，峰谷幅值分别为5.0V与0.1V，要求装置记录的方波波形前后沿失真不大于1ms，幅值误差不大于10%。

任务二　故障录波装置定值输入与启动量检验

任务目标

掌握故障录波装置定值输入方法及各定值整定的原则；熟悉故障录波装置启动量的含义；明确故障录波装置启动量检验的目的、各检验工具的用途、危险点分析方法及防范措施；掌握故障录波装置启动量的接线、检验原理及检验步骤；能够在专人监护和配合下完成故障录波装置启动量检验，并依据检验标准对检验结果进行正确的分析、判断。

任务描述

本任务主要完成故障录波装置的定值设置及定值输入；利用试验装置模拟各类元件的故障量、采样突变量，检验故障录波装置能否正确启动，并校验录波器的测距功能是否正常。本任务以FH-3000系列故障录波装置为例。

知识准备

一、 FH-3000型故障录波装置配置定值

FH-3000装置的主要配置工作在一个独立的设置程序Setting.exe中完成，装置配置由配线设置部分与定值设置部分构成。

(1) 配线设置部分包括录波装置的总体信息设置、设备信息设置、模拟量通道信息设置、开关量通道信息设置。

(2) 定值设置部分包括模拟量定值设置、开关量定值设置、计算量启动定值设置、频率定值设置、控制参数设置。

二、 故障录波装置中主要的模拟启动量及其含义

(1) 所谓突变量是指某一模拟量（相电压、零序电压、相电流、零序电流、直流）在连续3个周期内同一个采样点的变化值。如某电流I突变量的计算式为

$$\Delta I=||I_{k-2}-I_{k-1}|-|I_{k-1}-I_k||$$

式中：I_k、I_{k-1}、I_{k-2}为该电流相邻的3个同相点的测量值。

突变量启动是指当某模拟量的突变量超过设定的定值时录波装置即启动。

(2) 录波装置为每个模拟量（例如：相电压、接入零序电压、相电流、接入零序电流、频率、计算正序电压、计算正序电流、计算零序电压、计算零序电流、计算负序电压、计算负序电流、3次谐波电压、直流电压）都设定了上限和下限，当实测模拟量超过其上、下限范围时，录波启动，这就是越限量启动。

(3) 频率变化率启动。频率变化率（df/dt）超过设定值启动。

（4）过励磁启动（发电机）。

（5）系统振荡启动。线路同一相电流变化，0.5s 内最大值与最小值之差不小于10%时启动振荡录波，并判断振荡是否平息。

任务准备

在开展任务之前，学生应按照《学生手册》中表 4-10～表 4-14 所列项目，逐条确认该项准备工作是否完成或该项注意事项是否确已知晓。在已确认和已知晓的项目后确认框内打√。

任务实施

一、准备工作

（1）为了人身及设备安全，在进行工作之前需执行二次安全措施票，检查备自投装置外部连接片在退出状态。请在教师协助下填写《学生手册》中表 4-15 的二次安全措施票，做好每一项标记。

（2）选择合适的试验地点放置微机保护测试仪器，将保护测试仪的接地点可靠接地。

按照以下二～四的检验项目与方法，对 FH-3000 型故障录波装置进行定值输入与启动量检验，将检验结果记录于《学生手册》中表 4-16（故障录波装置定值输入与启动量检验报告）。

二、定值信息设置步骤及方法

1. 配线定值设置

（1）打开录波装置实时监控界面，用鼠标点击配线定值按钮。

（2）点击配线定值后，配置程序启动，点击配线按钮，进入到配线信息设置界面。

（3）进入“配置定值信息”界面，按照录波装置说明书及变电站规程要求依次录入以下信息：录波装置的总体信息、设备信息、模拟量通道信息、开关量通道信息。

2. 定值信息设置

（1）点击定值按钮，进入到定值信息设置界面。

（2）按照录波装置说明书及定值清单依次录入以下定值信息：模拟量通道定值、开关量通道定值、计算量启动定值、频率启动定值设置、控制参数。

（3）装置定值设置完成后，点击“调试窗口”中“零漂比例”按钮。

（4）通过自动跟踪零漂和比例系数达到自动校正零漂和比例系数的目的。

（5）设置好各模拟量通道的零漂、比例系数后，点击“写入”按钮，将定值写入前置机，定值设置完成。

（6）选择工具条上的“打印”按钮，打印已经设置好的配线及定值信息，打印完成后与定值单进行核对，确保定值设置正确无误。

（7）根据表 4-5 所示的变电站故障录波器定值清单，按照以上步骤和方法录入定值。

表 4-5　　故障录波器定值清单

出单日期	年　月　日	厂站名称	××变电站	定值单编号	
作废定值单	新投	被保护设备名称	330kV 线路故障录波器	装置型号	FH-3000

设备参数定值

序号	参数名称	整定值
1	设备制造商名称	成都府河电力自动化有限责任公司
2	厂站名	330kV ××变电站
3	装置名称	330kV 故障录波

录波参数定值

序号	参数名称	整定值	单位
1	A 段录波时间	200	ms
2	B 段录波时间	3000	ms
3	AB 段采样频率	10000	Hz
4	连续记录采样频率	2000	Hz

间隔定值（二次值）

序号	元件名称	上限	下限	突变	正序上限	正序下限	负序上限	零序上限	零序突变
1	330kV 黄鲁Ⅱ线电压	65V	50V	5V	65V	50V	6V	5V	5V
2	330kV 黄鲁Ⅰ线电压	65V	50V	5V	65V	50V	6V	5V	5V
3	330kVⅠ母母线电压	65V	50V	5V	65V	50V	6V	5V	5V
4	330kVⅡ母母线电压	65V	50V	5V	65V	50V	6V	5V	5V
5	330kV 黄鲁Ⅱ线电流	1.2A	退出	0.2A	1.2A	退出	0.2A	0.2A	0.2A
6	330kV 黄鲁Ⅰ线电流	1.2A	退出	0.2A	1.2A	退出	0.2A	0.2A	0.2A

频率定值

序号	参数名称	整定值	单位
1	上限定值	50.5	Hz
2	下限定值	49.5	Hz

线路参数（一次值）

序号	线路/母线	TA 一次额定值	TA 二次额定值	TV 一次额定值	TV 二次额定值	线路长度（km）	正序电阻（Ω/km）	正序电抗（Ω/km）	零序电阻（Ω/km）	零序电抗（Ω/km）
1	330kV 黄鲁Ⅱ线	4000A	1A	330kV	100V	27.3	0.0346	0.3219	0.1610	0.7546

续表

线路参数（一次值）										
序号	线路/母线	TA一次额定值	TA二次额定值	TV一次额定值	TV二次额定值	线路长度（km）	正序电阻（Ω/km）	正序电抗（Ω/km）	零序电阻（Ω/km）	零序电抗（Ω/km）
2.	330kV黄鲁Ⅰ线	4000A	1A	330kV	100V	27.3	0.0360	0.3185	0.1601	0.7597

注意事项

1. 请现场调试人员核对变比。
2. 要求上述线路保护动作接点及断路器开关量均接入故障录波装置，其余量现场自定。
3. 间隔定值中2、3、5、7次谐波上限均退出。
4. 线路参数定值中零序互感电阻、零序互感电抗、并联电抗器正负序电抗、并联电抗器中性点小电抗均退出。

三、启动量检验

（一）模拟启动量检验

利用微机保护测试仪的交流试验功能模拟系统参数的变化，检验录波装置各启动量能否正确启动录波，并检验各启动定值的精度。接线及准备工作如下。

（1）选择合适的试验地点置放微机保护测试仪仪器，将仪器可靠接地。打开仪器的电源开关，检查测试仪正常。

（2）将微机保护测试仪正确接线，再将测试仪器与被测试故障录波装置端子排（线路一的）进行测试线连接（如图4-8所示）。连接时查看端子排接线图，确保电流及电压测试线连接正确，试验接线接触必须良好，防止电流回路开路、电压回路短路。

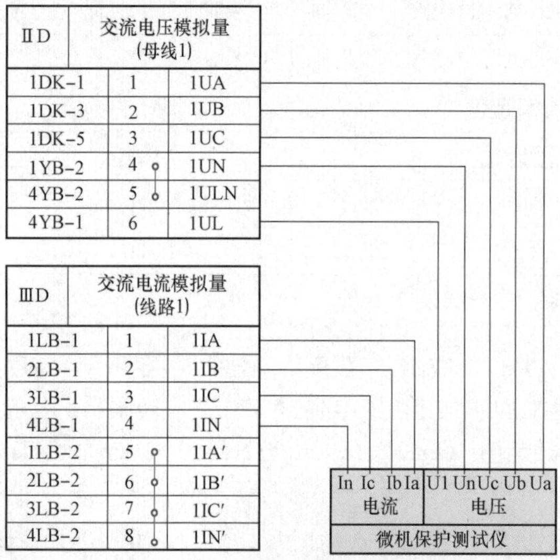

图4-8 模拟启动量检验接线

（3）试验人员检查自己的试验接线，正确后，由试验负责人复查试验接线正确后，在征得试验负责人同意后，方可开始故障录波装置电流、电压加量测试。在试验过程中要进行呼唱并加强监护。

（二）突变量启动检验（以相电流突变量为例）

（1）分别在相电流通道加入1.05倍电流突变量定值，录波装置应可靠启动，记录启动结果，装置启动录波，查看波形分析波形正确。

（2）分别在相电流通道加入0.95倍电流突变量定值，录波装置应可靠不启动。

（三）越限量检验（以相电流越限为例）

（1）分别在相电流通道加入1.05倍电流越限量定值，录波装置应可靠启动，记录启动结果，装置启动录波，查看波形分析波形正确。

（2）分别在相电流通道加入0.95倍电流越限量定值，录波装置应可靠不启动。

（四）频率越线启动（以频率越上限量为例）

（1）对装置施加额定电压，分别在相电压通道加入1.05倍频率越上限量定值，录波装置应可靠启动，记录启动结果，装置启动录波，查看波形分析波形正确。

（2）对装置施加额定电压，分别在相电压通道加入0.95倍频率越上限量定值，录波装置应可靠不启动。要求装置的频率测量误差不大于0.05Hz。

四、测距功能检验

（1）接线及准备工作。

1）选择合适的试验地点置放微机保护测试仪，并可靠接地。打开仪器的电源开关，检查测试仪正常。

2）将微机保护测试仪正确接线，再将测试仪器与被测试故障录波装置端子排进行测试线连接。连接时查看端子排接线图，确保电流及电压测试线连接正确，试验接线接触必须良好，防止电流回路开路、电压回路短路。

3）试验人员检查自己的试验接线，正确后，由试验负责人复查试验接线正确后，在征得试验负责人同意后，开始故障录波装置电流、电压加量测试。在试验过程中要进行呼唱并加强监护。

（2）任选一条线路间隔，在对应的故障录波屏端子排处加入电流及电压量，模拟单相接地故障，录波装置应可靠启动，装置面板“启动”指示灯亮，装置启动录波。

（3）查看波形分析波形正确，记录启动结果。

五、结束工作

以上检验工作全部完成后，对照《学生手册》中表4-17所示结束工作清单对每一项目进行检查确认，整个试验过程结束。

任务评价

需要进行教学评价时，教师或互评小组对学生小组执行工作任务的整个过程按照《学生手册》中表4-18（故障录波装置定值输入与启动量检验任务评价表）及时记录并予以评价。

任务扩展

一、对故障录波装置定值整定的技术要求

以下内容摘自DL/T 553—2013《电力系统动态记录装置通用技术条件》。

5.4　触发记录的启动判据

5.4.1　电压突变启动

5.4.1.1　电压的突变是否启动触发记录，可按通道设定。

5.4.1.2　电压突变启动定值，可按通道整定。

5.4.1.3　整定值不小于 5%U_N时，装置的电压突变动作值误差不应超过整定值的±10.0%。

5.4.2　电压越限启动

5.4.2.1　电压越限是否启动记录，可按通道设定。

5.4.2.2　电压越限启动定值应分高限和低限，可按通道整定。

5.4.2.3　装置的电压越限动作值误差不应超过整定值的±5.0%。

5.4.2.4　当相电压小于 0.5U_N的时间超过 3s 时，宜自动退出电压越低限启动判据。

5.4.3　负序电压越限启动

5.4.3.1　负序电压越上限是否启动记录，可按通道设定。

5.4.3.2　负序电压越上限启动定值，可整定。

5.4.3.3　整定值不小于 3%U_N时，装置的负序电压动作值误差不应超过整定值的±5.0%。

5.4.4　零序电压越限启动

5.4.4.1　零序电压宜取自外接零序电压，未接外接零序电压通道时，采用自产零序电压。

5.4.4.2　零序电压越上限是否启动记录，可设定，零序电压越上限启动定值，可整定。

5.4.4.3　整定值不小于 2%U_N时，装置的零序电压突变动作值误差不应超过整定值的±5.0%。

5.4.5　谐波电压启动

5.4.5.1　2、3、5、7 次谐波电压型判据是否启动记录，可设定。

5.4.5.2　2、3、5、7 次谐波电压型启动定值，可整定。

5.4.5.3　整定值不小于 10%U_N 时，装置的谐波电压动作值误差不应超过整定值的±5.0%。

5.4.6　电流突变启动

5.4.6.1　电流突变是否启动记录，可按通道设定。

5.4.6.2　电流突变启动定值，可按通道整定。

5.4.6.3　整定值不小于 10%I_N时，装置的电流突变动作值误差不应超过整定值的±20.0%。

5.4.7　电流越限启动

5.4.7.1　电流越上限是否启动记录，可按通道设定。

5.4.7.2　电流越上限启动定值，可按通道整定。

5.4.7.3　整定值不小于 110%I_N时，装置的电流越上限动作值误差不应超过整定值的±5.0%。

5.4.8　负序电流越限启动

5.4.8.1　负序电流越上限是否启动记录，可设定。

5.4.8.2　负序电流越上限启动定值，可整定。

5.4.8.3　整定值不小于 10%I_N时，装置的负序电流越上限动作值误差不应超过整定值的±10.0%。

5.4.9　零序电流越限启动

5.4.9.1　零序电流越上限是否启动记录，可设定。

5.4.9.2　零序电流越上限启动定值，可整定。

5.4.9.3　零序电流宜取自外接零序电流，未接外接零序电流通道时，采用自产零序电流。

5.4.9.4　整定值不小于 10%I_N时，装置的零序电流越上限动作值误差不应超过整定值的±10%。

5.4.10　频率越限启动

5.4.10.1　频率越限是否启动记录，可设定。

5.4.10.2　频率越限后动定值应分高限和低限，可设定。

5.4.10.3　装置的频率越限动作值误差不应大±0.01Hz。

5.4.11　逆功率启动

5.4.11.1　逆功率是否启动记录，可设定。

5.4.11.2　逆功率启动定值，可设定。

5.4.11.3　整定值 P 不小于 5%时，装置的逆功率动作值误差不应超过整定值的±10.0%。

5.4.12　过励磁启动

5.4.12.1　过励磁是否启动记录，可设定。

5.4.12.2　过励磁启动定值，可设定。

5.4.12.3　整定值不小于 1.1 时，装置的过励磁动作值误差不应超过整定值的±5.0%。

5.4.13　直流电压突变启动

5.4.13.1　电压的突变是否启动记录，可按通道设定。

5.4.13.2　直流电压突变启动定值，可按通道整定。

5.4.13.3　整定值不小于 5%U_N（U_N=300V）时，装置的电压突变动作值误差不应超过整定值的±10.0%。

5.4.14　直流电流突变启动

5.4.14.1　电流的突变是否启动记录，可按通道设定。

5.4.14.2　直流电流突变启动定值，可按通道整定。

5.4.14.3　整定值不小于 5%I_N（I_N=20mA）时，装置的电流突变动作值误差不应超过整定值的±10.0%。

5.4.15　开关量变位启动

5.4.15.1　开关量是否启动记录，可按通道设定。

5.4.15.2　当外部开关量触点闭合（断开）时间大于 2ms 时，应启动记录。

二、 对故障录波装置启动值检查的要求

以下内容摘自 DL/T 553—2013《电力系统动态记录装置通用技术条件》。

7.9.12　启动值的检查

7.9.12.1　对装置每个启动量的每种启动方式进行 5 次试验，每次均正确判为合格。

7.9.12.2　相电压、零序电压突变量：相电压突变量整定值设为 5%U_N，零序电压突变量整定值设为 2%U_N。

7.9.12.3　正序电压越限：过电压动的整定值设为 110%U_N，欠电压启动的整定值设为 90%U_N，装置动作值误差应满足 5.4.2 的要求。

7.9.12.4　负序电压限：负序电压启动的整定值设为 3%U_N，装置动作值误差应满足 5.4.3 的要求。

7.9.12.5　零序电压限：零序电压启动的整定值设为 2%U_N，装置动作值误差应满足 5.4.4 的要求。

7.9.12.6　变压器中性点电流越限：变压器中性点电流启动的整定值设为 10%U_N，装置动作值误差应满足 5.4.9 的要求。

7.9.12.7　频率越限：高频率越限的整定值设为 50.5Hz，低频率越限的整定值设为 49.5Hz，装置动作值误差应满足 5.4.10 的要求。

7.9.12.8　开关量变位启动：短接（断开）装置可启动记录的空触点输入端子，装置触点闭合（断开），时间不超过 2ms 应可启动记录。

任务三　故障录波信息的调取与分析

任务目标

理解故障录波装置记录波形等信息的含义；熟悉故障录波装置各记录信息的调取操

作；正确分析故障录波装置各记录信息；明确各类故障的波形特点；能够正确辨别常见故障的波形；能够分辨出励磁涌流及变压器区内故障的异同。

任务描述

本任务包括两个内容：①正确调取故障录波装置记录的信息；②分析故障录波信息，辨别常见故障、异常的波形。本任务以 FH - 3000 故障录波装置为例。

知识准备

一、常见故障录波图

故障记录装置（录波图分析）

1. 单相接地短路故障录波图特点

（1）一相电流增大，一相电压降低；出现零序电流、零序电压。

（2）电流增大、电压降低为相同相别。

（3）零序电流相位与故障电流同相，零序电压与故障相电压反相。

根据以上分析判断为单相接地故障，故障相为接地电流明显增大的那一相。图 4 - 9 所示故障为 A 相故障。

2. 两相接地短路故障录波图特点

（1）两相电流增大，两相电压降低；出现零序电流、零序电压。

（2）电流增大、电压降低为相同两个相别。

（3）零序电流向量为位于故障两相电流间。

根据以上特点分析判断故障性质为两相接地短路故障，故障相为接地电流明显增大的那两相。图 4 - 10 所示故障为 AB 相间故障。

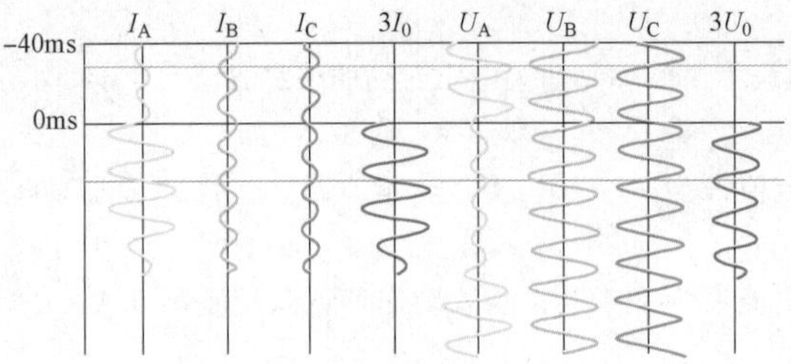

图 4 - 9　单相接地短路故障录波图

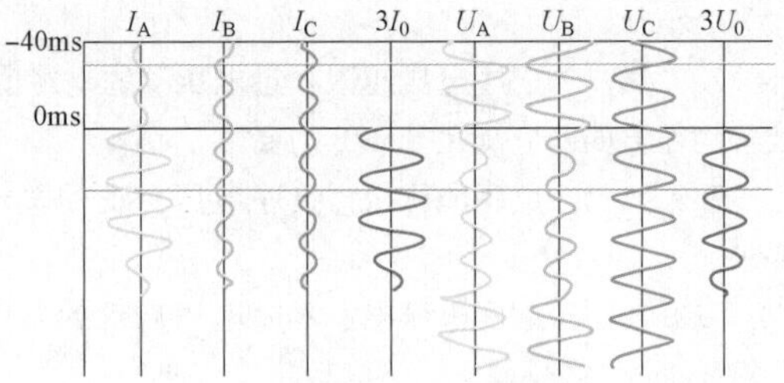

图 4 - 10　两相接地短路故障录波图

3. 两相短路故障录波图特点

（1）两相电流增大，两相电压降低；没有零序电流、零序电压。

（2）电流增大、电压降低为相同两个相别。

（3）两个故障相电流基本反向。

根据以上特点分析判断故障性质为两相短路故障，故障相为电流明显增大的那两相。图 4 - 11 所示故障为 AB 相间故障。

4. 三相短路故障录波图特点

（1）三相电流增大，三相电压降低。

（2）没有零序电流、零序电压。

根据以上特点分析判断故障性质为三相短路故障。图 4 - 12 所示故障为 ABC 三相故障。

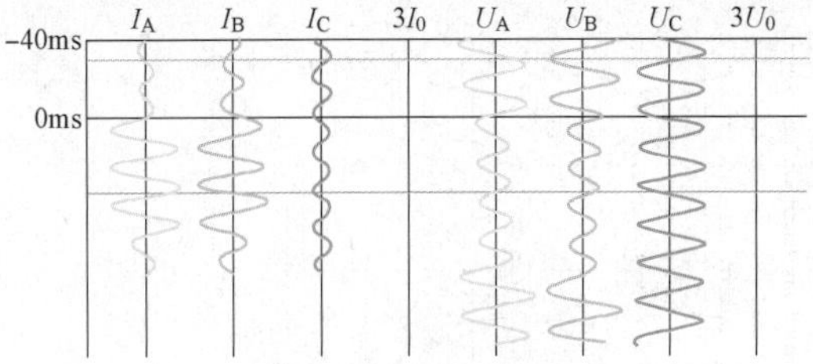

图 4 - 11 两相短路故障录波图

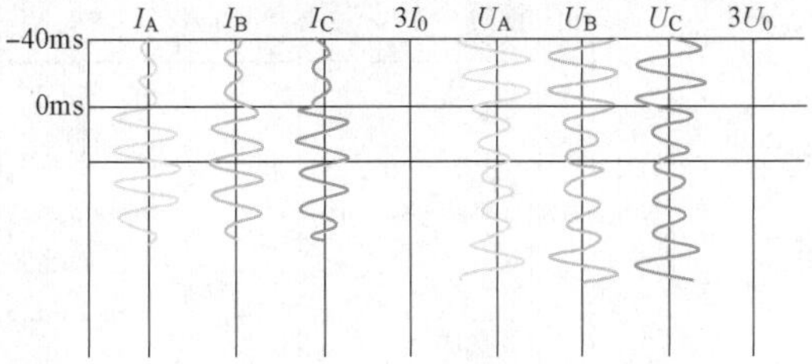

图 4 - 12 三相短路故障录波图

5. 变压器励磁涌流波形特点

（1）励磁涌流波形中含有大量的 2 次谐波分量，使涌流偏于时间轴的一侧。

（2）励磁涌流波形存在间断角。

（3）励磁涌流数值很大，最大可达额定电流的 5～8 倍。

（4）励磁涌流衰减很快，一般在十几秒钟以内就结束了。

变压器励磁涌流波形如图 4 - 13 所示。

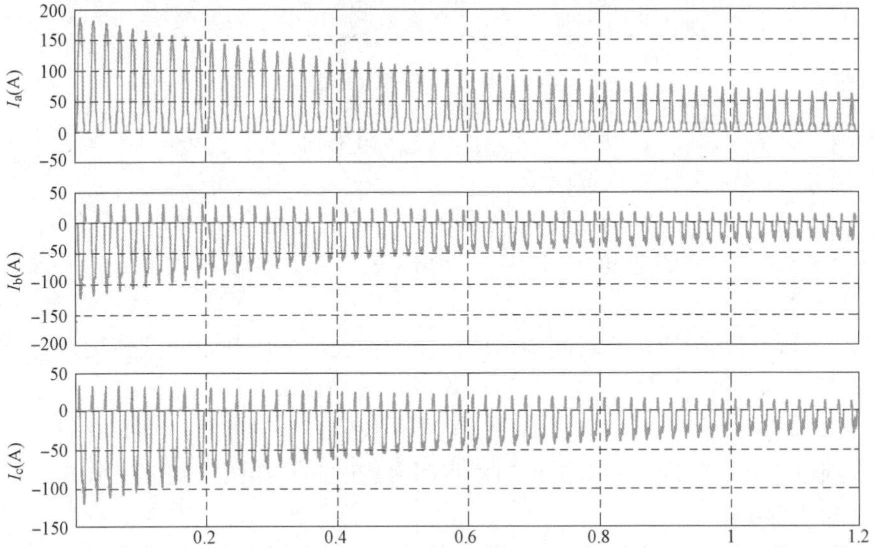

图 4 - 13 变压器励磁涌流形图

二、 故障录波图识图基础

1. 录波图的基本结构

故障波形图即整个故障过程中的各相电流、电压有效值变化曲线以及开关量的变位情况。拿到一张故障录波图，首先要识别电流、电压、时间比例尺及单位。

图 4 - 14 所示为典型的单相接地故障录波图。电压标度 U 为 45V/格（瞬时值），电流标度 I 为 4A/格（瞬时值），时间标度 T 为 20ms/格。

横轴为故障波形图通道名称，包括启动、发信、收信、跳闸、合闸共 5 个开关量通道及 9 个模拟量通道，模拟量通道分别是：I_0，零序电流（实际为 $3I_0$）；U_0，零序电压

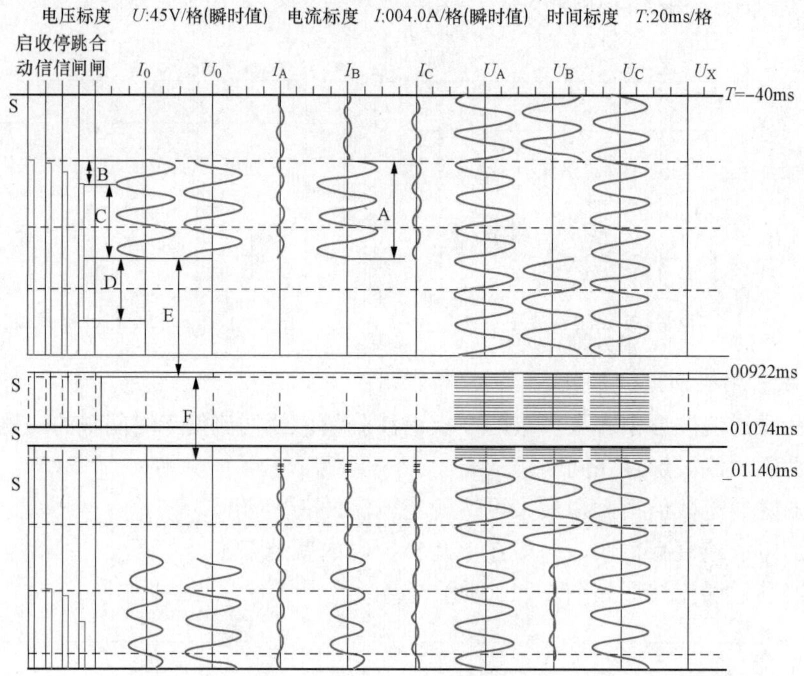

图 4-14 故障录波图例

（实际为 $3U_0$）；I_A、I_B、I_C 分别为 A、B、C 三相电流；U_A、U_B、U_C 分别为母线 A、B、C 三相电压；U_X 为线路抽取电压。

纵轴为时间，录波图中均以故障发生保护启动时刻为 0ms 计时，后续保护动作时间均是相对于启动时刻的时间，如 $T=-40$ms 表示保护从启动前 40ms 开始记录数据（即前两个周波），每格为 40ms。

故障持续时间：故障持续时间为从电流开始变大或电压开始降低到故障电流消失或电压恢复正常的时间。如图 4-14 所示的 A 段，故障持续时间为 60ms。

保护出口动作时间：保护出口动作时间是从故障开始到保护出口的时间，即从电流开始变大或电压开始降低，到保护出口触点闭合的时间。如图 4-14 所示的 B 段，保护动作最快时间为 15ms。

断路器跳闸时间：断路器跳闸时间是从保护出口触点闭合到故障电流消失的时间。如图 4-14 所示 C 段，断路器跳闸时间为 45ms。一般不用断路器位置触点闭合或返回信号。

保护出口返回时间：保护出口返回时间是指故障电流消失时刻到保护出口触点断开的时间。如图 4-14 所示 D 段，保护返回时间为 30ms。

重合闸出口动作时间：重合闸出口动作时间是从故障消失开始计时到发出重合命令（重合闸出口触点闭合）的时间。如图 4-14 所示 E 段，重合闸动作时间为 862ms。

断路器合闸动作时间：断路器合闸时间是从重合闸输出触点闭合到再次出现负荷电流的时间。如图 4-14 所示 F 段，断路器合闸时间为 218ms。

整个过程用时间轴表示如图 4-15 所示。

2. 故障电流计算方法

如图 4-16 所示，先找出 I_B 通道上的故障电流波形两边的最高波峰在刻度标尺上的

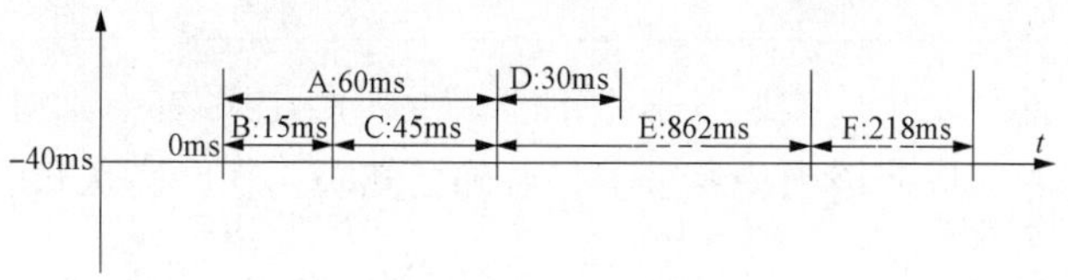

图 4-15　故障录波时间轴

位置，计算在标尺截取格数除以 2，再乘以电流标尺 4.0A/格，得到电流峰值，再除以$\sqrt{2}$就得到二次电流有效值，再乘以该间隔的 TA 变比，即得到一次电流有效值。

假设本间隔 TA 变比为 1200/1，则 B 相短路的一次电流为

I_{kB}=[（总格×电流标度 I）/（2×$\sqrt{2}$）]×变比=[3.8×4/（2×$\sqrt{2}$）]×（1200/1）=6450（A）

零序电流的计算方法与 I_{kB} 相同，需要说明的是实际计算出的是 $3I_0$。

3. 故障电压计算方法

先找出 U_B 通道上的故障电压波形两边的最低波峰在刻度标尺上的位置，计算在标尺截取格数除以 2，再乘以电压标尺 45V/格，得到电压峰值，再除以$\sqrt{2}$就得到二次电压有效值，再乘以该间隔的母线 TV 变比，即得到一次电压有效值。

假设本间隔母线 TV 变比为 110/0.1，则 B 相短路的一次电压为

U_{kB}=[（总格×电压标度 U）/（2×$\sqrt{2}$）]×变比=[2×45/（2×$\sqrt{2}$）]×（110/0.1）=35（kV）

故障时电压降为 U=110−35=75（kV）

零序电压的计算方法与 U_{kB} 相同，需要说明的是实际计算出的是 $3U_0$。

注：许多时候线路在一次重合闸后故障可能会依然存在，这时候保护装置会通过加速跳闸方式再次切除故障，该情况的波形会多一个阶段，但只要掌握了上述分析方法就不难完成。

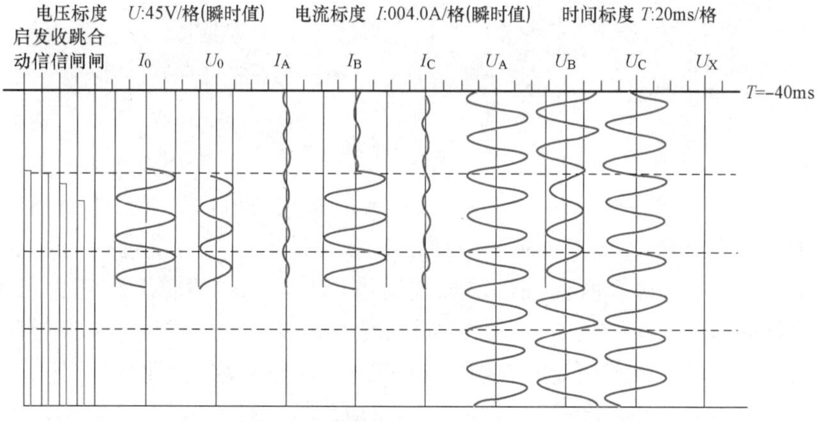

图 4-16　故障电压电流波形标度计算

任务准备

在开展任务之前，学生应按照《学生手册》中表4-19～表4-23所列项目，逐条确认该项准备工作是否完成或该项注意事项是否确已知晓。在已确认和已知晓的项目后确认框内打√。

任务实施

按照以下一、二的检验项目与方法，对FH-3000型故障录波装置进行故障录波信息的调取与分析，将分析结果记录于《学生手册》中表4-24（故障录波装置定值输入与启动量检验报告）。

一、故障录波信息的调取

（1）在监控分析主程序窗口的运行界面左侧点击“文件管理”选项按钮，如图4-17所示，可通过选择时间范围、故障类型等查询录波文件，打印报告和直接进入录波分析，点击所要查看的故障录波波形文件，调取出相应的波形。

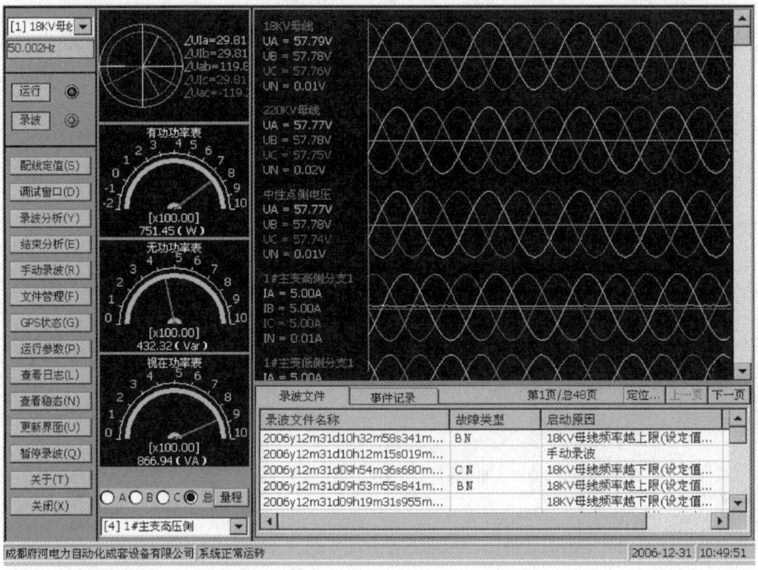

图4-17 装置系统操作主界面

（2）在屏幕左边的通道标题栏中（图4-18的左侧通道栏内）点击鼠标右键，然后在弹出的子菜单中选择“添加通道”一项，屏幕会弹出一个可供选择的通道列表对话框，如图4-19所示。选择所要进行添加的通道，并点击“确定”按钮进行确定操作，程序便会将该通道的所有数据在同一屏中进行绘制，以波形方式显示。通过对通道标题标签的拖动，可以适当调整通道的位置，以便进行各通道数据间的对比分析。“添加通道”功能也可以按照线路为单位进行添加，当选择某一线路并双击确定后，该屏将显示出该线路的所有电压和电流通道波形。

波形视图（图4-18）下方的时间标签显示的是故障发生的相对时间，当鼠标移动到下方水平滚动条左或是右端，鼠标图案变为水平双箭头图案时，可以拖动水平滚动条

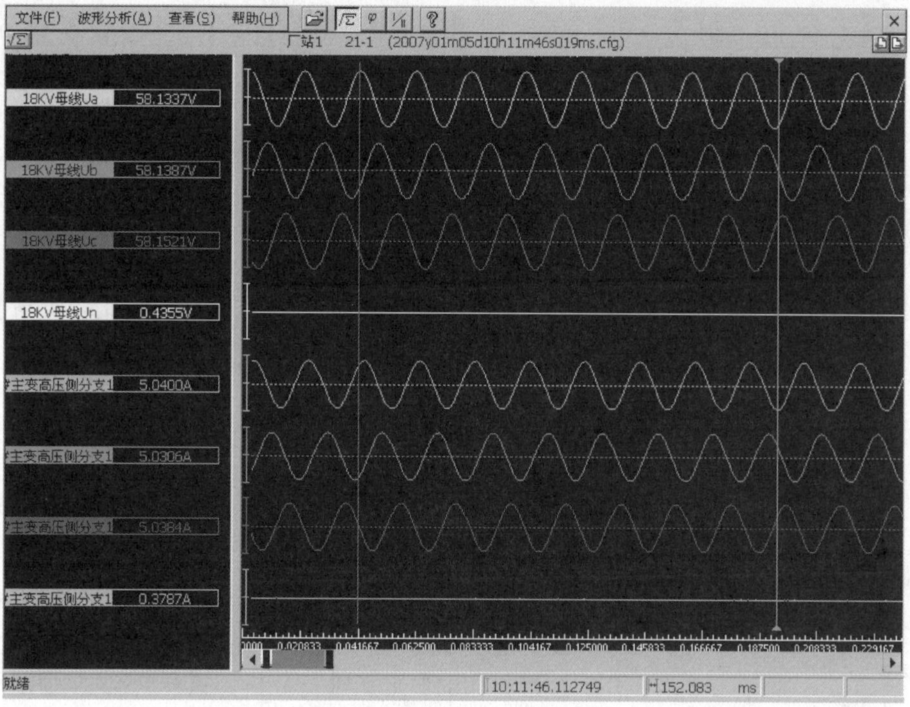

图 4-18 录波分析系统界面

图 4-19 通道列表对话框

对波形进行水平方向的自由缩放。另外，在相对时间轴上，当鼠标变为放大镜图案时，可以通过鼠标框选一段波形对其进行放大显示。在波形视窗中可以通过鼠标双击的方式设置时间标线，可以通过点击鼠标右键选择子菜单的方式设置第二条时间标线，在状态栏的第二栏中显示的是当前标线的相对时间，以毫秒为单位，双击该位置可切换至绝对时间。在状态栏的第三栏中显示的是两条时间标线之间的时间差，也以毫秒为单位。在波形视窗中可以对波形进行自由缩放，点击视图右上角的上、下翻页图标按钮可以进行上、下翻页显示波形的操作。

当在通道标签点击选定某一通道后，点击鼠标右键，然后可以通过选择子菜单中的“删除通道”项将该通道波形数据从该屏中删除。在屏幕左边的通道标题栏中点击鼠标右键，弹出的添加通道子菜单如图 4-20 所示。

二、 故障录波信息的分析

通过前面调取到的故障录波图，结合保护定值及典型故障录波特点，可以进一步分析判断保护装置是否正确动作，录波装置判定的故障类型是否准确。

1. 通过故障录波分析软件进行分析

在录波分析系统界面点击“波形分析（A）”，出现波形分析子菜单，如图 4-21 所示，功能包括：通道计算、显示有效值、显示相角、一/二次侧切换、向量分析、谐波分析、序分量分析，以及数据文件信息。具体操作方法可参考 FH-3000 电力故障录波监测装置说明书。

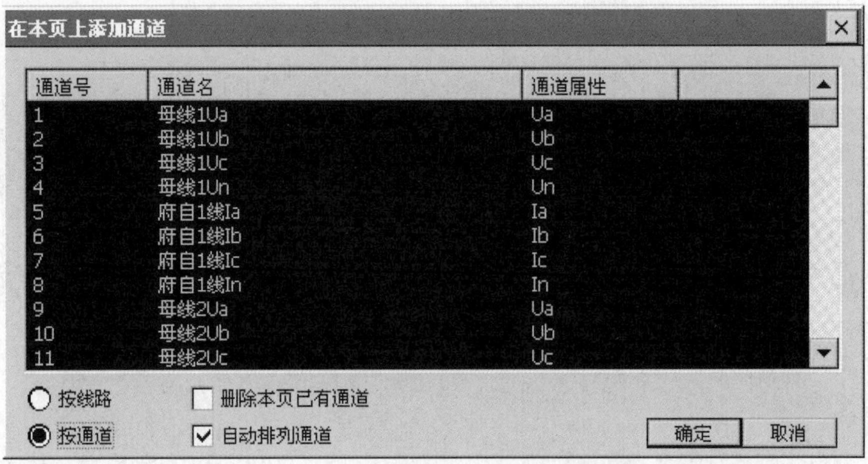

图 4-20 添加通道对话框

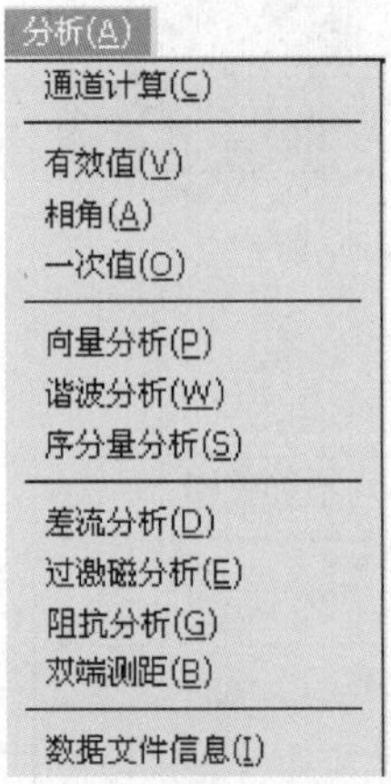

图 4-21 波形分析子菜单

2. 通过人工计算方式进行分析

在“知识准备”模块里面看到的是打印版的波形图（见图 4-14），其实很多时候我们身边没有故障录波装置或者电脑时会利用一些已打印的波形图进行分析，这样就需要利用已掌握的知识人工进行计算、分析。

（1）根据典型故障录波特点及打印版波形图确认故障发生时间、故障持续时间、故障相别、故障类型、保护出口动作及持续时间、重合闸出口动作及持续时间、开关变位信息等数据。

（2）利用直尺量取电压、电流量在刻度尺上所占的格长。

（3）利用科学计算器计算故障电流及故障电压等数据。

（4）将分析结果填写至故障录波信息分析报告中。

三、结束工作

以上检验工作全部完成后，对照《学生手册》中表 4-25 所示结束工作清单对每一项目进行检查确认，整个试验过程结束。

任务评价

需要进行教学评价时，教师或互评小组对学生小组执行工作任务的整个过程按照《学生手册》中表 4-26（故障录波信息的调取与分析任务评价表）及时记录并予以评价。

任务扩展

一、对故障录波装置录波文件的要求

根据 Q/GDW 11010—2013《继电保护信息规范》，有以下要求：

（1）录波文件包括间隔名称、启动时间、动作信息、故障前后的模拟量信息（含接入的电压、电流量)、开关量信息等。

(2) 一次电网故障形成一个录波文件，录波文件应按保护动作时间先后顺序排列。

二、对故障录波装置验收要求

Q/GDW 1914—2013《继电保护及安全自动装置验收规范》，故障录波器装置系统功能验收内容及要求见表 4 - 6。

表 4 - 6　　故障录波器装置系统功能验收内容及要求

项目	分项	内容及要求	验收方式
系统功能	模拟量	配合一次升流和二次升压，核对模拟量名称、定义及录波正确	查阅报告 现场检验
	开关量	配合保护装置传动，核对开关量名称、定义及扁动录波正确	现场检验
	录波文件就地调用	继电保护故障信息子站调用录波文件正确	现场检验
	录波文件远传	继电保护故障信息系统和录波主站远方调用录波文件正确	现场检验
信号回路	装置信号	装置动作、异常、告警等信号正确，监控系统信息正确	现场检验

任务四　故障录波装置的异常处理

任务目标

熟悉故障录波装置常见异常（故障）告警信号及信息的含义；熟悉故障录波装置常见异常（故障）的排查方法；理解故障录波装置异常（故障）排查及处理过程中各工具的用途、危险点分析方法及防范措施；能够在专人监护和配合下完成故障录波装置常见异常（故障）的排查及处理。

任务描述

本任务主要完成对故障录波装置无法上电、采样异常、开入异常、开出异常、通信中断、无法正确启动录波、测距不正确、录波信息不正确等缺陷的排查及处理。

任务准备

在开展任务之前，学生应按照《学生手册》中表 4 - 27～表 4 - 31 所列项目，逐条确认该项准备工作是否完成或该项注意事项是否确已知晓。在已确认和已知晓的项目后确认框内打√。

任务实施

一、 准备工作

执行二次安全措施票，并做好每一项标记，完成《学生手册》中表3-32。

由教师在FH-3000型故障录波屏随机模拟各类故障，包括装置无法上电、采样异常、开入异常、开出异常、通信中断、通道中断、误动作等。在专人监护下，学生工作小组按照下面二～五中的项目和方法完成FH-3000型故障录波屏出现的异常判断并进行处理。将处理结果记录于《学生手册》中表4-33所示故障录波装置的异常处理报告。

二、 装置无法上电

1. 故障现象

装置面板所有灯熄灭。

2. 检查步骤

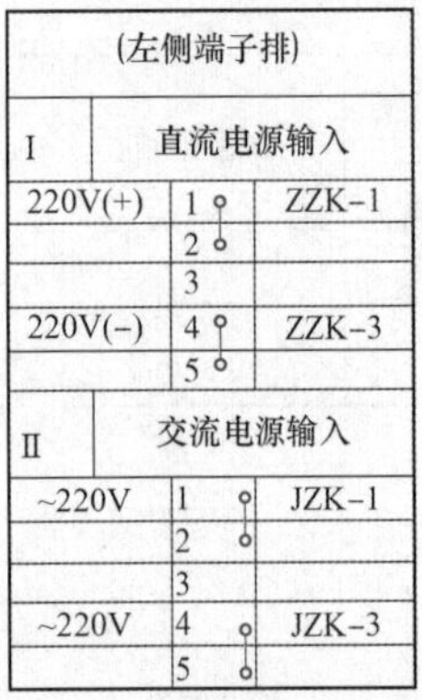

图4-22 电源端子排

（1）检查故障录波装置的供电电源是否正常。电源端子排如图4-22所示。利用数字万用表直流挡/交流挡（根据现场实际装置所接直流/交流电源来选择）量取供电电源电压，即Ⅰ-1、Ⅰ-4及Ⅱ-1、Ⅱ-4，正常电压应在220V左右，如果电压为零或者相差较大则电源输入异常。

（2）检查故障录波装置的供电电源空气开关是否正常。利用数字万用表分别量取电源空气开关（即图4-22中的ZZK和JZK）上端和下端的电压，在空气开关正常接通情况下，上端和下端均应带220V电压，如空气开关上端无电压或电压异常则供电电源至空气开关上端的接线异常，如空气开关下端无电压或电压异常则空气开关故障，需要更换电源空气开关。

（3）检查故障录波装置电源插件。如发现供电电源和供电电源空气开关、接线均正常，则通过带电情况下用数字万用表直接量取装置电源插件侧电源输入端子电压的方式进一步判断，如电压异常则判断电源空气开关下端至装置电源插件之间的接线异常，如电源正常则可尝试重新对装置断电、上电，若装置仍旧无法运行则判断电源插件故障，此时需试着更换备件处理。

三、 交流采样异常

1. 二次接线问题

（1）电压采样异常。

1）利用数字万用表交流挡依次量取三相电压采样输入（如图4-23中ⅡD端子的1-4，具体是哪一路根据实际情况选择），正常单相对地电压应在57.7V左右。

2）如果单相对地电压为零或者相差较大，则电压采样输入异常，则需对电压输入源头进行检查。

3）如单相对地电压正常，则利用数字万用表分别量取电源空开上端和下端的电压，在空气开关正常接通情况下，上端和下端单相对地均应带57.7V左右电压。

4）如空气开关上端无电压或电压异常，则供电电源至空气开关上端的接线异常；如空气开关下端无电压或电压异常，则空气开关故障，需要更换电压空气开关。

5）如仍无问题则通过带电情况下用数字万用表直接量取装置采样插件侧电压输入端子电压的方式进一步判断，如电压异常则判断电压空气开关下端至装置采样插件之间的接线异常，如电压正常则判断采样插件故障，此时需试着更换备件处理。

（2）电流采样异常。

1）利用钳形电流表依次量取三相电流采样输入（如图 4－23 中ⅢD 端子的 1－3，具体是哪一路根据实际情况选择），与本间隔同变比其他绕组电流进行对比。

2）如果电流为零，则考虑电流回路开路；如果两者相差较大，则电流采样输入异常，需对电流输入源头进行检查。

3）如三相电流正常，则通过带电情况下用钳形电流表直接量取装置采样插件侧电流输入的方式进一步判断。

4）如电流异常，则判断电流输入端子或端子至装置采样插件之间的接线异常；如电流正常，则判断采样插件故障，此时需试着更换插件处理。

ⅡD	交流电压模拟量(母线1)	
1YB-1	1	1UA
2YB-1	2	1UB
3YB-1	3	1UC
1YB-2	4	1UN
4YB-2	5	1ULN
4YB-1	6	1UL
交流电压模拟量(母线2)		
5YB-1	7	2UA
6YB-1	8	2UB
7YB-1	9	2UC
5YB-2	10	2UN
8YB-2	11	2ULN
8YB-1	12	2UL
交流电压模拟量(母线3)		
9YB-1	13	3UA
10YB-1	14	3UB
11YB-1	15	3UC
9YB-2	16	3UN
12YB-2	17	3ULN
12YB-1	18	3UL
交流电压模拟量(母线4)		

交流电压模拟量(母线7)		
25YB-1	37	7UA
26YB-1	38	7UB
27YB-1	39	7UC
25YB-2	40	7UN
28YB-2	41	7ULN
28YB-1	42	7UL
交流电压模拟量(母线8)		
29YB-1	43	8UA
30YB-1	44	8UB
31YB-1	45	8UC
29YB-2	46	8UN
32YB-2	47	8ULN
32YB-1	48	8UL
ⅢD	交流电流模拟量(母线3主要高压侧)	
1LB-1	1	1IA
2LB-1	2	1IB
3LB-1	3	1IC
4LB-2	4	1IN′
1LB-2	5	1IA
2LB-2	6	1IB′
2LB-2	7	1IC′
4LB-1	8	1IN

图 4－23　模拟量输入端子排

2. 配置问题

采样过程除了二次接线需无误外，还需保证配置参数正确。认真检查采样异常间隔的定值参数，确保同实际一致。

四、 开入开出异常

1. 二次接线问题

（1）开入异常。故障录波装置包括了保护出口、重合闸出口及开关变位等开入量，尽管信息量较多，但是检查方式方法均一致。

1）首先确定故障录波装置的开入量公共端电压正常。利用数字万用表量取公共端（如图 4－24 的Ⅵ－1）对地电压应为 110V 左右。

2）如开入量公共端无电压或电压异常，则需进一步检查公共端端子及二次线是否存在问题。

3）如公共端电压正常，则在开入量变位时利用数字万用表量取相应开入量（如图 4－24 的Ⅶ中的端子，具体是哪个根据实际情况而定）对地电压。

4）如开入量对地电压为 110V 左右，则需要判断故障录波装置的开入板或者开入板二次线是否异常。

5）如开入量对地无电压或电压异常，则考虑保护装置节点故障或保护装置至故障录波装置开入的二次线异常，可利用短接线在保护装置端子侧短接相应公共端和开入二次线，如不上送则基本确定保护装置节点异常或逻辑未触发（注：用短接线测试前需利用数字万用表通断档确认该短接线为通畅状态）。

（2）开出异常。故障录波装置包括了装置告警、装置异常等开出量。检查方法和检查开入异常的方法类似，仍旧从故障录波装置自身查起。

1）首先确定故障录波装置的开出量公共端输入电压是否正常，利用数字万用表量取公共端（如图4-25的Ⅲ中相应开出的“+”端）对地电压应为110V左右。

Ⅵ	开关量输入公共端	
+220V	1	ID-15
	2	
	3	
	4	
	5	
	6	
	7	
	8	
	9	
	10	
	11	
	12	
	13	
	14	
	15	
	16	
	17	
	18	
	19	
	20	

Ⅶ	开关量输入端	
1K1	1	K1-1
1K2	2	K1-2
1K3	3	K1-3
1K4	4	K1-4
1K5	5	K1-5
1K6	6	K1-6
1K7	7	K1-7
1K8	8	K1-8
1K9	9	K1-9
1K10	10	K1-10
1K11	11	K1-11
1K12	12	K1-12
1K13	13	K1-13
1K14	14	K1-14
1K15	15	K1-15
1K16	16	K1-16
2K1	17	K1-17
2K2	18	K1-18
2K3	19	K1-19
2K4	20	K1-20

图4-24　开入量端子排

Ⅲ	中央信号	
告警 1+	1	ALM-3
告警 1-	2	ALM-4
告警 2+	3	ALM-5
告警 2-	4	ALM-6
录波启动 1+	5	ALM-7
录波启动 1-	6	ALM-8
录波启动 2+	7	ALM-9
录波启动 2-	8	ALM-10
进线失电 +	9	PWR-7
进线失电 -	10	PWR-8
电源装置失电+	11	PWR-9
电源装置失电-	12	PWR-10

图4-25　开出量端子排

2）如公共端无电压或电压异常，则需进一步检查测控装置公共端端子及二次线是否存在问题。

3）如公共端电压正常，则在开出量变位时利用数字万用表量取相应开出量（如图4-25的Ⅲ中相应开出的“一”端）对地电压。

4）如公共端电压为110V左右，则需要判断测控装置的开入板或者开入板二次线是否异常。

5）如公共端无电压或电压异常，则考虑故障录波装置节点故障或故障录波装置至测控装置开出的二次线异常，可利用短接线在故障录波装置端子侧短接相应公共端和开出二次线，如不上送则基本确定录波装置节点异常或逻辑未触发（注：用短接线测试前需利用数字万用表通断档确认该短接线为通畅状态）。

6）在现场若怀疑装置开出节点异常，可直接将装置侧该节点两端的二次线打断，在确认两端均无电压的情况下直接利用数字万用表的通断功能测试逻辑动作时的节点状态。

2. 配置问题

开入开出功能除了二次接线需无误外，还需保证定义参数配置正确。认真检查开入开出异常间隔的定义参数，确保同实际接线一致。

五、 故障录波装置通信中断

1. 网线异常

利用网线测试仪检查网线是否存在线序错误、网线断裂或水晶头故障导致的网线无法正常使用问题，如网线断裂则需要重新敷设，如线序错误或水晶头故障则需重新制作后再行使用。

2. 配置错误

故障录波装置的通信同其他装置类似，除了保证网线连接正常外，还需确保通信配置匹配，认真检查参数配置，确保网线所接网口及两侧 IP 地址配置正确，规约参数一致。

3. 与远端设备连接中断

如果到远端设备网络中断，还应考虑中间的调度数据网、纵向加密设备、通信路由等设置。

六、 结束工作

异常判断与处理工作全部完成后，对照《学生手册》中表 4－34 所示结束工作清单对每一项目进行检查确认，整个工作过程结束。

任务评价

需要进行教学评价时，教师或互评小组对学生小组执行工作任务的整个过程按照《学生手册》中表 4－35（故障录波装置的异常处理任务评价表）及时记录并予以评价。

任务扩展

一、 故障录波装置无法正确启动录波

故障录波装置无法正确启动录波的原因可能是参数配置错误或录波装置本身硬件故障。

（1）参数配置错误。正常情况下，只要保护启动则录波装置即可捕捉波形，但是如果控制参数配置错误，则无法正确启动录波，需认真检查控制参数中的各配置，确保在合理范围内。

（2）装置硬件异常。如配置未出现问题，则考虑装置自身硬件运行异常。需检查装置告警信息，并综合其他异常（如交流采用异常、开关量输入异常等）进行综合判断，并联系厂家对装置做进一步检测处理。

二、 故障录波装置测距不正确

故障录波装置的测距误差应不大于 5％（或 2km），且无判相错误。故障录波装置能否准确测距与以下因素有关。

（1）接线是否正确。

（2）定值整定是否准确。

所以，如果发现测距不正确，或误差过大，应检查线路参数配置是否异常，即通过测距参数设置界面检查线路正序电阻、电抗、线路全长等参数是否与实际一致，并核实定值整定是否合适。

情境五　电力系统稳定控制装置运行与维护

情境描述

电力系统稳定控制装置属于电网安全自动装置。电力系统稳定控制装置的检验，以及常见的异常及故障处理属于继电保护员的日常工作。继电保护及电网安全自动装置的检验可分为新安装检验、全部检验和部分检验。本情境以 PCS-992 型稳定控制装置为例，按照 DL/T 995—2016《继电保护和电网安全自动装置检验规程》规定的项目对该装置进行部分检验，并对装置常见的异常及故障进行处理。

情境目标

通过本情境学习，应达到以下目标：熟悉电力系统稳定控制装置的工作原理、基本结构与二次回路；熟悉电力系统稳定控制装置常见异常及故障的起因、处理方法；熟悉电力系统稳定控制装置各项检验的安全要求、各检验的目的及原理与方法；熟悉检验报告的格式及填写要求；牢固树立安全风险防范意识，养成严谨、细致的工作态度，形成逻辑严密的思考习惯。

任务一　电力系统稳定控制装置通用检验

任务目标

理解稳定控制装置在电力系统中的作用；熟悉稳定控制装置的二次接线原理；熟悉稳定控制装置的基本操作；熟悉稳定控制装置各信号指示灯及装置信息的含义；理解稳定控制装置各定值的含义及整定原则、各启动条件的含义；理解稳定控制装置通用检验的目的、各检验工具的用途、危险点分析方法及防范措施；熟悉稳定控制装置通用检验的接线、检验原理及检验步骤；在专人监护和配合下完成稳定控制装置通用检验，并依据检验标准对检验结果进行正确的分析、判断。

任务描述

本任务主要完成稳控装置的通用检验，包括电源检验、采样检验、开入检验、开出检验、通信检验、通道检验及定值检查。本任务以 PCS-992 型稳定控制装置为例，阐述稳定控制装置基本原理及通用检验和定值检验的基本方法。

知识准备

一、电力系统安全稳定控制系统的结构

安全稳定控制装置（简称稳控装置）是为保证电力系统在遇到大扰动时的稳定性而在电厂或变电站内装设的控制设备，实现切机、切负荷、快速减出力、直流功率紧急提升或回降等功能，是保证电力系统安全稳定运行的第二道防线的重要设施。

单独安装在各发电厂、变电站的稳控装置（各稳控装置之间不通过通信设备互联）可实现局部电网的稳定控制。安装在两个及以上厂站的安全稳定控制装置通过通信设备联络可构成区域电网安全稳定控制系统（简称稳控系统），可实现较大范围的电力系统稳定控制。

在稳定控制系统中，通常按作用不同把设在各变电站（发电厂）的安全稳定控制装置定义为主站、子站、执行站（或称终端站）。

主站通常设在枢纽变电站或与枢纽变电站在同一位置的发电厂内。它的主要任务是汇总各个子站的运行工况信息，对区域电网进行状态估计，识别出区域电网的运行方式，对区域电网给定的预想事故集进行动态安全估计，在线形成安全稳定控制策略表（或预先装设好离线计算得到的控制策略表），并将有关运行方式信息和控制策略表传送到各个子站。在检测到主站所在变电站（或发电厂）及其出线发生故障时，根据控制策略表，向其他相关主站和各相关子站发出控制命令，同时通过各站控制命令传送到执行站。

子站设在较重要的变电站或与变电站相关联的发电厂内。子站的主要任务是采集子站运行工况信息，并传送给主站。在接收到本站及本站出线发生故障时，根据子站内的控制策略表，向主站及各子站发出控制命令的同时通过各站将控制命令传送到执行站。

执行站接收各站传来的控制命令，执行就地控制，并将控制结果信息传给上级站。

电网规模大小、复杂程度不同，配套的安全稳定控制系统也不相同，大区域电网往往由多个稳控系统分区、分层实现控制。安全稳定控制系统通常有三种形式，分别为主从式单层结构、主从式多层结构、复合式多主机结构结构，如图 5-1 所示。图 5-1 中有关联的各主站、子站、执行站之间通过光纤或载波等通信手段连接。有的区域稳定控制系统并不严格区分主站、子站和执行站，各站的稳定控制措施既有本站策略也有远方策略，有些远方命令在执行中还可能需要经过其他站的转发。

二、 PCS-992 型稳定控制装置

1. PCS-992 型稳定控制装置的结构

PCS-992 型稳定控制装置是目前我国电力系统中应用较为广泛的稳定控制装置之一。在由 PCS-992 型稳定控制装置构成的电力系统安全稳定控制系统中，各主站、子站和执行站各自使用一套（重要站采用双套）安全稳定控制装置，这些安全稳定控制装置的硬件结构基本一致，区别仅在通信接口数量的不同以及面向的控制对象不同，控制策略也不同——主站是针对区域电网的，子站是针对局部电网的，执行站则仅针对一个变电站或发电厂。

PCS-922 稳控屏的结构

PCS-992 稳定控制装置的结构示意图如图 5-2 所示。它由一套主机（PCS-992M）和数套从机（PCS-992S）构成，从机的数量在 0～8 之间可选。它与其他稳控站之间的通信可通过异步串口（RS-422 或 RS-232）或载波、专用光纤、PCM 复接等接口完成（不同接口方式的选用只需更换对应的通信接口插件）。在需要同多个站通信时需要配置信号复接设备 MUX-22C（只与另一个稳控站通信时则不需要信号复接设备）。主机和从机一般安装于继电保护室稳控屏上，信号复接设备一般安装于通信机房。

图 5-2 中，主机（PCS-992M）负责与其他站（相关联的主站、子站或执行站）的装置通信，接收本站各从机（PCS-992S）采集的数据和判别结果，实施稳定控制策略

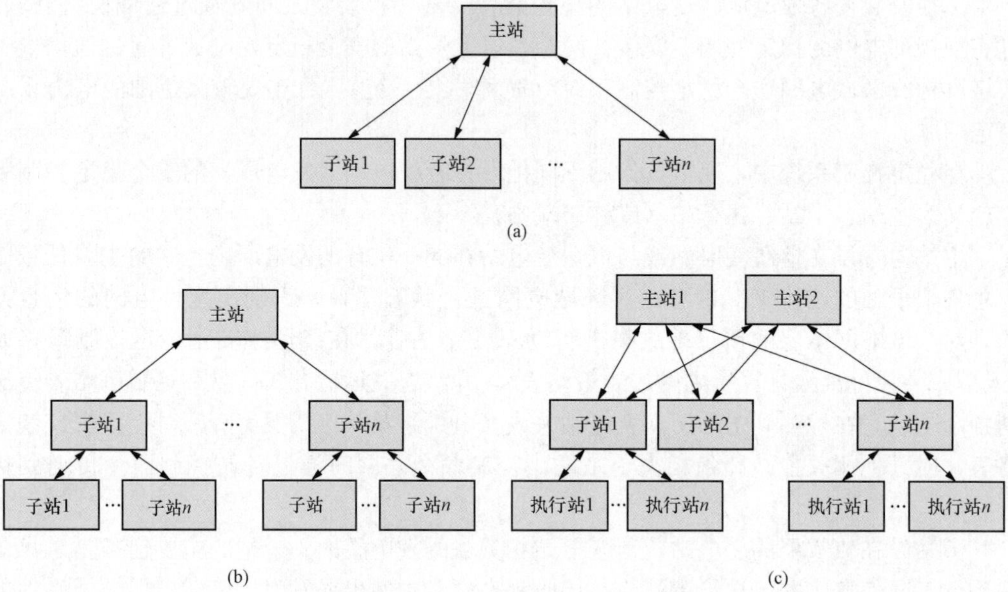

图 5-1　电网安全稳定控制系统结构

(a) 主从式单层结构；(b) 主从式多层结构；(c) 复合式多主机结构

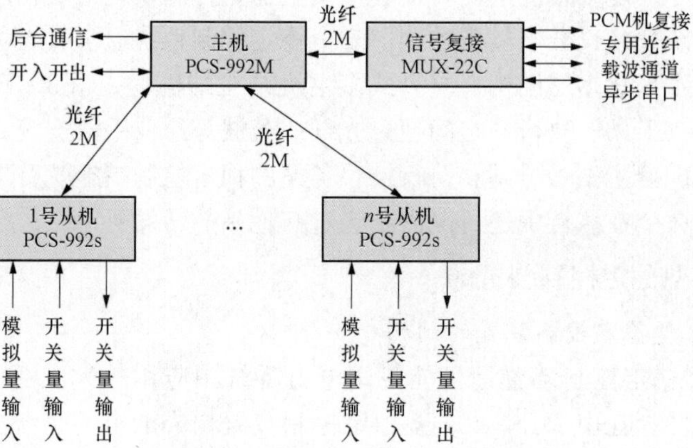

图 5-2　PCS-992 稳定控制装置结构示意图

等（如果作为主站，还负责判别系统运行方式、形成所需断面功率等）；从机（PCS-992S）负责数据的采集与计算，线路（变压器、发电机）是否运行的判别，线路（变压器、发电机、母线）是否跳闸及故障形式的判别等，并执行主机下发的命令。

PCS-992 稳定控制装置的主机和从机都采用了插件式结构，硬件电路包括微处理器电路、电源电路、模拟量输入电路、开关量输入电路、开关量输出电路、人机对话电路、通信电路等。

PCS-992 稳定控制装置用于数字站时可与电子式互感器接口，用于常规站时可与传统互感器接口，本任务中选择常规站的稳控装置。

2. 稳控装置面板信号指示

(1) PCS-992M 信号指示。PCS-992M 面板如图 5-3 所示，有按键、液晶显示屏及 20 个信号指示灯。各信号灯的作用是：

图 5-3　PCS-992M 面板

1）“运行”灯为绿色，装置正常运行时点亮，熄灭表明装置不处于工作状态。

2）“报警”灯为黄色，装置有报警信号时点亮。

3）“跳闸”灯为红色，当保护动作并出口时点亮。

4）“TV 断线”灯为黄色，当接入装置的线路、主变压器或机组任一 TV 断线时点亮。

5）“TA 断线”灯为黄色，当接入装置的线路、主变压器或机组任一 TA 断线时点亮。

6）“从机异常”灯为黄色，当主机与 PCS-992S 从机通信中断或任一 PCS-992S 异常闭锁时点亮。

7）“MUX-22 异常”灯为黄色，当主机与 MUX-22C 通信复接装置通信中断或 MUX-22C 监测某一通道通信中断时点亮。

8）“通道 x 异常”灯为黄色，对应通道通信中断或异常时点亮。共包含通道1～13。

（2）PCS-992S 信号指示。PCS-992S 面板如图 5-4 所示，按键、液晶显示屏及 20 个信号指示灯。各信号灯的作用是：

图 5-4　PCS-992S 面板

1）“运行”灯为绿色，装置正常运行时点亮，熄灭表明装置不处于工作状态。

2）“报警”灯为黄色，装置有报警信号时点亮。

3）“跳闸”灯为红色，当保护动作并出口时点亮。

4）“TV 断线”灯为黄色，当接入装置的线路、主变压器或机组任一 TV 断线时点亮。

5）“TA 断线”灯为黄色，当接入装置的线路、主变压器或机组任一 TA 断线时点亮。

6）“通道 1 异常”灯为黄色，PCS-992S 的逻辑 DSP 有两个光纤接口可以与主机通信，当第 1 个光纤接口与主机连接且通信异常时，点亮此告警灯。

7）“通道 2 异常”灯为黄色，当 PCS-992S 第 2 个光纤接口与主机连接且通信异常时，点亮此告警灯。

三、 PCS-992 型稳定控制屏

本任务中，稳定控制屏设定为某区域电网稳控系统中的子站（兼做执行站），它可向主站传送本站负荷量，接受并执行主站的切负荷命令。

（一） PCS-992 型稳定控制装置屏结构

1. 屏面布置

PCS-992 型稳定控制屏屏面布置图如图 5-5 所示。表 5-1 为 PCS-992 型稳定控制屏设备列表。

表 5-1　　PCS-992 型稳定控制屏设备列表

序号	设备代号	设备名称	设备型号	设备数量
1	JK	交流开关	NDB2-63B 2/1	1
2	MD	照明灯		1
3	9n	稳定控制主机装置	PCS-992M	1
4	1n	稳定控制从机装置	PCS-992S	1
5	2n	稳定控制从机装置	PCS-992S	1
6	LP	连接片	XH17-2T/Z	54
7	9FA、9YA	按钮	LA42P-10/G	2
8	9K、1K、2K	电源开关	NDB2Z-63B 4/2	3
9	1ZKK1-6、2ZKK1-6	电压开关	NDB2-63B 2/3	12
10		光纤终端盒	CT-GZF2J-24	1
11		打印机层		1

2. PCS-992 型稳定控制屏元件说明

（1）空气开关。稳控屏上 1K、2K、9K 分别是稳控装置从机 1n、2n 和主机 9n 的直流电压空气开关；JK 为照明灯及打印机空气开关；1ZKK1、1ZKK2、1ZKK3、1ZKK4、2ZKK1、2ZKK2 分别是 6 条线路的交流电压空气开关，1ZKK5、1ZKK6、2ZKK3、2ZKK4、2ZKK5、2ZKK5 是备用，图 5-5 中未画出，各交流电压引自对应线路保护。1ZKK1～1ZKK6 接至从机 1n，2ZKK1～2ZKK6 接至从机 2n。

（2）按钮。稳控屏上按钮 9FA 是信号复归按钮，用于复归装置的磁保持信号继电器和液晶的报告显示；9YA 是打印机按钮，用于手动启动打印最新一次动作报告。

（3）连接片。该 PCS-992 型稳定控制屏上的连接片名称及作用见表 5-2。

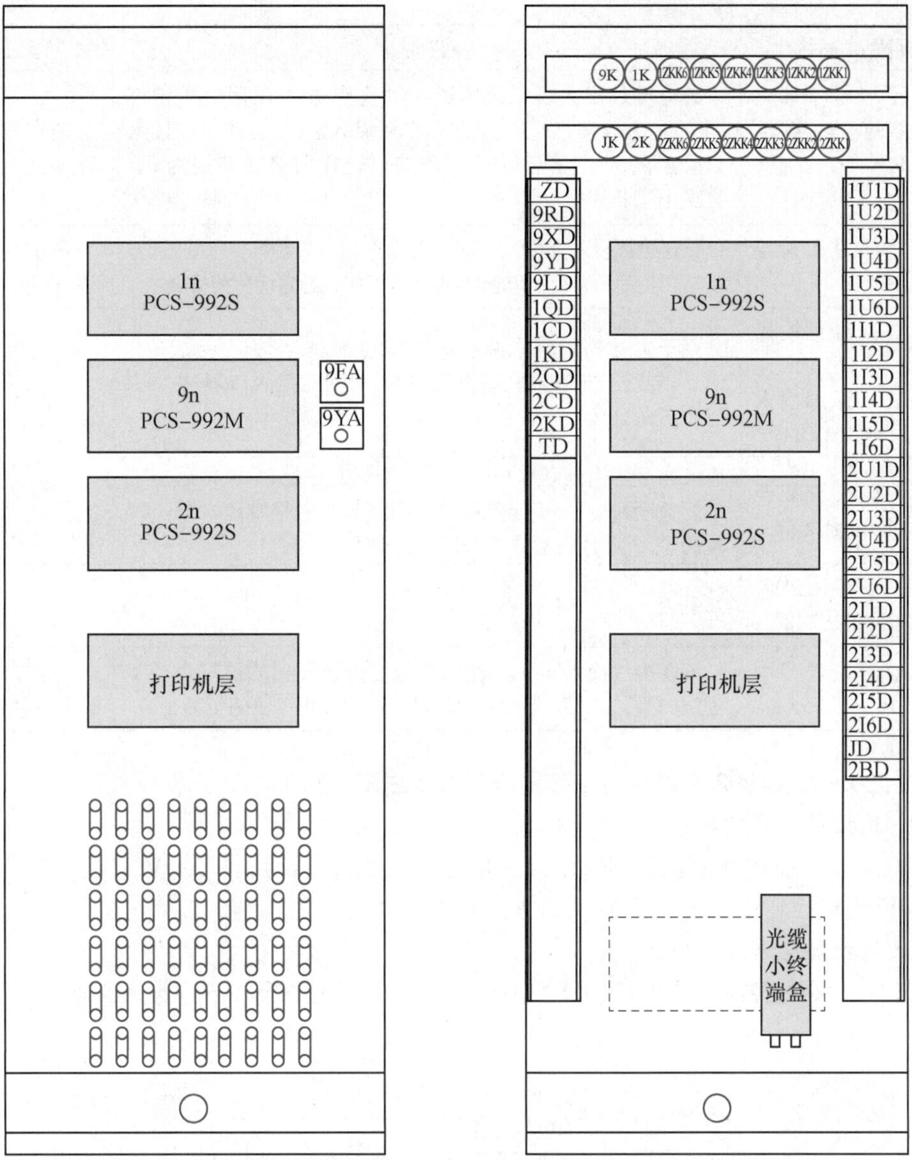

(a)　　　　(b)

图 5-5　PCS-992 型稳定控制屏屏面布置图

（a）屏正面布置图；（b）屏背面布置图

表 5-2　　PCS-992 型稳定控制屏连接片及作用说明

连接片名称	说明	备注
投检修态连接片（9FLP1）	防止在稳控装置进行试验时，有关报告经 IBC60870-5-103 规约接口向监控系统发送相关信息，而干扰调度系统的正常运行，在装置检修时，将该连接片投上，在此期间进行试验的动作报告不会通过通信口上送，但本地的显示、打印不受影响；运行时应将该连接片退出	正常方式下该连接片退出

续表

连接片名称	说明	备注
试验连接片（9FLP2）	该连接片投入表示装置进入试验状态，采用试验定值时，投入该连接片。当该连接片投入后，装置可以读取试验定值，正常运行时，所有试验定值必须整定为0，且退出试验连接片	正常方式下该连接片退出
总功能投入连接片（9FLP3）	该连接片投入则投入本站装置远方切负荷功能，执行远方主站切负荷命令；该连接片退出则不接收远方切负荷命令	正常方式下该连接片投入
主站A通道投入连接片（9FLP10） 主站B通道投入连接片（9FLP11）	用于本站与对应主站系统通信控制，当该连接片不投时，装置不向外界主站发送信息，同时接收外界主站信息也不做处理	正常方式下该连接片投入
允许切整流变连接片（9FLP12）	该连接片投入则本站负荷量上送远方主站，执行远方主站切负荷命令；该连接片退出则向运方主站发送本站负荷量清零，不执行远方主站切负荷命令	正常方式下该连接片投入
9RLP4－9RLP9，9RLP13－9RLP18	备用	
跳闸出口连接片（1CLP1－1CLP8）	该连接片投入则接主站令，稳控装置发出的跳闸令经跳闸出口及该连接片后送入线路保护，从而实现切负荷	正常方式下该连接片投入

（二）PCS－992型稳定控制装置屏二次接线图

1. 稳控屏直流回路

PCS－992稳控屏直流回路如图5－6所示，来自直流屏的220V直流分别经1K、2K、9K为稳控装置从机1n、2n和主机9n供电。

2. 稳控屏交流电流回路

PCS－992稳控屏交流电流回路如图5－7所示，稳控装置从机1n分别通过线路1、

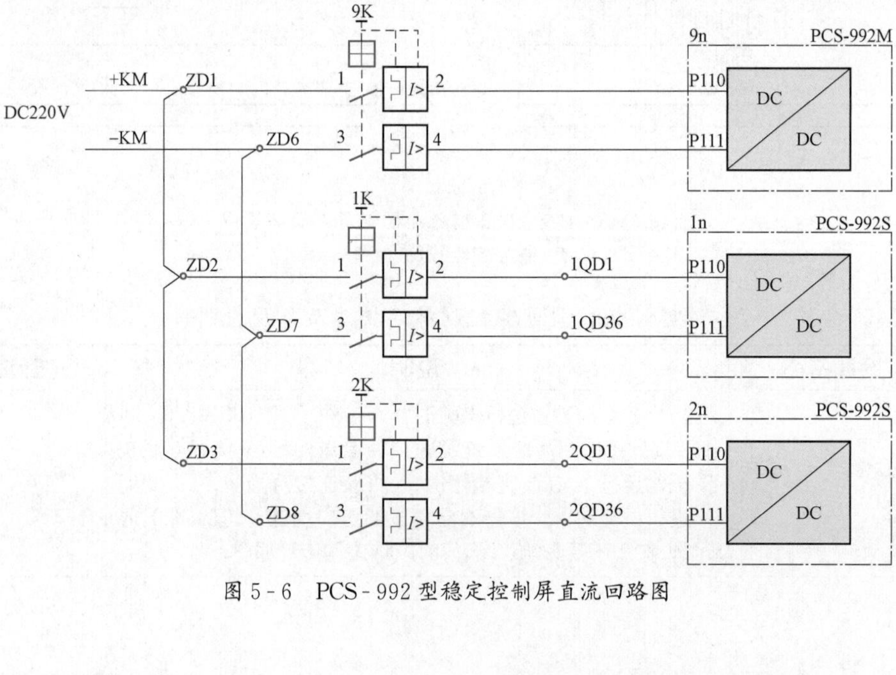

图5－6　PCS－992型稳定控制屏直流回路图

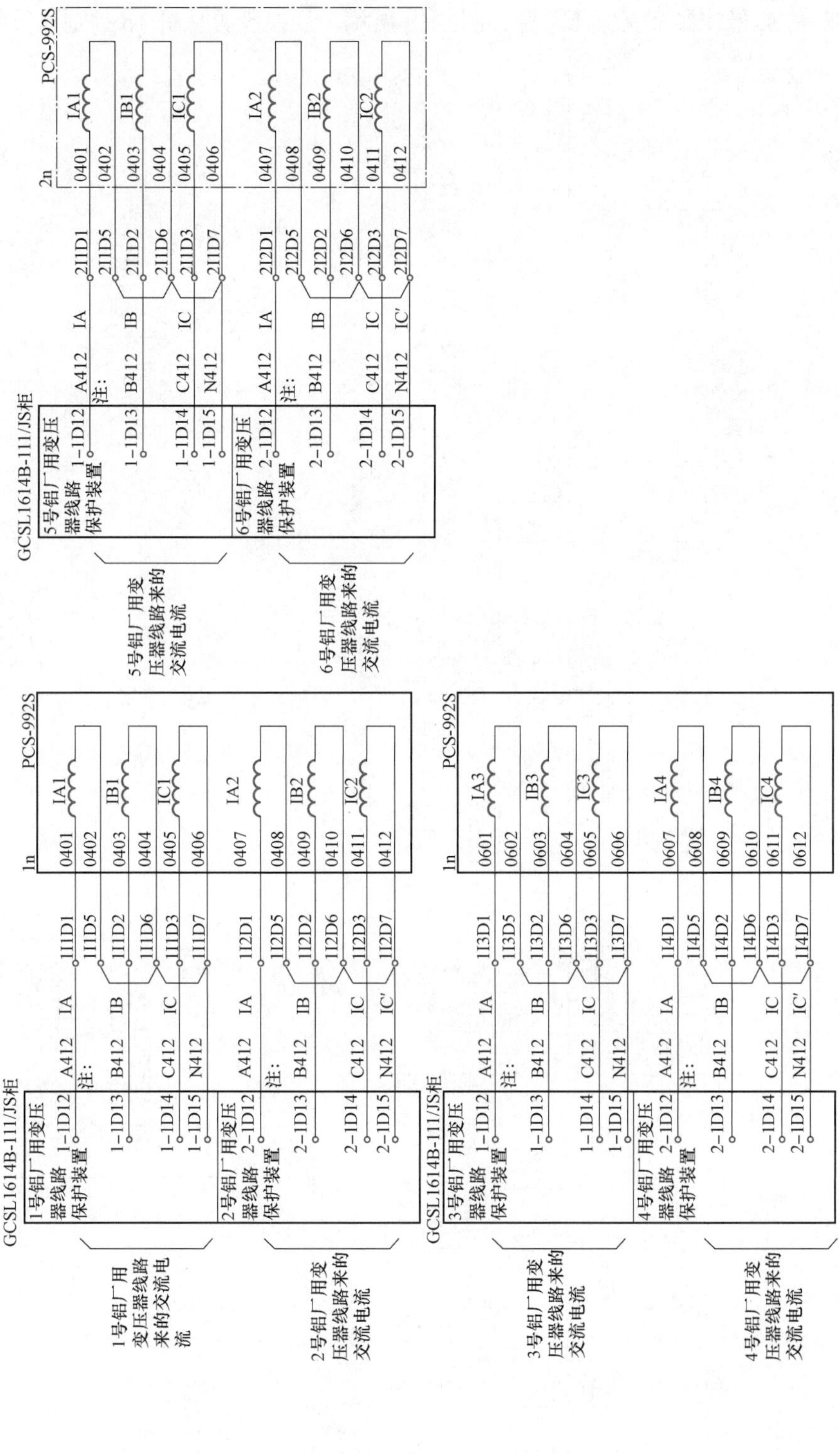

图 5-7　PCS-992 型稳定控制屏电流回路图

2、3、4 的线路保护装置交流电流端子获取线路 1～4 的电流；稳控装置从机 2n 分别通过线路 5、6 的线路保护装置交流电流端子获取线路 1～4 的电流。

3. 稳控装置交流电压回路

PCS-992 稳控屏交流电压回路如图 5-8 所示，稳控装置从机 1n 分别通过线路 1、

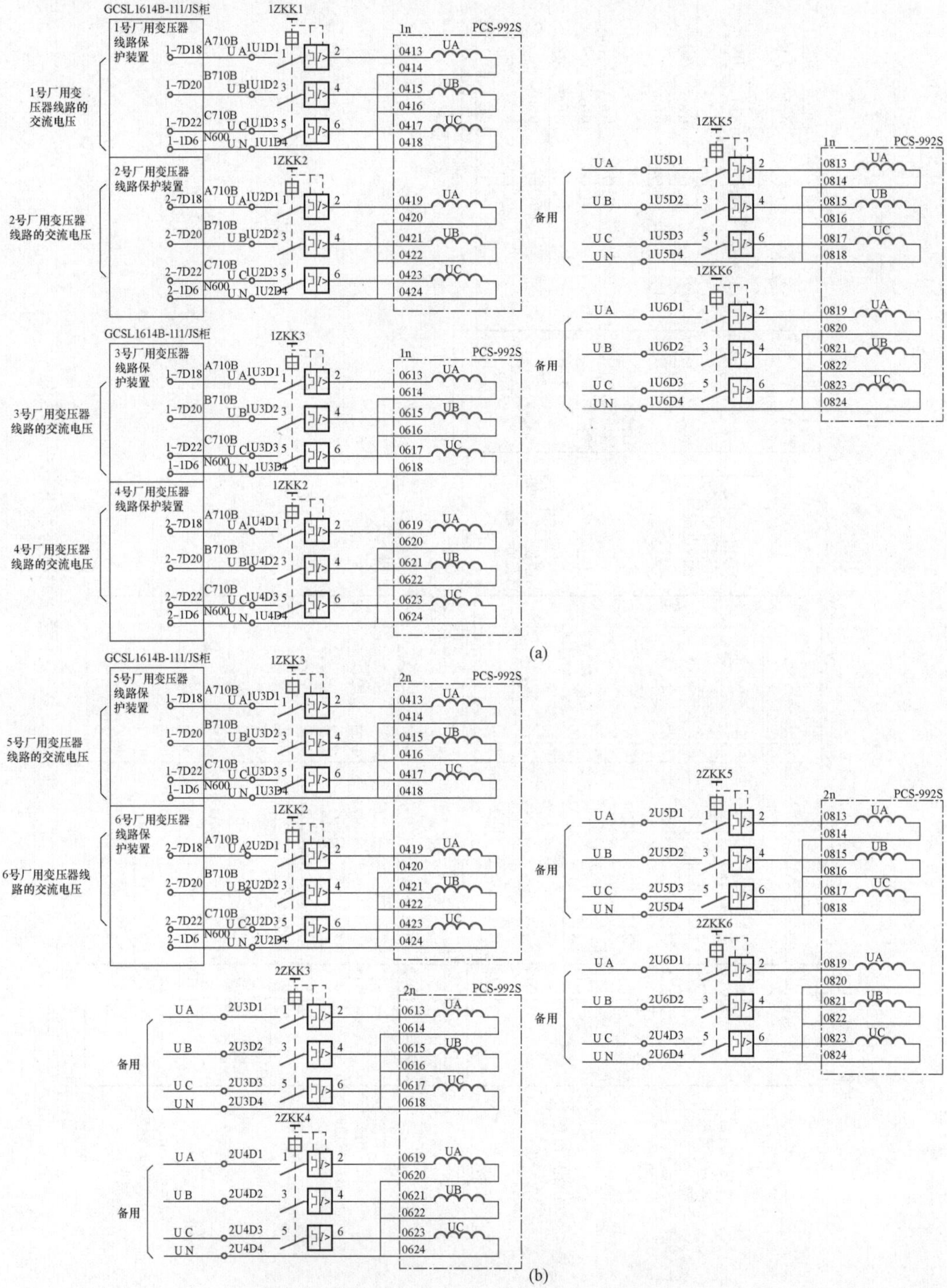

图 5-8　PCS-992 型稳定控制屏电压回路图

（a）从机 1n 交流电压回路；（b）从机 2n 交流电压回路

2、3、4 的线路保护装置交流电压端子获取线路 1～4 的电压；稳控装置从机 2n 分别通过线路 5、6 的线路保护装置交流电压端子获取线路 1～4 的电压。1ZKK1、1ZKK2、…、1ZKK6 分别是 6 条线路的交流电压空气开关。

4. 稳控装置开关量输入回路

稳控装置主机 PCS-992M（9n）开关量输入回路如图 5-9 所示。图中开关输入量包括 GPS 对时无源节点，按钮 9YA、9YF，连接片 9RLP1、9RLP2、9RLP3 等，部分连接片是备用开入。稳控装置主机 9n 负责监视这些开关输入量状态。GPS 的作用是为稳控系统对时。各连接片和按钮的作用见表 5-1 和表 5-2。稳控装置从机 1n 和 2n 的开关量输入回路仅有 GPS 对时，未在图 5-9 中画出。

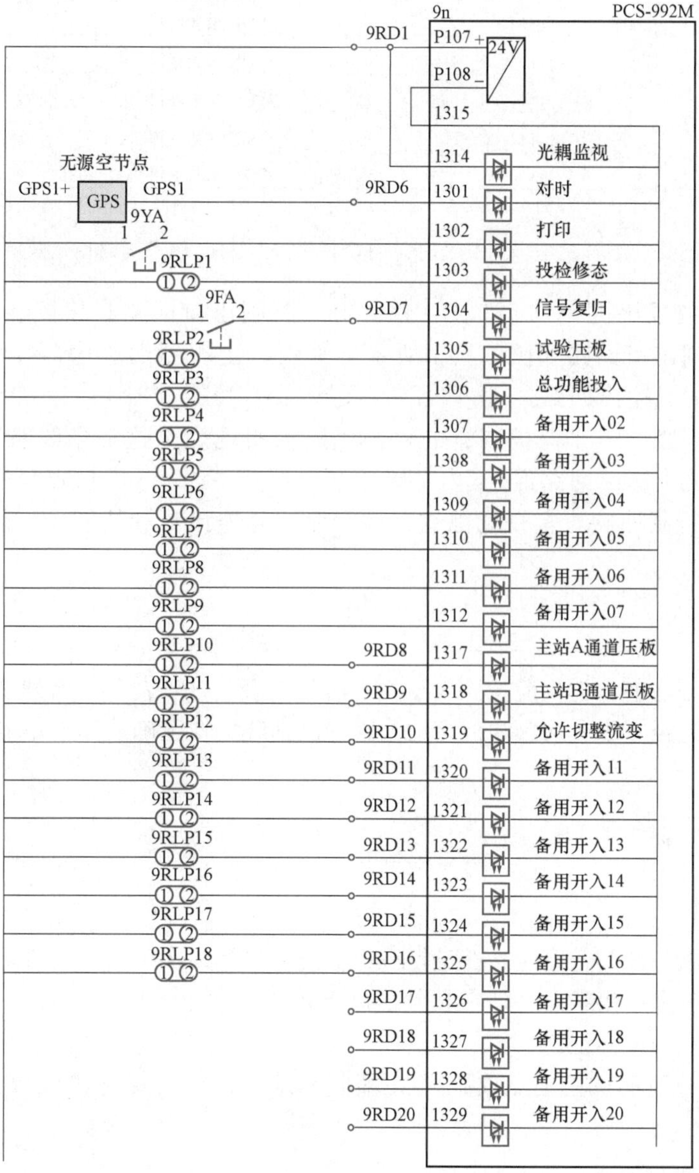

图 5-9　稳控装置主机 PCS-992M（9n）开关量输入回路图

5. 稳控装置开关量输出回路

(1) 稳控装置主机 PCS-992M（9n）信号回路。稳控装置主机 PCS-992M（9n）信号回路如图 5-10 所示。当主机检测到满足闭锁、告警、动作等条件时，分别启动内部继电器 BSJ、BJJ、TXJ、TJ，检测到通道故障时启动 TDGJ 继电器，各继电器触点将动作信息分别输出到公共测控装置（中央信号回路、远动信号），并转送后台计算机，和故障录波装置（事件记录回路）。

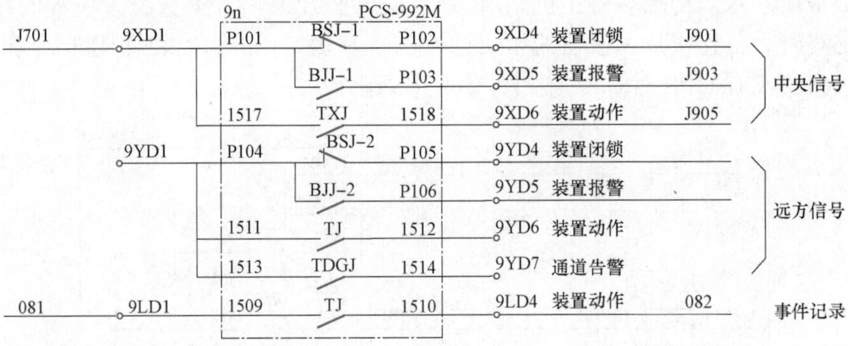

图 5-10　稳控装置主机 PCS-992M（9n）信号回路图

(2) 稳控装置从机 PCS-992S（1n、2n）跳闸出口回路。稳控装置 PCS-992S（1n、2n）跳闸出口回路如图 5-11 所示，其中厂变压器简称为厂变。稳控装置从机 1n 的各开关量输出回路经 1n 内部跳闸继电器 TJ01、TJ03、TJ05、TJ07 触点分别接通线路 1、2、3、4 保护装置的跳闸回路，实现切除这 4 条线路；稳控装置从机 2n 的各开关量输出回路经 2n 内部跳闸继电器 TJ01、TJ03 触点分别接通线路 5、6 保护装置的跳闸回路，实现切除这 2 条线路。各连接片和按钮的作用见表 5-1 和表 5-2。

任务准备

在开展任务之前，学生应按照《学生手册》中表 5-1～表 5-5 所列项目，逐条确认该项准备工作是否完成或该项注意事项是否确已知晓。在已确认和已知晓的项目后确认框内打√。

任务实施

一、准备工作

(1) 为了人身及设备安全，在进行工作之前需执行二次安全措施票，检查稳定控制装置外部连接片在退出状态。请在教师协助下填写《学生手册》中表 5-6 的二次安全措施票，做好每一项标记。

(2) 选择合适的试验地点放置微机保护测试仪器，将保护测试仪的接地点可靠接地。

二、通用检验试验

按照以下（一）～（五）的检验项目与检验方法，对 PCS-992 型稳定控制装置进

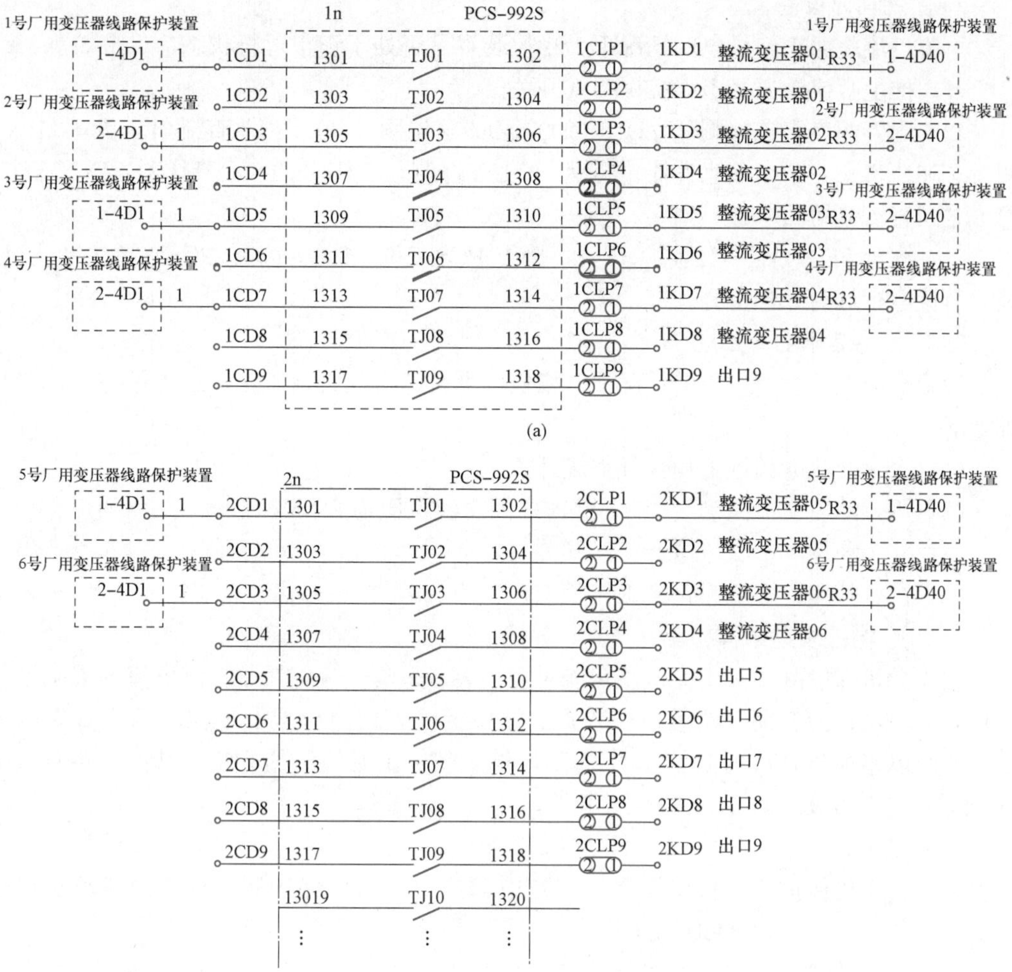

图 5-11　稳控装置从机 PCS-992S（1n、2n）跳闸出口回路图

（a）1n 跳闸出口回路；（b）2n 跳闸出口回路

行通用检验和定值检验，将检验结果记录于《学生手册》中表 5-7（稳控装置通用检验及定值检验试验报告）。

（一）稳控装置电源检验

1. 稳控装置直流电源回路绝缘试验

该项检验是利用绝缘电阻表检验稳控装置直流电源回路绝缘电阻是否符合规程要求。该检验项目有助于理解稳控装置直流电源回路的构成。检验步骤如下。

（1）断开直流电源屏、交流电源屏给稳控屏供电的所有空气开关。

（2）断开 PCS-992 型稳定控制屏 9K（主机电源）、1K（从机电源 1）、2K（从机电源 2）、JK（交流电源）空气开关。

（3）在端子排处将直流电源回路与外部电源断开，然后用 1000V 绝缘电阻表依次测量稳控屏直流电源回路对地、各电源回路之间绝缘（各测试点参考图 5-6）。

2. 直流电源检查

检验直流电源正常供电的情况下，稳控装置是否处于正常运行状态，步骤如下：

（1）推上直流电源屏上稳控屏空气开关。

（2）用万用表直流挡测量 ZD1、ZD2、ZD3（见图 5-6）对地直流电压为＋110V，测量 ZD6、ZD7、ZD8 对地直流电压为－110V，测量 ZD1、ZD2、ZD3 对 ZD6、ZD7、ZD8 之间直流电压为＋220V。

（3）推上 9K、1K、2K 空气开关，检查 PCS-992M（主机）、PCS-992S（从机）装置面板运行灯为绿色常亮状态。

3. 稳控屏交流电源检查

检验交流电源正常供电的情况下，稳控屏上打印机是否处于正常运行状态。检验步骤如下：

（1）推上交流电源屏上稳控屏空气开关。

（2）用万用表交流挡测量 JD1、JD4 之间交流电压为 220V。

（3）推上稳控屏上交流电源空气开关 JD。

（4）检查打印机电源为正常工作状态。

（二）稳控装置采样检验

利用微机保护测试仪交流试验功能对稳控装置采集交流电压、交流电流的准确性进行检验。该项检验有助于熟悉稳控装置的模拟量输入回路构成及模拟量信息查询的方法。下面以稳控装置从机 1n 线路 1 的采样检验为例说明检验的方法，其他线路及从机 2n 的检验方法相似。

1. 试验接线

（1）将微机保护测试仪电源接于交流电源屏上。微机保护测试仪接地线可靠接于 PCS-992 型稳定控制屏接地铜排上。

（2）将试验线一端接于微机保护测试仪交流电流 A、B、C、N 输出端口，另一端接于 PCS-992 型稳定控制屏从机 1n 端子排 1I1D1、1I1D2、1I1D3、1I1D7（见图 5-5）上，检查 1I1D7 上接地线可靠接于 PCS-992 型稳定控制屏接地铜排上。

（3）将试验线一端接于微机保护测试仪交流电压 A、B、C、N 输出端口，另一端接于 PCS-992 型稳定控制屏从机 1n 端子排 1U1D1、1U1D2、1U1D3、1U1D4（见图 5-5）上，检查 1U1D4 上接地线可靠接于 PCS-992 型稳定控制屏接地铜排上。

2. 零漂检查

检查 PCS-992S 装置（从机 1n）线路一的三相电流零漂和三相电压零漂并记录在《学生手册》中表 5-7 中，要求三相电流零漂值应在 0.05A、0.05V 以内（默认 TA 二次额定电流为 5A；若 I_n＝1A，零漂应在 0.02A 以内）。注意，做这项检验时停止微机保护测试仪模拟量输出。

3. 交流电流采样精度检验

（1）打开微机保护测试仪。

（2）进入微机保护测试仪交流电流试验界面。

（3）设置微机保护测试仪 A、B、C 三相输出电流为分别为 $0.1I_n$（电流互感器二次侧额定电流 I_n默认为 5A），三相电流相角依次为 0°、－120°、120°。开始试验，检查并记录 PCS-992S 装置（从机 1n）线路一电流采样数值和角度。要求显示的采样值与输入标准值的相对误差小于 5%。

（4）设置微机保护测试仪 A、B、C 三相输出电流为 $0.2I_n$，相位依次为 0°、−120°、120°。开始试验，检查并记录 PCS-992S 装置（从机 1n）线路一电流采样数值和角度。要求显示的采样值与输入标准值的相对误差小于 5%。

（5）设置微机保护测试仪 A、B、C 三相输出电流为 $1.5I_n$，相位依次为 0°、−120°、120°，开始试验，检查并记录 PCS-992S 装置（从机 1n）线路一电流采样数值和角度。要求显示的采样值与输入标准值的相对误差小于 5%。

4. 交流电压采样精度检验

（1）将稳控屏 1ZKK1（交流电压空气开关）推上。

（2）进入微机保护测试仪交流电压试验界面。

（3）设置微机保护测试仪 A、B、C 三相输出电压为 10V，相位角依次为 0°、−120°、120°，检查并记录 PCS-992S 装置（从机 1n）线路一电压采样数值和角度。要求显示的采样值与输入标准值的相对误差小于 5%。

（4）设置微机保护测试仪输出三相电压为 30V，相角依次为 0°、−120°、120°，同步骤（3）进行检验、记录。

（5）设置微机保护测试仪输出三相电压为 60V，相角依次为 0°、−120°、120°，同步骤（3）进行检验、记录。

（三）稳控装置开入检验

按照图 5-9 所示稳控装置主机 PCS-992M（9n）的开关量输入回路的次序依次检查稳控装置开关量输入回路的完好性。该检验项目有助于熟悉稳控装置开关量输入回路及稳控装置开关量查询的方法。

开始检验前，确认所有连接片在退出状态。检验时，仅对已投入使用的开关量输入回路依次加入激励量；操作稳控装置主机 PCS-992M 进入“状态量”→“输入量”菜单，查看各个开入量状态，观察装置的行为，装置能正确显示当前状态，同时有详细的变位报告。各开关输入量含义见图 5-9。

检验内容如下：

（1）检查 PCS-992M 装置无光耦电源异常的信号。

（2）检查 PCS-992M 装置时间与对时系统一致。

（3）检查 PCS-992M 装置打印按钮可以正常使用。

（4）检查 PCS-992M 装置信号复归按钮可以正常使用。

（5）投/退稳控屏连接片 9RLP1、9RLP2、9RLP3、9RLP10、9RLP11、9RLP12，观察稳控装置显示结果是否正确。

（四）稳控装置开出检验

1. 稳控装置主机 PCS-992M（9n）开关量输出回路检验

该项检验通过模拟稳控装置主机满足闭锁条件、告警条件或动作条件，观察后台计算机是否报出正确信息，从而检验稳控主机开关量输出回路的是否正常。通过该项检验有助于熟悉稳控装置主机开关量输出回路。稳控装置主机的开关量输出回路参见图 5-10。

(1) 检查PCS-992M、PCS-992S装置与公用测控屏、后台机通信正常（通过后台计算机观察）。

(2) 模拟PCS-992M装置闭锁条件成立（可设置某定值超出可整定的范围），检查后台机上是否正确报出装置闭锁信号。

(3) 模拟PCS-992M装置报警条件成立（可断开TV二次空气开关），检查后台机上是否正确报出装置报警信号。

(4) 模拟PCS-992M装置动作，检查后台机上是否正确报出装置动作信号。

(5) 模拟PCS-992M装置通道中断，检查后台机上是否正确报出通道中断信号。

2. 稳控装置从机PCS-992S（1n）开关量输出回路检验

该检验项目的检验方法是：模拟从机PCS-992S（1n）接到主机切负荷命令，并满足其他切负荷条件时，检验从机1n能否正确执行切负荷命令，从而检验其出口继电器触点是否闭合，开关量输出回路是否正常。以从机1n出口切线路一为例进行说明，照此方法对从机1n其他开关量输出回路及从机2n的开关量输出回路进行检验。端子排编号见图5-5。

(1) 投入1CLP1切整流变压器1（即线路一）出口连接片。

(2) 操作主站向子站发切负荷命令。

(3) 用万用表通断挡测量端子排1CD1与1KD1导通。

（五）稳控装置定值检验

该检验项目包括如下两个方面的内容：

(1) 将表5-3所列的稳控装置的定值（该稳控子站6条线路定值相同；TA变比1200/5，TV变比110000/100）输入到装置并核对、保存。

(2) 整定值的失电保护功能检验。通过断、合装置电源开关的方法检验保护装置的整定值在直流失电后不会丢失。

表5-3　　稳控装置定值清单

类别	序号	定值名称	定值范围	单位	整定值
基本参数	1	单元n接入类型	0~3	无	3
	2	单元n额定线电压	1.0~1000.0	kV	110
	3	单元n额定相电流	1~30000	A	1200
投停定值	4	单元n位置信号接入	0~1	无	0
	5	单元n投运电流	0~30000	A	120
	6	单元n投运功率	0~3000	MW	20
启动定值	7	单元n电流启动	1~10000	A	960
	8	单元n功率启动	1~1000	MW	180
故障判别定值	9	单元n跳闸前功率	10~1000	MW	180
	10	单元n跳闸后功率	1~100	MW	20
	11	单元n重合闸时间	0~10000	ms	1000
	12	单元n判跳闸延时	0~1000	ms	100

三、结束工作

以上检验工作全部完成后，对照《学生手册》中表 5 - 8 所示结束工作清单对每一项目进行检查确认，整个试验过程结束。

任务评价

需要进行教学评价时，教师或互评小组对学生小组执行工作任务的整个过程按照《学生手册》中表 5 - 9（电力系统稳定控制装置通用检验任务评价表）及时记录并予以评价。

任务扩展

一、稳控装置通信检验

该检验项目通过接通、断开稳控屏与公用测控屏、后台机之间的通信线，验证通信中断及恢复告警的正确性。PCS - 992 型稳定控制屏通信回路原理如图 5 - 12 所示，端子排编号见图 5 - 5。

（1）检查稳控屏与公用测控屏、后台机通信正常（在后台计算机上检查）。

（2）拆除端子排 TD1 通信线，检查稳控屏与公用测控屏、后台机通信中断。

（3）恢复端子排 TD1 通信线，检查稳控屏与公用测控屏、后台机通信恢复正常。

（4）用同样方法验证 TD2、TD7、TD8 通信线中断及恢复。

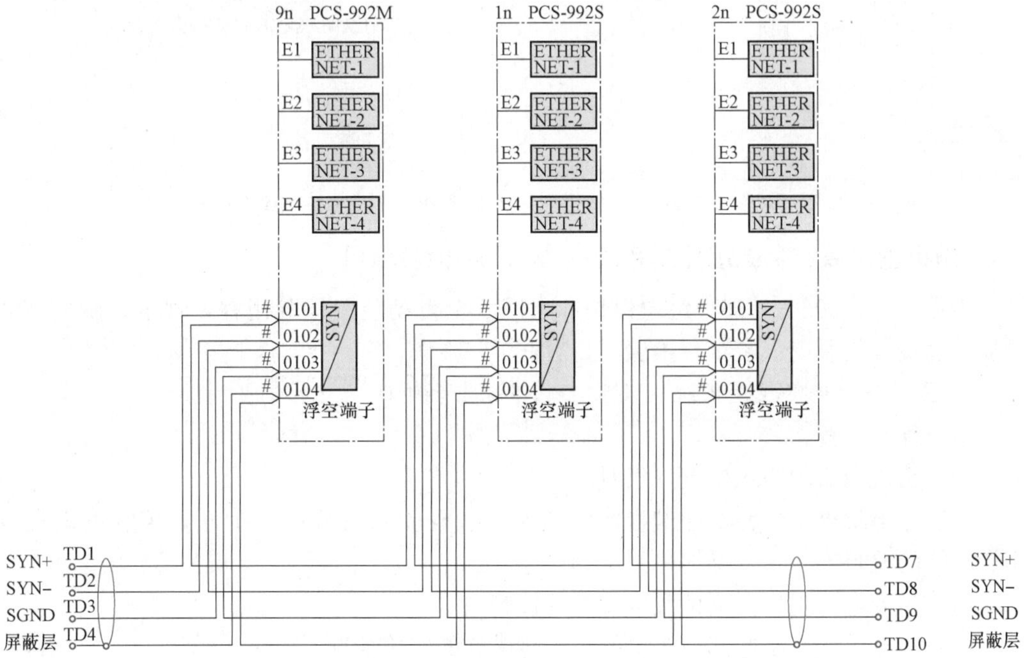

图 5 - 12　PCS - 992 型稳定控制屏通信回路原理图

二、稳控装置通道检验

该检验项目用于检验稳控屏主机与从机之间、稳控主站与子站之间通信通道中断、恢复时告警信号的正确性。PCS-992型稳定控制屏通信通道连接原理如图5-13所示，端子排编号见图5-5。

1. 从机PCS-992S与主机PCS-992M通道状态检查

（1）拔掉从机PCS-992S与主机PCS-992M之间的连接光纤，检查从机PCS-992S与主机PCS-992M通道状态中断（主机、从机装置面板通道异常灯点亮）。

（2）恢复从机PCS-992S与主机PCS-992M之间的连接光纤，检查从机PCS-992S与主机PCS-992M通道状态恢复正常。

2. 主站PCS-992M与子站PCS-992M通道状态检查

（1）拔掉两套PCS-992M装置之间的连接光纤（见图5-13），检查两套PCS-992M装置通道状态中断（两套PCS-992M装置面板通道异常灯点亮）。

（2）恢复两套PCS-992M装置之间的连接光纤，检查两套PCS-992M装置通道状态恢复正常。

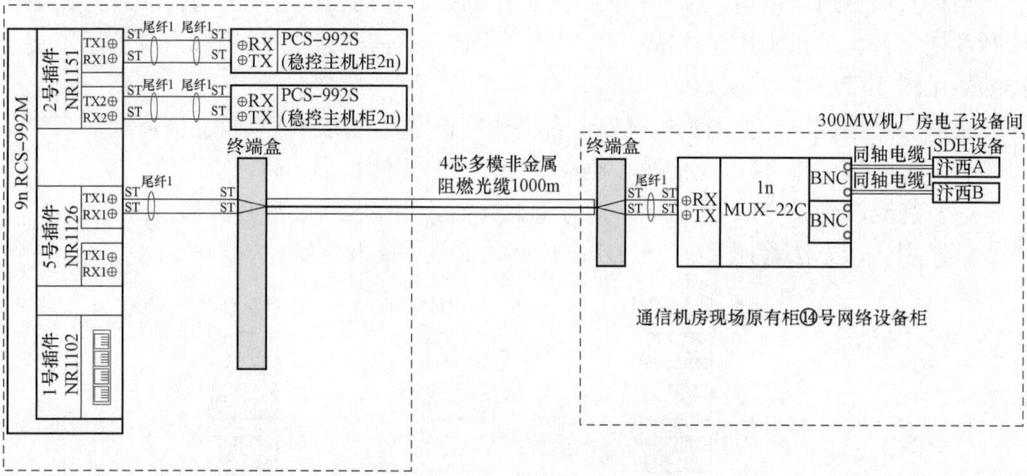

图5-13 PCS-992型稳定控制屏通信通道连接原理图

三、微机型区域安全稳定控制系统（装置）检验项目

根据DL/T 995—2016《继电保护和电网安全自动装置检验规程》规定，微机型区域安全稳定控制系统（装置）检验项目有：

1. 区域安全稳定控制系统（装置）全部检验检项目

（1）外观检查。

（2）交流回路的绝缘检查（仅对停电元件）。

（3）上电检查（时钟、保护程序的版本号、校验码等程序正确性及控制策略表逻辑、功能的检查）。

（4）逆变电源工作正确性及可靠性的检验。

（5）检查设计及制造部门提出的抗干扰措施的实施情况。

（6）数据采集回路正确性、准确性的测定。

（7）各开出、开入回路工作性能的检验。

（8）检验各信号回路正常。

（9）外部通信通道及回路检查，命令传输正确性和可靠性检查。

（10）装置整组试验（允许用导通方法分别证实到每个断路器接线的正确性）。

（11）远传信息及远方控制功能联合试验。

（12）核对定值、检查控制策略。

2. 区域安全稳定控制系统（装置）部分检验项目

（1）外观检查。

（2）交流回路的绝缘检查（仅对停电元件）。

（3）上电检查（时钟、保护程序的版本号、校验码等程序正确性及控制策略表逻辑、功能的检查）。

（4）逆变电源工作正确性及可靠性的检验。

（5）数据采集回路正确性、准确性的测定。

（6）外部通信通道及回路检查。

（7）装置整组试验（允许用导通方法分别证实到每个断路器接线的正确性）。

（8）核对定值、检查控制策略。

任务二　电力系统稳定控制装置动作逻辑检验

任务目标

理解切机、切负荷、解列、直流功率调制、快减机组出力等的基本原理；理解稳定控制装置的动作逻辑原理；理解稳定控制装置动作逻辑检验的目的、各检验工具的用途、危险点分析方法及防范措施；熟悉稳定控制装置动作逻辑检验的接线、检验原理及检验步骤；在专人监护和配合下完成稳定控制装置动作逻辑检验，并依据检验标准对检验结果进行正确的分析、判断。

任务描述

本任务主要完成稳定控制装置的定值校验和动作逻辑检验。本任务以 PCS-992 型稳定控制装置为例，阐述动作逻辑基本原理、动作逻辑检验的操作方法。

知识准备

一、稳控系统主站控制策略概述

电力系统稳定控制系统（简称稳控系统）的主站从各子站收集电网的关键信息，确定电网的运行方式，判断电网是否出现故障及故障的类型，并根据事先准备好的应对策略对电网进行控制。常用的控制措施包括切机、切负荷、解列、直流功率调制、快减机组出力等。

切机的目的是切除部分发电机组，是针对电网受到较大扰动后出现发电功率过剩的情况而采取的措施，快速减少机组出力的作用与此相似。切负荷则是针对电网受到较大扰动后出现发电功率不足的情况而采取的措施。电力系统失步时解列电网联络线是最基本的失步控制措施，它是减轻失步造成的破坏后果和防止系统大面积停电的重要措施，通常将失步解列控制作为稳定控制的后备。

电力系统在受到扰动时，直流输电系统快速改变其注入交流系统的有功功率，以保证系统稳定的过程即为直流功率调制。电力系统安全稳定控制系统利用直流输电系统所连接交流系统的某些运行参数的变化对直流功率进行自动调制，并通过发挥直流系统的快速可控性改善所连接交流系统的运行特性。直流输电系统的换流器由电力电子器件构成，具有短时过负荷能力和快速变功率的能力，这一特点为改善交直流混联系统的暂态稳定性和小扰动稳定性提供了可能。

主站的控制策略的原理由于涉及较深的理论知识，故不再讨论。

二、 稳控系统子站控制策略

子站主要收集本站所在发电厂、变电站的运行信息，并判断本厂站出线、主变压器、母线的故障类型，如单相瞬时、单相永久、两相短路、三相短路、无故障跳闸、多回线同时跳闸、失灵等，并将收集及判断的结果送达主站；当局部系统发生频率稳定、电压稳定、设备过负荷等事故时，根据预定的处理逻辑，实时地采取控制措施；如果被控对象是本厂的发电机组，按照预定的具体要求（如出力大小），对运行中的发电机组进行排队，最合理地选择被切机组（按容量或台数）；如果被控对象是电力负荷，按照预定要求，可对负荷进行排队，在满足切负荷量要求的前提下，合理地选择被切负荷。

三、 稳控系统执行站的控制策略

稳控系统执行站的控制策略非常简单，并与子站某些策略相同。稳控系统执行站主要策略包括：收集本站所在发电厂、变电站的运行信息，并判断本厂站出线、主变压器、母线的故障类型，如单相瞬时、单相永久、两相短路、三相短路、无故障跳闸、多回线同时跳闸、失灵等，并将收集及判断的结果送达上层子站；执行上层站的命令切负荷，切负荷量的多少取决于子站的命令。

四、 稳控装置的定值说明

下面以 PCS-922 稳控装置为例说明。

该稳控站作为执行站，主机 PCS-922M 无策略定值，仅有通信定值，故不再说明。

该稳控站有两个从机（PCS-922S），它们的作用是：采集本变电站 6 条线路的电压和电流，并根据输出功率大小及变化情况并经主机传送至主站；接受主站经主机下发的命令切除 6 条线路。1 号从机（1n）采集、控制线路 1～4；2 号从机（2n）采集、控制线路 5、6。

每台从机的定值由两部分组成：一部分为固定的用于从机 6 个接入单元运行状态判别的定值（每个从机有 6 个接入单元，每个接入单元一套定值）；另一部分为按照具体工程可以进行灵活配置的各种保护功能定值，各个功能定值主要有断路器失灵确认延时定值、低频低压减载定值、高频切机控制等相关定值。该稳控站从机定值仅整定第一部分。

表 5-4 所示定值为从机所接 6 个单元之一的定值表，各单元定值及含义是一致，不再重复说明。

表 5-4 PCS-922S 从机接入单元 n 定值说明

类别	序号	定值名称	定值范围	单位	说明
基本参数	1	单元 n 接入类型	0~3	无	0：表示本单元未接入元件，作为备用，装置不再判别本单元的投停和故障状态。 1：表示本单元接入元件类型为线路，装置判别本单元的投停和故障状态，本单元的投停状态判别延时 2s 确认。 2：表示本单元接入元件类型为发电机，装置判别本单元的投停和故障状态，本单元的投停状态判别瞬时确认。 3：表示本单元接入元件类型为主变压器，装置判别本单元的投停和故障状态，本单元的投停状态判别延时 2s 确认
	2	单元 n 额定线电压	1.0~1000.0	kV	本单元接入元件的 TV 一次侧额定线电压，用于计算本接入单元的一次侧电压值
	3	单元 n 额定相电流	1~30000	A	本单元接入元件的 TA 一次侧额定电流，用于计算本接入单元的一次侧电流值
投停定值	4	单元 n 位置信号接入	0~1	无	0：表示本单元接入元件对应断路器的位置触点未引入装置，位置辅助触点不参与本单元的投停状态判别。 1，2：表示本单元接入元件对应断路器的位置触点引入装置端子，位置辅助触点参与本单元的投停状态判别，1 定义为 HWJ，2 定义为 TWJ
	5	单元 n 投运电流	0~30000	A	1：用于判别接入元件的投停状态，当接入元件的电流大于整定值时，装置延时判别接入元件处于投运状态。延时确认时间由接入元件的类型确定。 2：用于判别接入元件的无故障跳闸。接入元件的无故障跳闸判别要求元件在跳开后电流必须小于此投运电流定值。当接入元件电流大于投运电流时，装置认为接入元件的无故障跳闸判据不满足，因此此定值的整定必须考虑一定的可靠系数，避免装置发生无故障跳闸判据的拒动
	6	单元 n 投运功率	0~3000	MW	用于判别接入元件的投停状态。当接入元件的有功功率大于该整定值时，装置延时判别接入元件处于投运状态。延时时间根据接入元件的类型确定

续表

类别	序号	定值名称	定值范围	单位	说明
启动定值	7	单元 n 电流启动	1~10000	A	为装置电流突变量启动门槛定值，当接入元件的电流发生的突变（20ms 内）超过该定值时，装置进入启动状态
	8	单元 n 功率启动	1~1000	MW	为装置有功功率突变量启动门槛定值，当接入元件的有功功率发生的突变（200ms 内）超过该定值时，装置进入启动状态
故障判别定值	9	单元 n 跳闸前功率	10~1000	MW	定值用于判别线路或者主设备的无故障跳闸。当接入元件在装置启动前 200ms 时刻的有功功率小于该整定值时，无故障跳闸判据条件则不满足
	10	单元 n 跳闸后功率	1~100	MW	用于判别线路或者主设备的无故障跳闸。当接入元件在装置启动整组时间内有功功率大于该整定值时，则无故障跳闸判据条件不满足
	11	单元 n 重合闸时间	0~10000	ms	用于判别接入线路单相瞬时故障后的单相永久故障。当系统在判别出接入线路的单相瞬时故障后，如在经过本整定值整定时间的延时后装置判别出线路故障后三相跳闸，则装置判别为发生单相永久故障；如果在本定值整定时间的延时内装置判别出线路三相跳闸，则装置判别为线路发生相间故障；如装置最终未能判别为单相永久故障或者相间故障，且线路最后三跳跳开，满足无故障跳闸判据后则装置判别为线路无故障跳闸
	12	单元 n 判跳闸延时	0~1000	ms	用于判别线路或者主设备的无故障跳闸的延时确认定值，主要用于防止在系统有功功率快速转移时误判为无故障跳闸

任务准备

在开展任务之前，学生应按照《学生手册》中表 5-10～表 5-14 所列项目，逐条确认该项准备工作是否完成或该项注意事项是否确已知晓。在已确认和已知晓的项目后确认框内打√。

任务实施

一、准备工作

（1）为了人身及设备安全，在进行工作之前需执行二次安全措施票，检查电力系统稳控装置外部连接片在退出状态。请在教师协助下填写《学生手册》中表 5-15 所示二次安全措施票，做好每一项标记。

（2）选择合适的试验地点放置微机保护测试仪器，将保护测试仪的接地点可靠接地。

二、电力系统稳定控制装置动作逻辑检验

按照以下（一）～（五）的检验项目与方法，对 PCS-992 型稳定控制装置进行动作逻辑检验，将检验结果记录于《活页式手册》中表 5-16（PCS-992 型稳定控制装置定值检验及动作逻辑检验试验报告）。

（一）线路的投停状态判断逻辑检验

利用微机保护测试仪交流测量功能对稳控装置的线路投停状态判断逻辑进行检验。当稳控装置检测到电压正常且线路功率大于整定值（见表 5-3），或电压异常且线路电流大于整定值（见表 5-3）时，装置延时 2s 判别接入元件处于投运状态；当稳控装置检测到电压正常且线路功率小于整定值，或电压异常且线路电流小于整定值时，装置延时 2s 判别接入元件处于停运状态。下面仅说明线路一投/停判断检验过程。

1. 试验接线

（1）将微机保护测试仪接地线可靠接于 PCS-992 型稳定控制屏接地铜排上。

（2）将试验线一端接于微机保护测试仪交流电流 A、B、C、N 输出端口，另一端接于 PCS-992 型稳定控制屏从机 1n 端子排 1I1D1、1I1D2、1I1D3、1I1D7（端子编号见图 5-5）上，检查 1I1D7 上接地线可靠接于 PCS-992 型稳定控制屏接地铜排上。

（3）将试验线一端接于微机保护测试仪交流电压 A、B、C、N 输出端口，另一端接于 PCS-992 型稳定控制屏从机 1n 端子排 1U1D1、1U1D2、1U1D3、1U1D4（见图 5-5）上，检查 1U1D4 上接地线可靠接于 PCS-992 型稳定控制屏接地铜排上。

2. 判停逻辑检验

（1）模拟电压正常时，稳控装置测量功率过小判断线路为停运。设置微机保护测试仪输出三相交流电流为 0.2A，三相相位角依次为 0°、－120°、120°；同时设置微机保护测试仪输出三相交流电压为 60V，三相相位角依次为 0°、－120°、120°。开始试验，稳控装置判断测量功率过小（小于单元投运功率定值，见表 5-3），判断为线路停运状态。

（2）模拟电压异常时，稳控装置测量电流过小判断线路为停运。设置微机保护测试仪输出三相交流电流为 0.2A，三相相位角依次为 0°、－120°、120°；同时设置微机保护测试仪输出三相交流电压为 5V，三相相位角依次为 0°、－120°、120°。开始试验，稳控装置判断测量电流过小（小于单元投运电流定值，见表 5-3），判断为线路停运状态。

3. 判投逻辑试验

（1）模拟电压正常时，稳控装置测量功率正常判断线路为投运。设置微机保护测试仪输出三相交流电流为 1A，三相相位角依次为 0°、－120°、120°；同时设置微机保护测试仪输出三相交流电压为 60V，三相相位角依次为 0°、－120°、120°。开始试验，稳控装置判断测量功率正常（大于单元投运功率定值，见表 5-3），判断为线路投运状态。

（2）模拟电压异常时，稳控装置测量电流过小判断线路为投运。设置微机保护测试仪输出三相交流电流为 1A，三相相位角依次为 0°、－120°、120°；同时设置微机保护测试仪输出三相交流电压为 5V，三相相位角依次为 0°、－120°、120°。开始试验，稳控装置判断测量电流正常（大于单元投运电流定值，见表 5-3），判断为线路投运状态。

（二）稳控装置启动逻辑检验

利用微机保护测试仪交流测量功能模拟元件故障对稳控装置启动判断逻辑进行检

验。当稳控装置检测到电流突变量、功率突变量超过整定值（见表 5-3）时，应判断启动。下面仅说明线路一启动逻辑检验过程。

1. 试验接线

试验接线与上述第（一）条接线相同。

2. 电流突变量启动检验

（1）微机保护测试仪模拟线路一故障：故障前 A、B、C 三相电流为 2A，三相相位角依次为 0°、−120°、120°，三相电压 60V，三相相位角依次为 0°、−120°、120°；故障时 A、B、C 三相电流为 6.2A（任意一相也可以），三相电压 10V，三相相位角依次为 0°、−120°、120°。

（2）开始试验，稳控装置判断电流突变量启动条件满足（注意，电流启动量定值为 TA 一次侧电流定值），检查 PCS-992M 装置处于在启动状态。

3. 功率突变量启动检验

（1）微机保护测试仪模拟线路一故障：故障前 A、B、C 三相电流为 2A，三相相位角依次为 0°、−120°、120°，三相电压 60V，三相相位角依次为 0°、−120°、120°；故障时 A、B、C 三相电流为 6A，三相相位角依次为 0°、−120°、120°，三相电压 60V，三相相位角依次为 0°、−120°、120°。

（2）开始试验，稳控装置判断功率突变量启动条件满足（注意，功率启动量定值为一次侧三相有功功率定值），检查 PCS-992M 装置处于在启动状态。

4. 判断无故障跳闸逻辑检验

接步骤 3，结束试验（退出电压、电流），满足无故障跳闸判据，此时检查 PCS-992M 装置报“线路一无故障跳闸”。

（三）稳控装置主站与子站通道对应性试验

通过投退主站、子站通道连接片，在稳控装置主机液晶上观测报文和告警灯状态，确认主站与子站通道对应。

（1）检查稳控装置主站与子站通道光纤连接正常。

（2）将主站和子站通道 A 连接片置于投入状态，检查主站和子站通道状态均正常（通道不告警）。

（3）将主站侧通道 A 连接片置于退出状态，子站通道 A 连接片置于投入状态，检查主站通道状态不告警，子站报通道告警。

（4）将主站侧通道 A 连接片置于投入状态，子站通道 A 连接片置于退出状态，检查主站报通道告警，子站通道状态不告警。

（5）将主站和子站通道 A 连接片置于退出状态，检查主站和子站通道状态均不告警。

（四）稳控装置子站负荷量上送试验

该项检验包括两个内容：①对稳控装置功率采集及上传正确性进行检验；②子站连接片投入时及装置闭锁时控制上送量清零校验。

执行站采集并上传的运行信息是本站 6 条线路的实时功率信息，检验①利用微机保护测试仪给稳控装置加入电压、电流量，检查该执行站上传至主站的功率信息是否正确，从而检验稳控装置能否正确采集并上传功率。检验②分别通过修改稳控屏（子站）总功能投入连接片 9FLP3、允许切整流变连接片 9FLP12，模拟稳控装置闭锁来校验子站连接片投入时及装置闭锁时控制上送量清零。

下面仅对线路一加试验量进行检验。试验接线同第（二）条。

（1）检查子站A通道连接片、总功能投入连接片9FLP3、允许切整流变连接片9FLP12在投入状态，主站A通道连接片9FLP10在投入状态。

（2）设置微机保护测试仪输出三相交流电流为4A，三相相位角依次为0°、−120°、120°；设置微机保护测试仪输出三相交流电压为57.73V，三相相位角依次为0°、−120°、120°。此时子站负荷量为182.9MW。

（3）检查主站接收子站负荷量是否与子站负荷量一致。

（4）保持加量状态不变，修改总功能投入连接片9FLP3、允许切整流变连接片9FLP12投/退状态，检查主站接收到的子站负荷量是否正确。

（5）模拟装置闭锁，检查主站接收到的子站负荷量是否正确。

（五）稳控装置切负荷逻辑检验

该项检验主要检测稳控主站切负荷条件满足时，是否向控制策略确定的切负荷子站发切负荷命令，子站是否可以正确执行该命令。试验接线同项目二。

（1）检查子站A通道连接片、总功能投入连接片、整流变允许切连接片在投入状态，主站A通道连接片在投入状态。

（2）设置主站控制策略为收到子站负荷量超过180MW时向子站发出切负荷命令。

（3）设置微机保护测试仪输出三相交流电流为4A，三相相位角依次为0°、−120°、120°；设置微机保护测试仪输出三相交流电压为57.73V，三相相位角依次为0°、−120°、120°。此时子站负荷量为182.9MW。

（4）检查主站是否向子站发送切负荷命令。

（5）用万用表通断挡检查子站端子排1CD1与1KD1是否导通（端子编号见图5-3）。

三、结束工作

以上检验工作全部完成后，对照《学生手册》中表5-17所示结束工作清单对每一项目进行检查确认，整个试验过程结束。

任务评价

需要进行教学评价时，教师或互评小组对学生小组执行工作任务的整个过程按照《学生手册》中表5-18（稳控装置动作逻辑检验任务评价表）及时记录并予以评价。

任务扩展

学习内容：PCS-992稳定控制装置中电气量的测量及判别方法。

PCS-992稳定控制装置装置对输入的交流电压、电流进行采样，一个工频周期采样24点，经数字滤波后按一定算法计算出电压、电流有效值，有功功率、无功功率等。

1. 线路、主变压器及机组的投停判别

（1）当接入元件为线路或者主变压器时。

1）投运状态条件：电压正常时，$|P|>P_t$；或电压异常时，$I>I_t$。

2）停运状态条件：电压正常时，$|P|<P_t$；或电压异常时，$I<I_t$。

其中：P为测量功率，I为测量电流，P_t为投运的功率门槛定值，I_t为投运的电流门槛定值。装置延时 2s 确认投停状态。

（2）当接入元件为机组时。

1）投运状态条件：$|P|>P_t$或 $I>I_t$。

2）停运状态条件：$|P|<P_t$且 $I<I_t$。

其中：P 为测量功率，I 为测量电流，P_t为投运的功率门槛定值，I_t为投运的电流门槛定值。装置延时 3ms 确认投停状态。

2. 综合断路器位置信号和电气量进行投停状态判别

对某些正常潮流可能为零的联络线，仅仅通过电气量无法准确判别元件的投停状态，需辅助采用断路器的位置信号，通常取断路器跳闸位置继电器（TWJ，这里采用与实际工程一致的代号）的动断触点或合闸位置继电器（HWJ，这里采用与实际工程一致的代号）的动合触点进行判断。

（1）当接入的断路器位置信号为 HWJ 时。

1）投运状态条件： HWJ 为闭合或电气量判别元件为投运状态。

2）停运状态条件： HWJ 为断开且电气量判别元件为停运状态。

3）不对应状态条件：HWJ 为断开，电气量判别元件为投运状态；在此不对应状态下元件判为投运状态，同时装置发位置异常告警信号。

（2）当接入的断路器位置信号为 TWJ 时。

1）投运状态条件： TWJ 为断开或电气量判别元件为投运状态。

2）停运状态条件： TWJ 为闭合且电气量判别元件为停运状态。

3）不对应状态条件：TWJ 为闭合，电气量判别元件为投运状态；在此不对应状态下元件判为投运状态，同时装置发位置异常告警信号。

3. 装置的启动元件

（1）电流突变量启动。A、B、C 三相电流分相判别，每相电流均与一周波前电流比较，任一相连续 3 次满足式（5-1），则装置进入启动状态。

$$|\Delta i|=|i(k)-i(k-24)|\geqslant I_s \tag{5-1}$$

式中：I_s为电流启动定值；Δi 为电流变化瞬时采样值；$i(k)$ 为第 k 次电流采样瞬时值；$i(k-24)$ 为第 k 次采样前一周波电流采样值（每周波采样 24 点）。

（2）功率突变量启动。装置当前有功功率与 200ms（10 周波，每周波采样 24 点，即 240 个采样点）前的有功功率比较，连续 3 次满足式（5-2），则装置进入启动状态。

$$|\Delta P|=|P(k)-P(k-240)|\geqslant P_s \tag{5-2}$$

式中：P_s为功率启动定值。

（3）过电流启动。采用过电流启动主要为了在线路或主变压器缓慢过负荷时能使装置进入启动状态。启动条件为

$$I\geqslant I_{qd}，t\geqslant t_{qd} \tag{5-3}$$

式中：I_{qd}为过电流启动定值；t_{qd}为过电流启动延时定值。

（4）频率升高或降低启动。

1）过频启动条件为

$$f\geqslant f_{hs}，t\geqslant t_{fs} \tag{5-4}$$

式中：f_{hs}为过频启动定值；t_{fs}为过频启动延时定值。

2）低频启动条件为

$$f \leqslant f_{ls}, \quad t \geqslant t_{fs} \tag{5-5}$$

式中：f_{ls}为低频启动定值；t_{fs}为低频启动延时定值。

（5）低电压启动。低电压启动主要用于电压稳定控制。启动条件为

$$u \leqslant u_{ls}, \quad t \geqslant t_{us} \tag{5-6}$$

式中：U_{ls}为低压启动定值；t_{us}为低压启动延时定值。

以上五种启动方式是“或”逻辑关系，任一种满足均应进入启动状态。根据实际应用的需要，可选择其中的几种。

4. 故障类型判据

（1）无故障跳闸判据（只利用电气量判别）。同时满足以下条件，并超过时间定值（t_{S1}），则判别为无故障跳闸：

1）突变量启动。

2）事故前有功功率应大于定值 P_{S1}。

3）事故时有功功率应小于定值 P_{S2}。

4）电流应小于投运电流 I_{S1}。

5）电流变化量满足一定条件（按装置规定的算法得出，略）。

其中：P_{S1}应小于对稳定有影响的输送功率值；P_{S2}应稍大于 0，且大于零功率时的最大漂移值；投运电流 I_{S1}应略大于空载线路的充电电流；延时是为了防止在潮流转移过程中引起误判为设备跳闸。

（2）故障跳闸判据。

1）单相瞬时接地故障。判别条件为：突变量启动；有一相电流增加；有一相电压降低；查到有任一相跳闸信号，且在 5ms 之内查不到其他相跳闸信号。同时满足上述条件则判为单相瞬时接地故障。

2）单相永久故障。判别条件为：突变量启动；已判出单相瞬时故障或有一相电流增加、一相电压降低；在大于重合闸时间后查到有两相跳闸信号。同时满足以上条件即判为单相永久故障。

3）相间故障。判别条件为：突变量启动；至少有两相电流增加；至少有两相电压降低；查到有两相跳闸信号，且两相跳闸信号间隔小于 5ms。同时满足以上条件则判为相间故障。

4）单相转相间故障。判别条件为：突变量启动；已判出单相瞬时故障或有一相电流增加、一相电压降低；在小于重合闸时间内查到有两相跳闸信号。同时满足以上条件则判为单相转相间故障。

5）母线相间故障。判别条件为：突变量启动；查到有母差保护动作信号；正序电压小于 $50\%U_N$。同时满足以上条件则判为母线故障。

6）断路器失灵。判别条件为：①突变量启动，查到失灵保护的动作信号。②突变量启动，已判出有故障存在，且故障后延时 t_s 还有电流（t_s 为失灵判别确认时间）。满足以上①或②条件之一则判为断路器失灵。

任务三　电力系统稳定控制装置的异常判断与处理

任务目标

熟悉稳定控制装置的常见异常（故障）告警信号及信息的含义；熟悉稳定控制装置常见异常（故障）的排查方法；理解稳定控制装置异常（故障）排查及处理过程中各工具的用途、危险点分析方法及防范措施；在专人监护和配合下完成稳定控制装置常见异常（故障）的排查及处理。

任务描述

本任务主要完成对稳定控制装置无法上电、采样异常、开入异常、开出异常、通信中断、通道中断、误动作、动作过程异常等缺陷的排查及处理。本任务以 PCS-992 型稳定控制装置为例。

知识准备

一、概述

PCS-992 型安全稳定控制装置有软件和硬件回路自检的功能，一旦有任何异常情况发生，装置面板及背板的指示灯会发生改变（点亮或熄灭），液晶屏也会显示相应的自检报警信息。

当出现某些异常报警时，稳控装置会自动闭锁一些保护功能，一些严重的硬件故障和异常报警可能会闭锁装置。此时运行灯将会熄灭，同时开出信号的装置闭锁触点将会闭合，保护装置必须退出运行，需要检修以排除故障。

如果稳控装置在运行期间被闭锁，同时发出告警信息，应当通过查阅自检报告找出故障原因，不能通过简单按复归按钮或重启装置。如果现场不能发现故障原因，则需联系厂家。

二、PCS-992 装置常见的异常或故障及处理方法

PCS-992 装置常见的故障和异常有装置自身软件故障、装置定值设置错误、装置硬件故障、外部二次回路故障、外部通信故障五类，对应的现象及处理办法见表 5-5。表中自检报警元件是指装置自检发现故障或异常时装置的告警信息，对应的有运行灯及告警灯点亮或熄灭的信号，是否闭锁装置指的是装置检测到故障或异常时是否闭锁装置。表 5-5 中指示灯标“●”表示点亮，标“○”表示熄灭，标“×”表示无影响。

表 5-5　　PCS-992 装置常见的异常或故障告警及处理方法

序号	自检报警元件	指示灯		是否闭锁装置	含义	处理意见
		运行	告警			
1	装置闭锁	○	×	是	装置闭锁总信号	查看其他详细自检信息

续表

序号	自检报警元件	指示灯		是否闭锁装置	含义	处理意见
		运行	告警			
2	板卡配置错误	○	×	是	装置板卡配置和具体工程的设计图纸不匹配	通过“装置信息”→“板卡信息”菜单，检查板卡异常信息；检查板卡是否安装到位和工作正常
3	定值超范围	○	×	是	定值超出可整定的范围	根据说明书的定值范围重新整定定值
4	定值项变化报警	○	×	是	当前版本的定值项与装置保存的定值单不一致	通过“定值设置”→“定值确认”菜单确认；通知厂家处理
5	装置报警	×	●	否	装置报警总信号	查看其他详细报警信息
6	通信传动报警	×	●	否	装置在通信传动试验状态	无需特别处理，传送试验结束报警消失
7	定值区不一致	×	●	否	装置开入指示的当前定值区号和定值中设置当前定值区不一致	检查区号开入和装置“定值区号”定值，保持两者一致
8	定值校验出错	×	●	否	管理程序校验定值出错	通知厂家处理
9	版本错误报警	×	●	否	装置的程序版本校验出错	工程调试阶段下载打包程序文件消除报警；投运时报警通知厂家处理
10	对时异常	×	×	否	装置对时异常	检查时钟源和装置的对时模式是否一致、接线是否正确；检查网络对时参数整定是否正确
11	光耦电源异常	×	●	否	24V 或 220V 光耦正电源失去	检查开入板的隔离电源是否接好
12	跳闸出口报警	×	●	否	出口三极管损坏	通知厂家处理
13	单元 xAD 异常	○	●	否	模拟输入通道出错	通知厂家处理
14	单元 x 数据校验出错	○	●	是	启动与逻辑 DSP 模拟量采样数据不一致，硬件损坏	通知厂家处理

续表

序号	自检报警元件	指示灯		是否闭锁装置	含义	处理意见
		运行	告警			
15	单元 xSV 异常	×	●	否	合并单元 SV 数据无效或异	通知厂家处理
16	单元 xTV 断线	×	●	否	电压回路断线，发告警信号	检查对应电压二次回路接线
17	单元 xTA 断线	×	●	否	电流回路断线，发告警信号	检查对应电流二次回路接线
18	单元 x 位置信号异常	×	●	否	HWJ 或 TWJ 信号接点与装置电流判别投停不对应	检查开关辅助触点
19	单元 x 跳闸信号异常	×	●	否	跳闸信号长期开入超过 5s	检查二次回路接线，确定是二次回路原因还是硬件原因
20	从机 x 通信中断	○	●	否	主机与从机通信异常	检查主从机之间的光纤连接是否正确
21	接口 x 告警	×	●	否	x 为对应通道接口号	检查相应接口通道（光纤通道或复用通道）
22	通道 x 告警	×	●	否	x 为对应的通道号	检查相应通道是否正常

任务准备

在开展任务之前，学生应按照《学生手册》中表 5-19～表 5-23 所列项目，逐条确认该项准备工作是否完成或该项注意事项是否确已知晓。在已确认和已知晓的项目后确认框内打√。

任务实施

一、 准备工作

（1）为了人身及设备安全，在进行工作之前需执行二次安全措施票，检查电力系统稳控装置外部连接片在退出状态。在教师协助下填写《学生手册》中表 5-24 的二次安全措施票，做好每一项标记。

（2）选择合适的试验地点放置微机保护测试仪器，将保护测试仪的接地点可靠接地。

二、 电力系统稳定控制装置的异常判断与处理

按照以下（一）～（七）的检验项目与方法，对 PCS-992 型稳定控制装置进行检验，将检验结果记录于《学生手册》中表 5-25（稳控装置的异常及事故处理报告）。

（一）装置无法上电检查

（1）检查 9K、1K、2K 空气开关（见图 5-8）是否正确投入。如正确投入，进行步骤（2）。

（2）用万用表直流挡测量子站端子排 ZD1、ZD2、ZD3 对地直流电压，看是否为+110V，如果是，进行步骤（3）；如果无电压或电压不正常，检查直流屏电源正极电压是否正常；如直流屏电源正极电压正常，检查子站到直流屏电缆接线是否正确。

（3）用万用表直流挡测量子站端子排 ZD6、ZD7、ZD8 对地直流电压，看是否为－110V，如果是，进行步骤（4）；如果无电压或电压不正常，检查直流屏电源正极电压是否正常；如直流屏电源正极电压正常，检查子站到直流屏电缆接线是否正确。

（4）检查空气开关下端电压是否正常，如正常，继续沿着线芯进行检查，直至装置背板，如电压均正常，进行步骤（5）。

（5）断开 9K、1K、2K 空气开关，将装置电源插件拔出检查是否有异常。

（二）采样异常检查

（1）使用微机保护测试仪对稳控子站从机进行加量，端子排 1I1D1、1I1D2、1I1D3、1I1D7 电流 A、B、C 三相依次通入 0.1、0.2、0.3A 的交流电流，端子排 1U1D1、1U1D2、1U1D3、1U1D4 电压 A、B、C 三相依次通入 10、20、30V 的交流电压，此时如装置采样与微机保护测试仪设置量不符，进行步骤（2）。

（2）用万用表交流电压挡测量端子排 1U1D1、1U1D2、1U1D3（见图 5-3）电压 A、B、C 三相电压是否为 10、20、30V；如不正确，检查微机保护测试仪输出量，如正确，沿着端子排检查装置背板交流采样插件上 A、B、C 三相电压，如正确，断电检查装置交流采样插件。

（3）用钳形电流表测量端子排 1I1D1、1I1D2、1I1D3（见图 5-9）电流 A、B、C 三相电流是否为 0.1、0.2、0.3A，如正确，断电检查装置交流采样插件；如不正确，使用短接线依次短接 1I1D1、1I1D2、1I1D3 与 1I1D7，测量电流是否正确，如不正确，检查微机保护测试仪输出，如正确，在装置背板进行短接，然后判断故障点是内配线或装置插件。

（4）如出现三相电压或电流 A、B、C 三相数值有互换的情况，从微机保护测试仪接线开始检查互换相的接线，直至查出问题。

（三）开入异常检查

（1）如子站主机或从机装置报光耦异常，检查对应装置电源插件 24V 灯是否正常，如不正常，检查电源插件，如正常，检查对应装置开入正极电压是否正常。

（2）如某一路开入异常，检查对应开入回路接线是否正确，连接片投入是否正确。

（四）开出异常检查

（1）如子站各类异常信号不能正确报出，检查信号电源正极 9XD1、9YD1 是否为 110V，如不正确，检查公共测控屏电源及接线，如正确，进行步骤（2）。

（2）检查对应 9XD4、9XD5、9XD6、9YD7 是否为 110V，如正确，检查到公共测控屏的接线，如不正确，检查内配线接线及电源插件。

（五）通信中断检查

（1）如通信出现中断，检查装置通信参数是否配置错误，如正确，进行步骤（2）。

（2）检查子站主从机装置通信接线是否正确，如正确，进行步骤（3）。

（3）检查公共测控屏及后台机。

（六）通道中断检查

（1）如通道出现中断，检查装置通道参数是否配置错误，如正确，进行步骤（2）。

（2）检查子站主从机装置通道光纤是否正确，如正确，进行步骤（3）。

（3）检查主站通道光纤及配置，如正确，进行步骤（4）。

（4）使用光功率计检查通道收发功率是否正常，如不正常，检查装置插件。

（七）误动作检查

（1）如在未收到主站切机命令的情况下切机接点导通，检查子站从机装置开出插件是否异常，如正常，检查是否有寄生回路的存在或电缆绝缘降低。

（2）在装置正常的情况下报各类异常信号，检查子站主机装置开出插件是否异常，如正常，检查是否有寄生回路的存在或电缆绝缘降低。

三、结束工作

以上检验工作全部完成后，对照《学生手册》中表5-26所示结束工作清单对每一项目进行检查确认，整个试验过程结束。

任务评价

需要进行教学评价时，教师或互评小组对学生小组执行工作任务的整个过程按照《学生手册》中表5-27（稳控装置异常及故障处理任务评价表）及时记录并予以评价。

任务扩展

一、PCS-992稳控装置TA断线判据

PCS-992稳控装置对输入电流回路进行TA断线判别。当装置判出TA断线时，闭锁装置部分逻辑并告警。

TA断线动作判据为

$$3I_0 \geqslant 0.04I_n + 0.25I_{max} \tag{5-7}$$

式中：$3I_0$为零序电流；I_N为TA一次额定电流；I_{max}为三相电流的最大相电流。

当满足式（5-7），稳控装置延时5s后发TA断线报警信号；异常消失后，延时5s自动返回。

二、PCS-992稳控装置TV断线判据

PCS-992稳控装置TV断线判别逻辑是：

（1）三相电压负序分量（U_2）大于0.14倍额定相电压，延时5s发TV断线异常信号。

（2）三相电压负序分量（U_2）小于0.14倍额定相电压，但最大相电压小于0.2倍额定电压，同时电流大于$0.06I_n$，延时5s发TV断线异常信号。其中I_n为TA二次额定电流。

异常消失后，稳控装置延时5s自动返回。

附录　电气文字符号释义

工程案例中电气文字符号与标准符号见附表1。工程案例中端子排用途及命名见附表2。

附表1　　工程案例中电气文字符号与标准符号对照表

工程案例符号	国标符号	元件名称
QK	SA	切换开关
ZKK （DK）	QF	交流电压空气开关 （电压来自 TV）
K （ZZK）	QF	直流电源空气开关
JK （JZK）	QF	交流电源空气开关
LP	XP	连接片
FA、 YA	SB	（复归、 打印） 按钮
TWJ	K	跳闸位置继电器
KKJ	K	合后位置继电器
STJ	K	手动跳闸继电器
SHJ	K	手动合闸继电器
YJJ	K	压力监视继电器
TBJ	K	跳跃闭锁继电器
HBJ	K	合闸保持继电器
HWJ	K	合闸位置继电器
TJ （CKJ）	K	保护跳闸出口继电器
HJ （CHJ）	K	保护合闸出口继电器
ZHJ	K	保护合闸出口中间继电器
YQJ	K	电压切换继电器
ZHJ	K	重合闸重动继电器
ZXJ	KS	磁保持信号继电器
BSJ	KS	保护装置闭锁信号继电器
BJJ	KS	保护装置运行报警继电器
TXJ	KS	保护跳闸信号继电器
HXJ	KS	保护合闸信号继电器
TDGJ	KS	通道故障信号继电器

附表 2　　工程案例中端子排用途及命名

端子排用途	端子排命名
直流电源	ZD
交流电压	UD
交流电流	ID
强电开入	QD
弱电开入	RD
出口回路正端	CD
出口回路负端	KD
与保护配合	PD
中央信号	XD
遥信	YD
录波	LD
网络通信	TD

参 考 文 献

[1] 张瑛，赵芳，李全意．电力系统自动装置．北京：中国电力出版社，2006.
[2] 国家电网公司人力资源部．国家电网公司生产技能人员职业能力培训专用教材　继电保护．北京：中国电力出版社，2010.
[3] 上海超高压输变电公司．超高压输变电操作技能培训教材　继电保护．北京：中国电力出版社，2007.
[4] 董喜燕．故障录波装置波形特点及常见故障处理．中国电子商务，2014（12）：224-225.
[5] 余洋，郝治国，刘永光，等．基于波形特征识别变压器励磁涌流的比较研究．电网与水力发展进展，2007，23（7）：30-34.

电力系统自动装置及运行
(活页式学生手册)

目录

情境一　备用电源自动投入装置运行与维护 …… 1
任务一　备用电源自动投入装置通用检验 …… 1
任务二　备用电源自动投入装置逻辑传动检验 …… 8
任务三　备用电源自动投入装置定值整定及定值检验 …… 13
任务四　备用电源自动投入装置异常判断与处理 …… 18
情境二　输电线路自动重合闸运行与维护 …… 23
任务一　输电线路三相一次自动重合闸动作逻辑检验 …… 23
任务二　输电线路三相一次自动重合闸同期功能检验 …… 29
任务三　输电线路单相重合闸功能检验 …… 35
任务四　自动重合闸的异常判断与处理 …… 41
情境三　电力系统低频低压减负荷装置运行与维护 …… 47
任务一　低频低压减负荷装置通用检验 …… 47
任务二　自动按频率减负荷动作定值及逻辑检验 …… 55
任务三　自动按电压减负荷动作定值及动作逻辑检验 …… 61
任务四　自动按频率电压减负荷装置的异常判断与处理 …… 67
情境四　故障录波装置运行与维护 …… 73
任务一　故障录波装置通用检验 …… 73
任务二　故障录波装置定值输入与启动量检验 …… 80
任务三　故障录波信息的调取与分析 …… 87
任务四　故障录波装置的异常处理 …… 92
情境五　电力系统稳定控制装置运行与维护 …… 97
任务一　电力系统稳定控制装置通用检验 …… 97
任务二　电力系统稳定控制装置动作逻辑检验 …… 107
任务三　电力系统稳定控制装置的异常判断与处理 …… 115

情境一　备用电源自动投入装置运行与维护

任务一　备用电源自动投入装置通用检验

任务准备

一、 工器具准备

表 1-1　　工 器 具 清 单

类别	序号	名称	数量	确认
仪器仪表	1	微机保护测试仪	1 套	
	2	钳形相位表	1 块	
	3	数字万用表	1 块	
	4	试验用接线	2 套	
	5	直流试验电源	1 套	
	6	多用电源插座 （带漏电保护）	1 台	
工器具	7	线手套	5 双	
	8	螺丝刀	2 把	
	9	安全帽	10 个	
	10	绝缘胶带	1 卷	

二、 资料准备

表 1-2　　图纸资料清单

类别	序号	名称	数量	确认
图纸资料	1	RCS-9651C 技术说明书	1 册	
	2	RCS-9651C 使用说明书	1 册	
	3	备用电源自动投入装置保护屏二次图纸	1 套	
	4	备用电源自动投入装置定值清单	1 份	
	5	二次安全措施票	1 份	
	6	作业指导书	1 册	

三、 人员准备

表 1-3 人员准备清单

序号	内容	确认
1	小组成员穿着全棉长袖工作服	
2	小组成员精神状态无异常	
3	所有小组成员已明确本次工作的安全措施	
4	所有小组成员已明确本次工作的危险点及防范措施	
5	所有小组成员已明确本次工作内容	
6	所有小组成员已明确：每一项工作前需要指导教师检查确认无误	
7	已明确小组成员分工	

四、 场地准备

表 1-4 场地准备清单

序号	内容	确认
1	检查实训场地包含表 1-1 中所列工器具	
2	用遮栏将要检验的 RCS-9651C 型备自投装置所在屏与其他设备隔开	
3	屏柜正面放置“在此工作”牌	
4	屏柜背面放置“在此工作”牌	
5	实训现场已配备合格、充足的安全工器具	
6	实训现场具备明显的应急疏散标识	

五、 工作危险点分析及防范措施

表 1-5 工作危险点分析及防范措施清单

序号	内容	确认
1	了解工作现场相关一、二次设备运行情况	
2	认清工作地点，防止误入带电间隔，检查相邻带电运行设备安全遮栏是否完备	
3	工作开始后先严格执行继电保护安全措施票所列每一项内容，做好记录，待校验工作结束后按措施票逐一全部恢复	
4	依据继电保护安全措施票拆除、短接与其他运行设备连接的二次回路时，应使用绝缘胶布包好，防止工作中误碰造成直流回路接地、电压回路短路、电流回路开路以及误跳合运行断路器等现象发生	
5	工作中使用绝缘工具，防止误碰，防止振动	
6	拆接试验电源、试验接线时应至少两人进行，使用合格工器具并检查无误	
7	调试中不得带电拔插件，不得触摸电路以防止造成设备损坏	
8	调试试验过程中相互配合，传动相关断路器时应做好监护防止人身事故	

任务实施

一、执行二次安全措施票

表 1-6　　二次安全措施票

工作单位：		编号	
被试设备名称：			
工作负责人：	工作时间：　年　月　日	审核人：	
工作内容：			

安全措施：断开装置电源 1K1；断开操作电源 1K2；断开 I 母电压 1ZKK1；断开 I 母电压 1ZKK2

序号	执行	安全措施内容					恢复
		措施类型	盘名	本侧编号	端子号	备注	
1		断开	备自投屏	A411	1ID5	分段 A 相电流回路	
2		断开	备自投屏	B411	1ID6	分段 B 相电流回路	
3		断开	备自投屏	C411	1ID7	分段 C 相电流回路	
4		断开	备自投屏	N411	1ID8	分段 N 相电流回路	
5		短接后断开	备自投屏	A461	1ID1	进线 1 电流回路	
6		短接后断开	备自投屏	N461	1ID2	进线 1 电流回路	
7		短接后断开	备自投屏	A471	1ID3	进线 2 电流回路	
8		短接后断开	备自投屏	N471	1ID4	进线 2 电流回路	
9		断开	备自投屏	A630 I	1UD1	I 母 A 相二次电压回路	
10		断开	备自投屏	B630 I	1UD2	I 母 B 相二次电压回路	
11		断开	备自投屏	C630 I	1UD3	I 母 C 相二次电压回路	
12		断开	备自投屏	A630 II	1UD4	II 母 A 相二次电压回路	
13		断开	备自投屏	B630 II	1UD5	II 母 B 相二次电压回路	
14		断开	备自投屏	C630 II	1UD6	II 母 C 相二次电压回路	
15		断开	备自投屏	1	1CD1	进线 1 断路器跳闸正电源	
16		断开	备自投屏	33	1CD4	进线 1 断路器跳闸回路	
17		断开	备自投屏	3	1CD5	进线 1 断路器合闸回路	
18		断开	备自投屏	1	1CD7	进线 2 断路器跳闸正电源	
19		断开	备自投屏	33	1CD10	进线 2 断路器跳闸回路	
20		断开	备自投屏	3	1CD11	进线 2 断路器合闸回路	

执行人：　　监护人：　　恢复人：　　监护人：

二、 试验报告

表 1-7 RCS-9651C 备自投装置检验报告

1. 铭牌			
型号	RCS-9651C	编号	
厂家		出厂日期	

2. 外观及接线检查

序号	检查项目	检查情况（合格/不合格）
1	装置型号及各项参数是否与设计一致，直流电源电压以及电流互感器额定电流是否与现场情况匹配	
2	保护装置各部件固定良好，无松动现象，装置外形应端正，无明显损坏及变形	
3	各插件应插拔灵活，各插件和插座之间定位良好，插入深度合适	
4	保护装置的背板接线有无断线、短路和焊接不良等现象，并检查背板上抗干扰元件的焊接，连线和元器件外观是否良好	
5	保护装置的接线端子，特别是电流互感器回路的螺栓及连片，不允许有松动情况。端子及屏上各器件标号应清晰正确	
6	装置所有接地端子接地是否可靠	
7	切换开关、连接片、按钮、键盘等应操作灵活、手感良好	
8	对照图纸检查打印机电源及通信电缆接线是否正确	
9	各部件应清洁良好	
10	根据整定和设计要求，对硬件的跳线进行设置和检查，可参照装置说明书执行	
11	对于引入外接 $3U_0$ 电压的保护装置，参照装置说明书对外接 $3U_0$ 电压回路极性进行核查，确保 $3U_0$ 电压端子接线正确	
12	用万用表检查各回路应无短路现象	

3. 通电初步检验

序号	检验项目	合格（√）	不合格（√）
1	保护装置通电检验		
2	时钟的失电保持功能检验		
3	时钟校对检验		

续表

4. 版本号检查

保护型号	版本号	校验码
RCS - 9651C		

5. 定值整定

检验项目	合格（√）	不合格（√）
定值分区储存功能检测		
定值整定检测使用______定值通知单		

6. 开入、开出检查

检验项目	合格（√）	不合格（√）
开关量输入回路检查		
开关量输出回路检查		

7. 交流模拟量检查

（1）零漂检查

通道	U_{a1}	U_{b1}	U_{c1}	U_{a2}	U_{b2}	U_{b2}	U_{x1}	U_{x2}	I_a	I_b	I_c	I_0	I_1	I_2
零漂														
结论														

（2）交流输入量精度

通道	U_{a1}	U_{b1}	U_{c1}	U_{a2}	U_{b2}	U_{b2}	U_{x1}	U_{x2}	I_a	I_b	I_c	I_0	I_1	I_2
实测														
结论														

三、结束工作

表 1-8　　结束工作清单

序号	内容	确认
1	确认试验项目无遗漏，记录保护装置铭牌参数、试验结果等内容完整无缺项	
2	确认测试结果符合要求	
3	确认测试仪的电源开关已关闭，取下测试线	
4	确认依据安全措施票恢复二次安全措施，恢复保护连接片状态	
5	核对保护定值，恢复保护装置原始状态	
6	再次检查试验现场有无遗留物、均正确无误后，向试验负责人汇报测试工作结束和测试结果、结论等	

任务评价

表 1-9 备用电源自动投入装置通用检验任务评价表

备用电源自动投入装置通用检验任务评价表						
姓名		学号		扣分	得分	备注
序号	评分项目	评分内容及要求	评分标准			
1	预备工作（5分）	（1）着装。 （2）工作场地准备。 （3）仪器仪表准备。 （4）工器具准备。 （5）材料资料准备	（1）未按照规定着装，每处扣1分。 （2）工作场地未主动布置，扣1分。 （3）仪器仪表选择错误，每次扣1分。 （4）工器具准备不充分，每件扣1分。 （5）材料资料未准备充分，每件扣1分			
2	安全措施实施（10分）	（1）正确制订二次安全措施票。 （2）正确实施二次安全措施票。 （3）其他安全措施	（1）未正确制订二次安全措施票扣1～3分。 （2）未正确执行二次安全措施扣1～3分。 （3）其他不符合条件，酌情扣分			
3	RCS-9561C备用电源自动投入装置通用检验（65分）	外观及接线检查	（1）检查有漏项扣1～2分。 （2）检查方法不正确扣1～3分			
		通电初步检验	（1）操作步骤不正确扣3分。 （2）检验方法不合规范或不正确扣2分			
		定值检查	（1）操作步骤不正确扣2分。 （2）检验方法不合规范或不正确扣3分			
		开入检查	（1）操作步骤不正确扣5分。 （2）检验方法不合规范或不正确扣5分			
		开出检查	（1）操作步骤不正确扣5分。 （2）检验方法不合规范或不正确扣5分。 （3）仪表使用不当扣5分			

续表

序号	评分项目	评分内容及要求	评分标准	扣分	得分	备注
3	RCS-9561C 备用电源自动投入装置通用检验 （65分）	交流模拟量检查	（1）接线错误扣5分。 （2）操作步骤不正确扣4分。 （3）检验方法不合规范或不正确扣4分。 （4）仪表使用不当扣4分			
4	试验报告（10分）	完整填写试验报告	（1）未填写试验报告，扣10分。 （2）未对试验结果进行判断，扣8分。 （3）试验报告填写不全，每处扣1分			
5	整理现场（5分）	恢复到初始状态	（1）未整理现场，扣5分。 （2）现场有遗漏，每处扣1分。 （3）离开现场前未检查，扣2分。 （4）其他情况，请酌情扣分			
6	综合素质（5分）	（1）遵守纪律、听从指导教师安排。 （2）态度端正、积极、认真。 （3）工作组织有序、小组协作良好。 （4）遵守电力安全规定及相关规程				
7	总分（100分）					
试验开始时间 试验结束时间		时　分 时　分		时间： 时　分		
教师						

学习与思考

1. 在现场检验时有哪些危险点？
2. 在进行交流模拟量测试时，如果输入的交流量不是正相序，显示结果会怎样？
3. 备自投装置检验时对交流模拟量测试接线有什么要求？

任务二　备用电源自动投入装置逻辑传动检验

任务准备

一、工器具准备

表 1-10　　工器具清单

类别	序号	名称	数量	确认
仪器仪表	1	微机保护测试仪	1 套	
	2	钳形相位表	1 块	
	3	数字万用表	1 块	
	4	试验用接线	2 套	
	5	多用电源插座（带漏电保护）	1 台	
	6	模拟断路器	2 台	
工器具	7	线手套	5 双	
	8	螺丝刀	2 把	
	9	安全帽	10 个	
	10	绝缘胶带	1 卷	

二、资料准备

表 1-11　　图纸资料清单

类别	序号	名称	数量	确认
图纸资料	1	技术说明书	1 册	
	2	使用说明书	1 册	
	3	相关图纸	1 套	
	4	最新定值单	1 份	
	5	上次检验报告	1 册	
	6	二次措施票	1 份	
	7	作业指导书	1 册	

三、人员准备

表 1-12　　人员准备清单

序号	内容	确认
1	小组成员穿着全棉长袖工作服	
2	小组成员精神状态无异常	
3	所有小组成员已明确本次工作的安全措施	
4	所有小组成员已明确本次工作的危险点及防范措施	
5	所有小组成员已明确本次工作内容	
6	所有小组成员已明确：每一项工作前需要指导教师检查确认无误	
7	已明确小组成员分工	

四、场地准备

表 1-13　　场地准备清单

序号	内容	确认
1	检查实训场地包含表 1-10 中所列工器具	
2	用遮栏将要检验的 RCS-9651C 型备自投装置所在屏与其他设备隔开	
3	屏柜正面放置“在此工作”牌	
4	屏柜背面放置“在此工作”牌	
5	实训现场已配备合格、充足的安全工器具	
6	实训现场具备明显的应急疏散标识	

五、工作危险点分析及防范措施

表 1-14　　工作危险点分析及防范措施清单

序号	内容	确认
1	了解工作现场相关一、二次设备运行情况	
2	认清工作地点，防止误入带电间隔，检查相邻带电运行设备安全遮栏是否完备	
3	工作开始后先严格执行继电保护安全措施票所列每一项内容，做好记录，待校验工作结束后按措施票逐一全部恢复	
4	依据继电保护安全措施票拆除、短接与其他运行设备连接的二次回路时，应使用绝缘胶布包好，防止工作中误碰造成直流回路接地、电压回路短路、电流回路开路以及误跳合运行断路器等现象发生	
5	工作中使用绝缘工具，防止误碰，防止振动	
6	拆接试验电源、试验接线时应至少两人进行，使用合格工器具并检查无误	
7	调试中不得带电拔插件，不得触摸电路以防止造成设备损坏	
8	调试试验过程中相互配合，传动相关断路器时应做好监护防止人身事故	

任务实施

一、执行二次安全措施票

表 1-15　　二次安全措施票

工作单位：		编号	
被试设备名称：			
工作负责人：	工作时间：　　年　　月　　日	审核人：	

续表

工作内容：

安全措施：断开装置电源 1K1；断开操作电源 1K2；断开Ⅰ母电压 1ZKK1；断开Ⅰ母电压 1ZKK2

序号	执行	安全措施内容					恢复
		措施类型	盘名	本侧编号	端子号	备注	
1		断开	备自投屏	A411	1ID5	分段 A 相电流回路	
2		断开	备自投屏	B411	1ID6	分段 B 相电流回路	
3		断开	备自投屏	C411	1ID7	分段 C 相电流回路	
4		断开	备自投屏	N411	1ID8	分段 N 相电流回路	
5		短接后断开	备自投屏	A461	1ID1	进线 1 电流回路	
6		短接后断开	备自投屏	N461	1ID2	进线 1 电流回路	
7		短接后断开	备自投屏	A471	1ID3	进线 2 电流回路	
8		短接后断开	备自投屏	N471	1ID4	进线 2 电流回路	
9		断开	备自投屏	A630Ⅰ	1UD1	Ⅰ母 A 相二次电压回路	
10		断开	备自投屏	B630Ⅰ	1UD2	Ⅰ母 B 相二次电压回路	
11		断开	备自投屏	C630Ⅰ	1UD3	Ⅰ母 C 相二次电压回路	
12		断开	备自投屏	A630Ⅱ	1UD4	Ⅱ母 A 相二次电压回路	
13		断开	备自投屏	B630Ⅱ	1UD5	Ⅱ母 B 相二次电压回路	
14		断开	备自投屏	C630Ⅱ	1UD6	Ⅱ母 C 相二次电压回路	
15		断开	备自投屏	1	1CD1	进线 1 断路器跳闸正电源	
16		断开	备自投屏	33	1CD4	进线 1 断路器跳闸回路	
17		断开	备自投屏	3	1CD5	进线 1 断路器合闸回路	
18		断开	备自投屏	1	1CD7	进线 2 断路器跳闸正电源	
19		断开	备自投屏	33	1CD10	进线 2 断路器跳闸回路	
20		断开	备自投屏	3	1CD11	进线 2 断路器合闸回路	

执行人：　　　　监护人：　　　　恢复人：　　　　监护人：

二、 试验报告

表 1-16　　备自投装置逻辑传动检验试验报告

检验项目		测试仪/装置设置	现象/数据	结论
充电逻辑				
放电逻辑	同时降低Ⅰ母或Ⅱ母电压幅值			
	模拟将 3QF 断路器位置至合位			
	短接外部闭锁信号开入			
	退出备自投保护连接片			
	备自投控制字或软压板置 0			
动作逻辑				

三、 结束工作

表 1-17　　结 束 工 作 清 单

序号	内容	确认
1	确认试验项目无遗漏， 记录保护装置铭牌参数、 试验结果等内容完整无缺项	
2	确认测试结果符合要求	
3	确认测试仪的电源开关已关闭， 取下测试线	
4	确认依据安全措施票恢复二次安全措施， 恢复保护连接片状态	
5	核对保护定值， 恢复保护装置原始状态	
6	再次检查试验现场有无遗留物、 均正确无误后， 向试验负责人汇报测试工作结束和测试结果、 结论等	

任务评价

表 1-18　　备用电源自动投入装置逻辑传动检验任务评价表

备用电源自动投入装置逻辑传动检验任务评价表						
姓名		学号		扣分	得分	备注
序号	评分项目	评分内容及要求	评分标准			
1	预备工作 （5 分）	（1）着装。 （2）工作场地准备。 （3）仪器仪表准备。 （4）工器具准备。 （5）材料资料准备	（1）未按照规定着装， 每处扣 1 分。 （2）工作场地未主动布置， 扣 1 分。 （3）仪器仪表选择错误， 每次扣 1 分。 （4）工器具准备不充分， 每件扣 1 分。 （5）材料资料未准备充分， 每件扣 1 分			

续表

序号	评分项目	评分内容及要求	评分标准	扣分	得分	备注
2	安全措施实施（10分）	（1）正确制订二次安全措施票。 （2）正确实施二次安全措施票。 （3）其他安全措施	（1）未正确制订二次安全措施票扣1~3分。 （2）未正确执行二次安全措施扣1~3分。 （3）其他措施不符合条件，酌情扣分			
3	RCS-9651C型备自投装置充电逻辑检验（20分）	（1）接线。 （2）试验方法。 （3）仪表仪器使用	（1）接线错误扣10分。 （2）试验方法错误扣10分。 （3）仪器仪表使用不规范每处扣2分			
4	RCS-9651C型备自投装置放电逻辑检验（20分）	（1）接线。 （2）试验方法。 （3）仪表仪器使用	（1）接线错误扣10分。 （2）试验方法错误扣10分。 （3）仪器仪表使用不规范每处扣2分			
5	RCS-9651C型备自投装置动作逻辑检验（25分）	（1）接线。 （2）试验方法。 （3）仪表仪器使用	（1）接线错误扣25分。 （2）试验方法错误扣25分。 （3）仪器仪表使用不规范每处扣2分			
6	试验报告（10分）	完整填写试验报告	（1）未填写试验报告，扣10分。 （2）未对试验结果进行判断，扣8分。 （3）试验报告填写不全，每处扣1分			
7	整理现场（5分）	恢复到初始状态	（1）未整理现场，扣5分。 （2）现场有遗漏，每处扣1分。 （3）离开现场前未检查，扣2分。 （4）其他情况，请酌情扣分			
8	综合素质（5分）	（1）遵守纪律、听从指导教师安排。 （2）态度端正、积极、认真。 （3）工作组织有序、小组协作良好。 （4）遵守电力安全规定及相关规程				
9	总分（100分）					
试验开始时间 试验结束时间		时　分 时　分		时间： 时　分		
教师						

学习与思考

1. 分析对比不同备自投方式的充电条件有何不同？
2. 试说明进线备自投动作的原理？
3. 备自投动作逻辑检验时模拟断路器应如何接线？
4. 如何利用定值清单判断备自投装置的自投方式？

任务三　备用电源自动投入装置定值整定及定值检验

任务准备

一、工器具准备

表 1-19　　工器具清单

类别	序号	名称	数量	确认
仪器仪表	1	微机保护测试仪	1套	
	2	钳形相位表	1块	
	3	数字万用表	1块	
	4	试验用接线	2套	
	5	多用电源插座（带漏电保护）	1台	
	6	模拟断路器	2台	
工器具	7	线手套	5双	
	8	螺丝刀	2把	
	9	安全帽	10个	
	10	绝缘胶带	1卷	

二、资料准备

表 1-20　　图纸资料清单

类别	序号	名称	数量	确认
图纸资料	1	技术说明书	1册	
	2	使用说明书	1册	
	3	相关图纸	1套	
	4	最新定值单	1份	
	5	上次检验报告	1册	
	6	二次措施票	1份	
	7	作业指导书	1册	

三、人员准备

表 1-21　　人员准备清单

序号	内容	确认
1	小组成员穿着全棉长袖工作服	
2	小组成员精神状态无异常	
3	所有小组成员已明确本次工作的安全措施	

续表

序号	内容	确认
4	所有小组成员已明确本次工作的危险点及防范措施	
5	所有小组成员已明确本次工作内容	
6	所有小组成员已明确：每一项工作前需要指导教师检查确认无误	
7	已明确小组成员分工	

四、场地准备

表 1-22 场地准备清单

序号	内容	确认
1	检查实训场地包含表 1-19 中所列工器具	
2	用遮栏将要检验的 RCS-9651C 型备自投装置所在屏与其他设备隔开	
3	屏柜正面放置“在此工作”牌	
4	屏柜背面放置“在此工作”牌	
5	实训现场已配备合格、充足的安全工器具	
6	实训现场具备明显的应急疏散标识	

五、工作危险点分析及防范措施

表 1-23 工作危险点分析及防范措施清单

序号	内容	确认
1	了解工作现场相关一、二次设备运行情况	
2	认清工作地点，防止误入带电间隔，检查相邻带电运行设备安全遮栏是否完备	
3	工作开始后先严格执行继电保护安全措施票所列每一项内容，做好记录，待校验工作结束后按措施票逐一全部恢复	
4	依据继电保护安全措施票拆除、短接与其他运行设备连接的二次回路时，应使用绝缘胶布包好，防止工作中误碰造成直流回路接地、电压回路短路、电流回路开路以及误跳合运行断路器等现象发生	
5	工作中使用绝缘工具，防止误碰，防止振动	
6	拆接试验电源、试验接线时应至少两人进行，使用合格工器具并检查无误	
7	调试中不得带电拔插件，不得触摸电路以防止造成设备损坏	
8	调试试验过程中相互配合，传动相关断路器时应做好监护防止人身事故	
9	工作前，应向调度部门申请采取措施退出相关保护或设备，防止造成装置误动或其他运行设备分合	
10	确认定值单是最新定值通知单，并核对定值单内容，包括装置型号、被保护设备名称、变比等与实际设备相符	

任务实施

一、执行二次安全措施票

表 1-24　　二次安全措施票

工作单位：		编号	
被试设备名称：			
工作负责人：	工作时间：　　年　　月　　日	审核人：	
工作内容：			

安全措施：断开装置电源 1K1；断开操作电源 1K2；断开Ⅰ母电压 1ZKK1；断开Ⅰ母电压 1ZKK2

序号	执行	安全措施内容					恢复
		措施类型	盘名	本侧编号	端子号	备注	
1		断开	备自投屏	A411	1ID5	分段 A 相电流回路	
2		断开	备自投屏	B411	1ID6	分段 B 相电流回路	
3		断开	备自投屏	C411	1ID7	分段 C 相电流回路	
4		断开	备自投屏	N411	1ID8	分段 N 相电流回路	
5		短接后断开	备自投屏	A461	1ID1	进线 1 电流回路	
6		短接后断开	备自投屏	N461	1ID2	进线 1 电流回路	
7		短接后断开	备自投屏	A471	1ID3	进线 2 电流回路	
8		短接后断开	备自投屏	N471	1ID4	进线 2 电流回路	
9		断开	备自投屏	A630Ⅰ	1UD1	Ⅰ母 A 相二次电压回路	
10		断开	备自投屏	B630Ⅰ	1UD2	Ⅰ母 B 相二次电压回路	
11		断开	备自投屏	C630Ⅰ	1UD3	Ⅰ母 C 相二次电压回路	
12		断开	备自投屏	A630Ⅱ	1UD4	Ⅱ母 A 相二次电压回路	
13		断开	备自投屏	B630Ⅱ	1UD5	Ⅱ母 B 相二次电压回路	
14		断开	备自投屏	C630Ⅱ	1UD6	Ⅱ母 C 相二次电压回路	
15		断开	备自投屏	1	1CD1	进线 1 断路器跳闸正电源	
16		断开	备自投屏	33	1CD4	进线 1 断路器跳闸回路	
17		断开	备自投屏	3	1CD5	进线 1 断路器合闸回路	
18		断开	备自投屏	1	1CD7	进线 2 断路器跳闸正电源	
19		断开	备自投屏	33	1CD10	进线 2 断路器跳闸回路	
20		断开	备自投屏	3	1CD11	进线 2 断路器合闸回路	

执行人：　　监护人：　　恢复人：　　监护人：

二、试验报告

表 1-25 备自投装置定值检验报告

试验项目	参数设置	现象/数据	结论
校验有压定值	1.05 倍有压定值＿＿＿＿		
	0.95 倍有压定值＿＿＿＿		
校验无压启动定值	0.95 倍无压启动定值＿＿＿＿		
	1.05 倍无压启动定值＿＿＿＿		
校验无压合闸定值	0.95 倍无压合闸定值＿＿＿＿		
	1.05 倍无压合闸定值＿＿＿＿		
检验无流定值	1.05 倍无流定值＿＿＿＿		
	0.95 倍无流定值＿＿＿＿		
检验动作时间	跳闸时限定值＿＿＿＿		
	合闸时限定值＿＿＿＿		

三、结束工作

表 1-26 结束工作清单

序号	内容	确认
1	确认试验项目无遗漏，记录保护装置铭牌参数、试验结果等内容完整无缺项	
2	确认测试结果符合要求	
3	确认测试仪的电源开关已关闭，取下测试线	
4	确认依据安全措施票恢复二次安全措施，恢复保护连接片状态	
5	核对保护定值，恢复保护装置原始状态	
6	再次检查试验现场有无遗留物、均正确无误后，向试验负责人汇报测试工作结束和测试结果、结论等	

任务评价

表 1-27 备用电源自动投入装置定值整定及定值检验任务评价表

备用电源自动投入装置定值整定及定值检验任务评价表						
姓名		学号		扣分	得分	备注
序号	评分项目	评分内容及要求	评分标准			
1	预备工作（5分）	（1）着装。 （2）工作场地准备。 （3）仪器仪表准备。 （4）工器具准备。 （5）材料资料准备	（1）未按照规定着装，每处扣1分。 （2）工作场地未主动布置，扣1分。 （3）仪器仪表选择错误，每次扣1分。 （4）工器具准备不充分，每件扣1分。 （5）材料资料未准备充分，每件扣1分			

续表

序号	评分项目	评分内容及要求	评分标准	扣分	得分	备注
2	安全措施实施（10 分）	（1）正确制订二次安全措施票。 （2）正确实施二次安全措施票。 （3）其他安全措施	（1）未正确制订二次安全措施票扣 1～3 分。 （2）未正确执行二次安全措施扣1～3 分。 （3）其他不符合条件，酌情扣分			
3	RCS-9561C 备用电源自动投入装置定值校验（65 分）	（1）试验接线。 （2）操作步骤。 （3）检验方法。 （4）仪表使用	（1）试验接线错误扣 35 分。 （2）操作步骤不正确扣 30 分。 （3）检验方法不合规范或不正确扣 4 分。 （4）仪表使用不当扣 4 分			
4	试验报告（10 分）	完整填写试验报告	（1）未填写试验报告，扣 10 分。 （2）未对试验结果进行判断，扣 8 分。 （3）试验报告填写不全，每处扣 1 分			
5	整理现场（5 分）	恢复到初始状态	（1）未整理现场，扣 5 分。 （2）现场有遗漏，每处扣 1 分。 （3）离开现场前未检查，扣 2 分。 （4）其他情况，请酌情扣分			
6	综合素质（5 分）	（1）遵守纪律、听从指导教师安排。 （2）态度端正、积极、认真。 （3）工作组织有序、小组协作良好。 （4）遵守电力安全规定及相关规程				
7	总分（100 分）					
试验开始时间　　时　分 试验结束时间　　时　分				时间： 时　分		
教师						

学习与思考

1. 说明备自投装置有压定值取值及取值考虑的因素？
2. 如果电流定值取得过高会有哪些影响？
3. 试说明哪些故障须退出备自投装置。

任务四 备用电源自动投入装置异常判断与处理

任务准备

一、工器具准备

表 1-28 工器具清单

类别	序号	名称	数量	确认
仪器仪表	1	微机保护测试仪	1套	
	2	钳形相位表	1块	
	3	数字万用表	1块	
	4	试验用接线	2套	
	5	多用电源插座（带漏电保护）	1台	
	6	模拟断路器	2台	
工器具	7	线手套	5双	
	8	螺丝刀	2把	
	9	安全帽	10个	
	10	绝缘胶带	1卷	

二、资料准备

表 1-29 资料清单

类别	序号	名称	数量	确认
图纸资料	1	技术说明书	1册	
	2	使用说明书	1册	
	3	相关图纸	1套	
	4	最新定值单	1份	
	5	上次检验报告	1册	
	6	二次措施票	1份	
	7	作业指导书	1册	

三、人员准备

表 1-30 人员准备清单

序号	内容	确认
1	小组成员穿着全棉长袖工作服	
2	小组成员精神状态无异常	

续表

序号	内容	确认
3	所有小组成员已明确本次工作的安全措施	
4	所有小组成员已明确本次工作的危险点及防范措施	
5	所有小组成员已明确本次工作内容	
6	所有小组成员已明确：每一项工作前需要指导教师检查确认无误	
7	已明确小组成员分工	

四、场地准备

表1-31　场地准备清单

序号	内容	确认
1	检查实训场地包含表1-28中所列工器具	
2	用遮栏将要检验的RCS-9651C型备自投装置所在屏与其他设备隔开	
3	屏柜正面放置“在此工作”牌	
4	屏柜背面放置“在此工作”牌	
5	实训现场已配备合格、充足的安全工器具	
6	实训现场具备明显的应急疏散标识	

五、工作危险点分析及防范措施

表1-32　工作危险点分析及防范措施清单

序号	内容	确认
1	了解工作现场相关一、二次设备运行情况	
2	认清工作地点，防止误入带电间隔，检查相邻带电运行设备安全遮栏是否完备	
3	根据现场故障情况工作前，应向调度部门申请采取措施退出相关保护或设备，防止造成装置误动或其他运行设备分合	
4	工作中如涉及二次回路拆动，应先核对图纸及回路标号，做好记录，待检查工作结束后及时正确恢复	
5	处理过程中应加强监护，使用绝缘良好的工具并应采取措施防止造成直流回路短路、接地，交流电压回路短路、电流回路开路等	
6	查找过程中应使用高内阻电压表或万用表	
7	调试中不得带电拔插件，不得触摸电路以防止造成设备损坏	

任务实施

一、 执行二次安全措施票

表 1 - 33　　二次安全措施票

工作单位:		编号	
被试设备名称:			
工作负责人:	工作时间:　　年　　月　　日	审核人:	
工作内容:			

安全措施：断开装置电源 1K1；断开操作电源 1K2；断开Ⅰ母电压 1ZKK1；断开Ⅰ母电压 1ZKK2

序号	执行	安全措施内容					恢复
		措施类型	盘名	本侧编号	端子号	备注	
1		断开	备自投屏	A411	1ID5	分段 A 相电流回路	
2		断开	备自投屏	B411	1ID6	分段 B 相电流回路	
3		断开	备自投屏	C411	1ID7	分段 C 相电流回路	
4		断开	备自投屏	N411	1ID8	分段 N 相电流回路	
5		短接后断开	备自投屏	A461	1ID1	进线 1 电流回路	
6		短接后断开	备自投屏	N461	1ID2	进线 1 电流回路	
7		短接后断开	备自投屏	A471	1ID3	进线 2 电流回路	
8		短接后断开	备自投屏	N471	1ID4	进线 2 电流回路	
9		断开	备自投屏	A630Ⅰ	1UD1	Ⅰ母 A 相二次电压回路	
10		断开	备自投屏	B630Ⅰ	1UD2	Ⅰ母 B 相二次电压回路	
11		断开	备自投屏	C630Ⅰ	1UD3	Ⅰ母 C 相二次电压回路	
12		断开	备自投屏	A630Ⅱ	1UD4	Ⅱ母 A 相二次电压回路	
13		断开	备自投屏	B630Ⅱ	1UD5	Ⅱ母 B 相二次电压回路	
14		断开	备自投屏	C630Ⅱ	1UD6	Ⅱ母 C 相二次电压回路	
15		断开	备自投屏	1	1CD1	进线 1 断路器跳闸正电源	
16		断开	备自投屏	33	1CD4	进线 1 断路器跳闸回路	
17		断开	备自投屏	3	1CD5	进线 1 断路器合闸回路	
18		断开	备自投屏	1	1CD7	进线 2 断路器跳闸正电源	
19		断开	备自投屏	33	1CD10	进线 2 断路器跳闸回路	
20		断开	备自投屏	3	1CD11	进线 2 断路器合闸回路	

执行人:　　　　监护人:　　　　恢复人:　　　　监护人:

二、 异常故障处理报告

表 1-34　　　　备自投装置异常事故处理报告

异常、故障现象记录	
排查内容	检查结果
异常、故障判断	
异常、故障处理方法	

三、 结束工作

表 1-35　　　　结束工作清单

序号	内容	确认
1	确认被试装置异常已恢复正常	
2	依据二次安全措施票的记录恢复恢复保护连接片状态等二次安全措施	
3	核对保护定值， 恢复保护装置原始状态	
4	检查记录均正确无误	
5	再次检查试验现场有无遗留物、 均正确无误后， 向试验负责人汇报测试工作结束和测试结果、 结论等	

任务评价

表 1-36　　备用电源自动投入装置异常判断与处理任务评价表

备用电源自动投入装置异常判断与处理任务评价表						
姓名		学号		扣分	得分	备注
序号	评分项目	评分内容及要求	评分标准			
1	预备工作（5 分）	（1） 着装。 （2）工作场地准备。 （3）仪器仪表准备。 （4）工器具准备。 （5）材料资料准备	（1）未按照规定着装， 每处扣 1 分。 （2） 工作场地未主动布置， 扣 1 分。 （3）仪器仪表选择错误， 每次扣 1 分。 （4）工器具准备不充分， 每件扣 1 分。 （5）材料资料未准备充分， 每件扣 1 分			

续表

序号	评分项目	评分内容及要求	评分标准	扣分	得分	备注
2	安全措施实施（10分）	（1）正确制订二次安全措施票。 （2）正确实施二次安全措施票。 （3）其他安全措施	（1）未正确制订二次安全措施票扣1~3分。 （2）未正确执行二次安全措施扣1~3分。 （3）其他不符合条件，酌情扣分			
3	故障判断（30分）	通过故障现象判断出故障原因	（1）未判断出故障原因扣30分。 （2）故障判断不准确扣10分。 （3）其他不符合条件，酌情扣分			
4	故障处理（35分）	（1）正确处理故障。 （2）正确使用仪器，完成处理	（1）处理方法错误，扣30分。 （2）操作不当，造成其他故障扣10分。 （3）仪器仪表使用不当，每处扣5分。 （4）其他不符合条件，酌情扣分			
5	试验报告（10分）	完整填写试验报告	（1）未填写试验报告，扣10分。 （2）未对试验结果进行判断，扣8分。 （3）试验报告填写不全，每处扣1分			
6	整理现场（5分）	恢复到初始状态	（1）未整理现场，扣5分。 （2）现场有遗漏，每处扣1分。 （3）离开现场前未检查，扣2分。 （4）其他情况，请酌情扣分			
7	综合素质（5分）	（1）遵守纪律、听从指导教师安排。 （2）态度端正、积极、认真。 （3）工作组织有序、小组协作良好。 （4）遵守电力安全规定及相关规程				
8	总分（100分）					
试验开始时间 试验结束时间		时　分 时　分		时间： 时　分		
教师						

学习与思考

1. 分析说明哪些故障会造成备自投装置无法充电？
2. 哪些故障须退出备自投装置？
3. 哪些情况会造成备自投装置闭锁？

情境二　输电线路自动重合闸运行与维护

任务一　输电线路三相一次自动重合闸动作逻辑检验

任务准备

一、工器具准备

表 2-1　　工器具清单

类别	序号	名称	数量	确认
仪器仪表	1	微机保护测试仪	1套	
	2	数字式万用表	1块	
	3	模拟断路器	1台	
	4	试验用接线	3组	
	5	多用电源插座（带漏电保护）	1台	
	6	接地线	1根	
工器具	7	线手套	5双	
	8	工具（尖嘴钳、斜口钳、十字螺丝刀、平口螺丝刀、过渡板、活动扳手等）	1套	
	9	安全帽	10个	
	10	绝缘胶带	1卷	

二、资料准备

表 2-2　　材料清单

类别	序号	名称	数量	确认
图纸	1	高压输电线路保护屏原理图	1本	
	2	高压输电线路保护屏二次接线图	1本	
说明书	3	PSL-621C说明书	1本	
	4	PSL-621C调试大纲	1本	
记录本	5	检验记录本	1本	
定值通知单	6	整定方案	1份	
	7	定值单	1份	

三、人员准备

表 2-3 人员准备清单

序号	内容	确认
1	小组成员穿着全棉长袖工作服	
2	小组成员精神状态无异常	
3	所有小组成员已明确本次工作的安全措施	
4	所有小组成员已明确本次工作的危险点及防范措施	
5	所有小组成员已明确本次工作内容	
6	所有小组成员已明确：每一项工作前需要指导教师检查确认无误	
7	已明确小组成员分工	

四、场地准备

表 2-4 场地准备清单

序号	内容	确认
1	检查实训场地包含表 2-1 中所列工器具	
2	用遮栏将要检验的 PSL-621C 型线路保护装置所在屏与其他设备隔开	
3	屏柜正面放置“在此工作”牌	
4	屏柜背面放置“在此工作”牌	
5	实训现场已配备合格、充足的安全工器具	
6	实训现场具备明显的应急疏散标识	

五、危险点分析和安全预控措施

表 2-5 工作危险点分析及防范措施清单

序号	内容	确认
1	了解工作现场相关一、二次设备运行情况	
2	认清工作地点，防止误入带电间隔，检查相邻带电运行设备安全遮栏是否完备	
3	根据现场故障情况工作前，应向调度部门申请采取措施退出相关保护或设备，防止造成装置误动或其他运行设备分合	
4	工作中如涉及二次回路拆动，应先核对图纸及回路标号，做好记录，待检查工作结束后及时正确恢复	
5	处理过程中应加强监护，使用绝缘良好的工具并应采取措施防止造成直流回路短路、接地，交流电压回路短路、电流回路开路等	

续表

序号	内容	确认
6	确认试验装置已可靠接地	
7	用试验装置加电压模拟量前，应确保电压二次回路至电压互感器根部有明显断开点，以防止二次电压反送电	
8	从端子排拆除接线前，应先断开操作电源，并做好记录	

任务实施

一、执行二次安全措施票

表 2-6　二次安全措施票

工作单位：			编号
被试设备名称：			
工作负责人：	工作时间：　年　月　日	审核人：	
工作内容：			

安全措施：断开装置电源空气开关 1DK；断开操作电源空气开关 4DK；断开交流电压空气开关 1ZKK

序号	执行	安全措施内容					恢复
		措施类型	盘名	本侧编号	端子号	备注	
1		断开	线路保护屏	A411	1ID5	线路 A 相电流回路	
2		断开	线路保护屏	B411	1ID6	线路 B 相电流回路	
3		断开	线路保护屏	C411	1ID5	线路 C 相电流回路	
4		断开	线路保护屏	N411	1ID6	线路 N 相电流回路	
5		断开	线路保护屏	1	1CD1	线路开关跳闸正电源	
6		断开	线路保护屏	37	4CD1	线路开关跳闸回路	
7		断开	线路保护屏	7	4CD6	线路开关合闸回路	

执行人：　　监护人：　　恢复人：　　监护人：

二、试验报告

表 2-7 输电线路三相一次重合闸动作逻辑检验试验报告

试验项目	试验方法	现象/数据	结论
三相自动重合闸充电逻辑验证	定制单、控制字按方案正确整定，开关置于合位		
三相自动重合闸放电逻辑验证	将重合闸控制字中“停用重合闸”控制字置1		
	重合闸充电完成后，投入闭锁重合闸功能连接片		
	重合闸充电完成后，手动模拟外部低气压闭锁重合闸开入		
	重合闸充电完成后，手动模拟外部永跳开入		
	重合闸充电完成后，手动分闸		
	重合闸充电完成后，修改重合闸控制字为0		
动作时间测定	定值整定时间		
	实测时间		
	装置报文时间		
三相一次重合闸动作逻辑	瞬时性故障		
	永久性故障		

三、结束工作

表 2-8 结束工作清单

序号	内容	确认
1	确认试验项目无遗漏，记录保护装置铭牌数据、试验结果等内容完整无缺项	
2	确认测试结果符合要求	
3	确认测试仪的电源开关已关闭，取下测试线	
4	确认依据安全措施票恢复二次安全措施，恢复保护连接片状态	
5	核对保护定值，恢复保护装置原始状态	
6	再次检查试验现场有无遗留物、均正确无误后，向试验负责人汇报测试工作结束和测试结果、结论等	

任务评价

表 2-9　输电线路三相一次自动重合闸动作逻辑检验任务评价表

输电线路三相一次自动重合闸动作逻辑检验任务评价表						
姓名		学号		扣分	得分	备注
序号	评分项目	评分内容及要求	评分标准			
1	预备工作（5分）	（1）着装。 （2）工作场地准备。 （3）仪器仪表准备。 （4）工器具准备。 （5）材料资料准备	（1）未按照规定着装，每处扣1分。 （2）工作场地未主动布置，扣1分。 （3）仪器仪表选择错误，每次扣1分。 （4）工器具准备不充分，每件扣1分。 （5）材料资料未准备充分，每件扣1分			
2	安全措施实施（10分）	（1）正确制订二次安全措施票。 （2）正确实施二次安全措施票。 （3）其他安全措施	（1）未正确制订二次安全措施票扣1~3分。 （2）未正确执行二次安全措施扣1~3分。 （3）其他不符合条件，酌情扣分			
3	接线（20分）	（1）正确接线。 （2）正确使用仪器	（1）接线错误扣20分。 （2）仪器操作不当扣5分。 （3）未对带电线头进行安全措施的不得分			
4	保护装置定值设置（20分）	（1）定值设置正确。 （2）与试验相关定值全部设置，没有漏项。 （3）对相关定值试验前后值做好记录	（1）定值设置不正确扣20分。 （2）定值设置有遗漏扣5分。 （3）未进行定值设置记录扣5分			
5	继电保护测试仪设置（25分）	（1）正确选择试验菜单。 （2）正确设置“正常态”“故障态”“重合态”的各个参数	（1）错误选择试验菜单扣15分。 （2）三个状态参数设置错误或漏设置每项扣3分			

续表

序号	评分项目	评分内容及要求	评分标准	扣分	得分	备注
6	试验报告（10 分）	完整填写试验报告	（1） 未填写试验报告，扣 10 分。 （2） 未对试验结果进行判断，扣 8 分。 （3） 试验报告填写不全，每处扣 1 分			
7	整理现场（5 分）	恢复到初始状态	（1） 未整理现场，扣 5 分。 （2） 现场有遗漏，每处扣 1 分。 （3） 离开现场前未检查，扣 2 分。 （4） 其他情况，请酌情扣分			
8	综合素质（5 分）	（1）遵守纪律、听从指导教师安排。 （2）态度端正、积极、认真。 （3）工作组织有序、小组协作良好。 （4）遵守电力安全规定及相关规程				
9	总分（100 分）					
试验开始时间　　时　　分 试验结束时间　　时　　分				时间： 时　分		
教师						

学习与思考

1. 输电线路为什么要采用自动重合闸装置?
2. 重合闸装置中，当线路发生永久性故障时，是如何保证只重合一次的:
3. 三相一次自动重合闸有哪些启动方式？各启动方式的优缺点是什么？

任务二　输电线路三相一次自动重合闸同期功能检验

任务准备

一、工器具准备

表 2 - 10　　工器具清单

类别	序号	名称	数量	确认
仪器仪表	1	微机保护测试仪	1 套	
	2	数字式万用表	1 块	
	3	试验用接线	2 套	
	4	多用电源插座（带漏电保护）	1 台	
	5	1000V 绝缘电阻表	1 块	
	6	模拟断路器	1 台	
工器具	7	线手套	5 双	
	8	工具（尖嘴钳、斜口钳、十字螺丝刀、平口螺丝刀、过渡板、活动扳手等）	1 套	
	9	安全帽	10 个	
	10	绝缘胶带	1 卷	

二、资料准备

表 2 - 11　　资料清单

类别	序号	名称	数量	确认
图纸	1	高压输电线路保护屏原理图	1 本	
	2	高压输电线路保护屏二次接线图	1 本	
说明书	3	PSL - 621C 说明书	1 本	
	4	PSL - 621C 调试大纲	1 本	
记录本	5	检验记录本	1 本	
定值通知单	6	整定方案	1 份	
	7	定值单	1 份	

三、人员准备

表 2 - 12　　人员准备清单

序号	内容	确认
1	小组成员穿着全棉长袖工作服	
2	小组成员精神状态无异常	
3	所有小组成员已明确本次工作的安全措施	

续表

序号	内容	确认
4	所有小组成员已明确本次工作的危险点及防范措施	
5	所有小组成员已明确本次工作内容	
6	所有小组成员已明确：每一项工作前需要指导教师检查确认无误	
7	已明确小组成员分工	

四、场地准备

表 2-13　场地准备清单

序号	内容	确认
1	检查实训场地包含表 2-10 中所列工器具	
2	用遮栏将要检验的 PSL-621C 型线路保护装置所在屏与其他设备隔开	
3	屏柜正面放置“在此工作”牌	
4	屏柜背面放置“在此工作”牌	
5	实训现场已配备合格、充足的安全工器具	
6	实训现场具备明显的应急疏散标识	

五、分析危险点及防范措施

表 2-14　工作危险点分析及防范措施清单

序号	内容	确认
1	了解工作现场相关一、二次设备运行情况	
2	认清工作地点，防止误入带电间隔，检查相邻带电运行设备安全遮栏是否完备	
3	根据现场故障情况工作前，应向调度部门申请采取措施退出相关保护或设备，防止造成装置误动或其他运行设备分合	
4	工作中如涉及二次回路拆动，应先核对图纸及回路标号，做好记录，待检查工作结束后及时正确恢复	
5	处理过程中应加强监护，使用绝缘良好的工具并应采取措施（拆除的跳合闸回路线头带电，拆除后应及时用胶布包好）防止造成直流回路短路、接地，交流电压回路短路、电流回路开路等	
6	确认试验装置已可靠接地	
7	用试验装置加电压模拟量前，应确保电压二次回路至电压互感器根部有明显断开点，以防止二次电压反送电	
8	从端子排拆除接线前，应先断开操作电源，并做好记录	
9	抽取电压回路在保护屏处一般无断开点，小空气开关或熔断器设置在开关端子箱处，所以为设置明显断开点，一般将端子排至电压互感器根部的电缆拆除，并做好记录，用绝缘胶布将拆下的电缆头包好，以防二次电压反送电	

任务实施

一、 执行二次安全措施票

表 2-15 二次安全措施票

工作单位：		编号	
被试设备名称：			
工作负责人：	工作时间： 年 月 日	审核人：	
工作内容：			

安全措施：断开装置电源空气开关 1DK；断开操作电源空气开关 4DK；断开交流电压空气开关 1ZKK

序号	执行	安全措施内容					恢复
		措施类型	盘名	本侧编号	端子号	备注	
1		断开	线路保护屏	A411	1ID5	线路 A 相电流回路	
2		断开	线路保护屏	B411	1ID6	线路 B 相电流回路	
3		断开	线路保护屏	C411	1ID5	线路 C 相电流回路	
4		断开	线路保护屏	N411	1ID6	线路 N 相电流回路	
5		断开	线路保护屏	1	1CD1	线路开关跳闸正电源	
6		断开	线路保护屏	37	4CD1	线路开关跳闸回路	
7		断开	线路保护屏	7	4CD6	线路开关合闸回路	

执行人： 监护人： 恢复人： 监护人：

二、 试验报告

表 2-16 输电线路三相一次自动重合闸同期功能检验试验报告

试验项目		测试仪/装置设置	现象/数据	结论
三相自动重合闸（检无压检同期）充电逻辑验证	$U_a < 25V$			
	$U_a > 25V$			

续表

试验项目		测试仪/装置设置	现象/数据	结论
三相自动重合闸（检无压检同期）放电逻辑验证	重合闸充电完成后，手动模拟外部永跳开入			
	重合闸充电完成后，手动模拟外部低气压闭锁重合闸开入			
	重合闸充电完成后，投入闭锁重合闸功能连接片			
	重合闸充电完成后，手动分闸			
	重合闸充电完成后，修改重合闸控制字为0			
	退线路抽压电压互感器电压			
检无压动作逻辑	$U_a < 25V$			
	$U_a > 25V$			
检同期动作逻辑	$-\theta < \phi < +\theta$			
	$\phi < -\theta$ 或 $\phi > +\theta$			

三、结束工作

表2-17　结束工作清单

序号	内容	确认
1	确认试验项目无遗漏，记录保护装置铭牌数据、试验结果等内容完整无缺项	
2	确认测试结果符合要求	
3	确认测试仪的电源开关已关闭，取下测试线	
4	确认依据安全措施票恢复二次安全措施，恢复保护连接片状态	
5	核对保护定值，恢复保护装置原始状态	
6	再次检查试验现场有无遗留物、均正确无误后，向试验负责人汇报测试工作结束和测试结果、结论等	

任务评价

表 2-18　输电线路三相一次自动重合闸同期功能检验任务评价表

输电线路三相一次自动重合闸同期功能检验任务评价表						
姓名		学号		扣分	得分	备注
序号	评分项目	评分内容及要求	评分标准			
1	预备工作 （5分）	（1）着装。 （2）工作场地准备。 （3）仪器仪表准备。 （4）工器具准备。 （5）材料资料准备	（1）未按照规定着装，每处扣1分。 （2）工作场地未主动布置，扣1分。 （3）仪器仪表选择错误，每次扣1分。 （4）工器具准备不充分，每件扣1分。 （5）材料资料未准备充分，每件扣1分			
2	安全措施实施 （10分）	（1）正确制订二次安全措施票。 （2）正确实施二次安全措施票。 （3）其他安全措施	（1）未正确制订二次安全措施票扣1～3分。 （2）未正确执行二次安全措施扣1～3分。 （3）其他不符合条件，酌情扣分			
3	接线 （20分）	（1）正确接线。 （2）正确使用仪器	（1）接线错误扣15分。 （2）仪器操作不当扣5分。 （3）未对带电线头进行安全措施的不得分			
4	保护装置定值设置 （20分）	（1）定值设置正确。 （2）与试验相关定值全部设置，没有漏项。 （3）对相关定值试验前后值做好记录	（1）定值设置不正确扣15分。 （2）定值设置有遗漏扣5分。 （3）未进行定值设置记录扣5分			
5	继电保护测试仪设置 （25分）	（1）正确选择试验菜单。 （2）正确设置"正常态""故障态""重合态"的各个参数	（1）错误选择试验菜单扣15分。 （2）三个状态参数设置错误或漏设置每项扣3分			

续表

序号	评分项目	评分内容及要求	评分标准	扣分	得分	备注
6	试验报告（10分）	完整填写试验报告	（1）未填写试验报告，扣10分。 （2）未对试验结果进行判断，扣8分。 （3）试验报告填写不全，每处扣1分			
7	整理现场（5分）	恢复到初始状态	（1）未整理现场，扣5分。 （2）现场有遗漏，每处扣1分。 （3）离开现场前未检查，扣2分。 （4）其他情况，请酌情扣分			
8	综合素质（5分）	（1）遵守纪律、听从指导教师安排。 （2）态度端正、积极、认真。 （3）工作组织有序、小组协作良好。 （4）遵守电力安全规定及相关规程				
9	总分（100分）					
试验开始时间　　时　分 试验结束时间　　时　分				时间： 时　分		
教师						

学习与思考

1. 双侧电源线路自动重合闸装置要考虑哪些特殊问题？

2. 在检无压和检同步三相自动重合闸中，当处于下列情况会出现什么问题：

（1）线路两侧检无压均投入；

（2）线路两侧仅一侧检同步投入。

3. 在检无压和检同步三相自动重合闸中，在重合闸启动时一侧电源突然消失，试述重合闸的动作过程，有何结果？

任务三　输电线路单相重合闸功能检验

任务准备

一、工器具准备

表 2-19　　工 器 具 清 单

类别	序号	名称	数量	确认
仪器仪表	1	微机保护测试仪	1 套	
	2	模拟断路器	1 台	
	3	数字式万用表	1 块	
	4	试验用接线	2 套	
	5	多用电源插座（带漏电保护）	1 台	
	6	1000V 绝缘电阻表 1 块	1 块	
工器具	7	线手套	5 双	
	8	工具（尖嘴钳、斜口钳、十字螺丝刀、平口螺丝刀、过渡板、活动扳手等）	1 套	
	9	安全帽	10 个	
	10	绝缘胶带	1 卷	

二、资料准备

表 2-20　　资 料 清 单

类别	序号	名称	数量	确认
图纸	1	高压输电线路保护屏原理图	1 本	
	2	高压输电线路保护屏二次接线图	1 本	
说明书	3	PCS-931 说明书	1 本	
	4	PCS-931 调试大纲	1 本	
记录本	5	检验记录本	1 本	
定值通知单	6	整定方案	1 份	
	7	定值单	1 份	

三、人员准备

表 2-21　　人 员 准 备 清 单

序号	内容	确认
1	小组成员穿着全棉长袖工作服	
2	小组成员精神状态无异常	

续表

序号	内容	确认
3	所有小组成员已明确本次工作的安全措施	
4	所有小组成员已明确本次工作的危险点及防范措施	
5	所有小组成员已明确本次工作内容	
6	所有小组成员已明确：每一项工作前需要指导教师检查确认无误	
7	已明确小组成员分工	

四、场地准备

表 2-22 场地准备清单

序号	内容	确认
1	检查实训场地包含表 2-19 中所列工器具	
2	用遮栏将要检验的 PCS-931 型线路保护装置所在屏与其他设备隔开	
3	屏柜正面放置“在此工作”牌	
4	屏柜背面放置“在此工作”牌	
5	实训现场已配备合格、充足的安全工器具	
6	实训现场具备明显的应急疏散标识	

五、危险点分析及防范措施

表 2-23 工作危险点分析及防范措施清单

序号	内容	确认
1	了解工作现场相关一、二次设备运行情况	
2	认清工作地点，防止误入带电间隔，检查相邻带电运行设备安全遮栏是否完备	
3	根据现场故障情况工作前，应向调度部门申请采取措施退出相关保护或设备，防止造成装置误动或其他运行设备分合	
4	工作中如涉及二次回路拆动，应先核对图纸及回路标号，做好记录，待检查工作结束后及时正确恢复	
5	处理过程中应加强监护，使用绝缘良好的工具并应采取措施（拆除的跳合闸回路线头带电，拆除后应及时用胶布包好）防止造成直流回路短路、接地，交流电压回路短路、电流回路开路等	
6	确认试验装置已可靠接地	
7	用试验装置加电压模拟量前，应确保电压二次回路至电压互感器根部有明显断开点，以防止二次电压反送电	
8	从端子排拆除接线前，应先断开操作电源，并做好记录	
9	抽取电压回路在保护屏处一般无断开点，小空气开关或熔断器设置在开关端子箱处，所以为设置明显断开点，一般将端子排至电压互感器根部的电缆拆除，并做好记录，用绝缘胶布将拆下的电缆头包好	

任务实施

一、执行二次安全措施票

表 2-24　　二次安全措施票

工作单位：		编号	
被试设备名称：			
工作负责人：	工作时间：　年　月　日	审核人：	
工作内容：			

安全措施：断开装置电源空气开关 1DK；断开操作电源空气开关 4DK；断开交流电压空气开关 1ZKK

序号	执行	安全措施内容					恢复
		措施类型	盘名	本侧编号	端子号	备注	
1		断开	线路保护屏	A411	1ID5	线路 A 相电流回路	
2		断开	线路保护屏	B411	1ID6	线路 B 相电流回路	
3		断开	线路保护屏	C411	1ID5	线路 C 相电流回路	
4		断开	线路保护屏	N411	1ID6	线路 N 相电流回路	
5		断开	线路保护屏	1	1CD1	线路开关跳闸正电源	
6		断开	线路保护屏	37	4CD1	线路开关跳闸回路	
7		断开	线路保护屏	7	4CD6	线路开关合闸回路	

执行人：　　监护人：　　恢复人：　　监护人：

二、试验报告

表 2-25　　输电线路单相自动重合闸功能检验试验报告

试验项目	试验方法	现象/数据	结论
单相自动重合闸充电逻辑验证	定值、控制字按方案正确整定，开关置于合位		
单相自动重合闸放电逻辑验证	保护控制字“单相重合闸”由 1 改为 0，停用重合闸由 0 改为 1		
	投入“闭锁重合闸”硬连接片		
	手动分闸		
	短接触点，模拟外部永跳开入		
	短接开关气压表触点，模拟开关低气压信号		

续表

试验项目	试验方法	现象/数据	结论
单相重合闸动作逻辑验证	启动状态序列试验功能		
动作时间检测	保护跳闸出口时间		
	重合闸动作时间		
	保护动作报文中重合闸时间		

三、结束工作

表 2-26　　结束工作清单

序号	内容	确认
1	确认试验项目无遗漏，记录保护装置铭牌数据、试验结果等内容完整无缺项	
2	确认测试结果符合要求	
3	确认测试仪的电源开关已关闭，取下测试线	
4	确认依据安全措施票恢复二次安全措施，恢复保护连接片状态	
5	核对保护定值，恢复保护装置原始状态	
6	再次检查试验现场有无遗留物、均正确无误后，向试验负责人汇报测试工作结束和测试结果、结论等	

任务评价

表 2-27　　输电线路单相自动重合闸功能检验任务评价表

输电线路单相自动重合闸功能检验任务评价表						
姓名		学号		扣分	得分	备注
序号	评分项目	评分内容及要求	评分标准			
1	预备工作（5分）	（1）着装。 （2）工作场地准备。 （3）仪器仪表准备。 （4）工器具准备。 （5）材料资料准备	（1）未按照规定着装，每处扣1分。 （2）工作场地未主动布置，扣1分。 （3）仪器仪表选择错误，每次扣1分。 （4）工器具准备不充分，每件扣1分。 （5）材料资料未准备充分，每件扣1分			

续表

序号	评分项目	评分内容及要求	评分标准	扣分	得分	备注
2	安全措施实施（10分）	（1）正确制订二次安全措施票。 （2）正确实施二次安全措施票。 （3）其他安全措施	（1）未正确制订二次安全措施票扣1～3分。 （2）未正确执行二次安全措施扣1～3分。 （3）其他不符合条件，酌情扣分			
3	同期试验接线（20分）	（1）正确接线。 （2）正确使用仪器	（1）接线错误扣15分。 （2）仪器操作不当扣5分。 （3）未对带电线头进行安全措施的不得分			
4	保护装置定值设置（20分）	（1）定值设置正确。 （2）与试验相关定值全部设置，没有漏项。 （3）对相关定值试验前后值做好记录	（1）定值设置不正确扣15分。 （2）定值设置有遗漏扣5分。 （3）未进行定值设置记录扣5分			
5	继电保护测试仪设置（25分）	（1）正确选择试验菜单。 （2）正确设置“正常态”“故障态”“重合态”的各个参数	（1）错误选择试验菜单扣15分。 （2）三个状态参数设置错误或漏设置每项扣3分			
6	试验报告（10分）	完整填写试验报告	（1）未填写试验报告，扣10分。 （2）未对试验结果进行判断，扣8分。 （3）试验报告填写不全，每处扣1分			
7	整理现场（5分）	恢复到初始状态	（1）未整理现场，扣5分。 （2）现场有遗漏，每处扣1分。 （3）离开现场前未检查，扣2分。 （4）其他情况，请酌情扣分			

续表

序号	评分项目	评分内容及要求	评分标准	扣分	得分	备注
8	综合素质 （5 分）	（1）遵守纪律、听从指导教师安排。 （2）态度端正、积极、认真。 （3）工作组织有序、小组协作良好。 （4）遵守电力安全规定及相关规程				
9	总分 （100 分）					
试验开始时间　　时　分 试验结束时间　　时　分				时间： 时　分		
教师						

学习与思考

1. 什么是单相重合闸？使用在哪种场合？

2. 单相自动重合闸的充电条件和启动条件与三相自动重合闸有何异同？

3. 与三相自动重合闸相比单相自动重合闸在功能检验的接线上有什么需要特别注意的？

4. 自动重合闸的闭锁逻辑有什么作用？一般有哪些闭锁条件？

任务四　自动重合闸的异常判断与处理

任务准备

一、工器具准备

表 2-28　　工器具清单

类别	序号	名称	数量	确认
仪器仪表	1	微机保护测试仪	1 套	
	2	数字式万用表	1 块	
	3	试验用接线	2 套	
	4	多用电源插座（带漏电保护）	1 台	
	5	1000V 绝缘电阻表 1 块	1 块	
工器具	6	线手套	5 双	
	7	工具（尖嘴钳、斜口钳、十字螺丝刀、平口螺丝刀、过渡板、活动扳手等）	1 套	
	8	安全帽	10 个	
	9	绝缘胶带	1 卷	

二、资料准备

表 2-29　　资料清单

类别	序号	名称	数量	确认
图纸	1	高压输电线路保护屏原理图	1 本	
	2	高压输电线路保护屏二次接线图	1 本	
说明书	3	PCS-931 说明书	1 本	
	4	PCS-931 调试大纲	1 本	
	5	CZX-12 型操作箱说明书	1 本	
记录本	6	检验记录本	1 本	
定值通知单	7	整定方案	1 份	
	8	定值单	1 份	

三、人员准备

表 2-30　　人员准备清单

序号	内容	确认
1	小组成员穿着全棉长袖工作服	
2	小组成员精神状态无异常	

续表

序号	内容	确认
3	所有小组成员已明确本次工作的安全措施	
4	所有小组成员已明确本次工作的危险点及防范措施	
5	所有小组成员已明确本次工作内容	
6	所有小组成员已明确：每一项工作前需要指导教师检查确认无误	
7	已明确小组成员分工	

四、场地准备

表 2-31　场地准备清单

序号	内容	确认
1	检查实训场地包含表 2-28 中所列工器具	
2	用遮栏将要检验的 PCS-931 型线路保护装置所在屏与其他设备隔开	
3	屏柜正面放置“在此工作”牌	
4	屏柜背面放置“在此工作”牌	
5	实训现场已配备合格、充足的安全工器具	
6	实训现场具备明显的应急疏散标识	

五、危险点分析及防范措施

表 2-32　工作危险点分析及防范措施清单

序号	内容	确认
1	了解工作现场相关一、二次设备运行情况	
2	认清工作地点，防止误入带电间隔，检查相邻带电运行设备安全遮栏是否完备	
3	根据现场故障情况工作前，应向调度部门申请采取措施退出相关保护或设备，防止造成装置误动或其他运行设备分合	
4	工作中如涉及二次回路拆动，应先核对图纸及回路标号，做好记录，待检查工作结束后及时正确恢复	
5	处理过程中应加强监护，使用绝缘良好的工具并应采取措施（拆除的跳合闸回路线头带电，拆除后应及时用胶布包好）防止造成直流回路短路、接地，交流电压回路短路、电流回路开路等	
6	确认试验装置已可靠接地	
7	用试验装置加电压模拟量前，应确保电压二次回路至电压互感器根部有明显断开点，以防止二次电压反送电	

续表

序号	内容	确认
8	从端子排拆除接线前，应先断开操作电源，并做好记录	
9	抽取电压回路在保护屏处一般无断开点，小空气开关或熔断器设置在开关端子箱处，所以为设置明显断开点，一般将端子排至电压互感器根部的电缆拆除，并做好记录，用绝缘胶布将拆下的电缆头包好	

任务实施

一、执行二次安全措施票

表 2-33　　二次安全措施票

工作单位：		编号	
被试设备名称：			
工作负责人：	工作时间：　年　月　日	审核人：	
工作内容：			

安全措施：断开装置电源空气开关 1DK；断开操作电源空气开关 4DK；断开交流电压空气开关 1ZKK

序号	执行	安全措施内容					恢复
		措施类型	盘名	本侧编号	端子号	备注	
1		断开	线路保护屏	A411	1ID5	线路 A 相电流回路	
2		断开	线路保护屏	B411	1ID6	线路 B 相电流回路	
3		断开	线路保护屏	C411	1ID5	线路 C 相电流回路	
4		断开	线路保护屏	N411	1ID6	线路 N 相电流回路	
5		断开	线路保护屏	1	1CD1	线路开关跳闸正电源	
6		断开	线路保护屏	37	4CD1	线路开关跳闸回路	
7		断开	线路保护屏	7	4CD6	线路开关合闸回路	

执行人：　　　　监护人：　　　　恢复人：　　　　监护人：

二、试验报告

表 2-34 自动重合闸异常判断与处理报告

异常、故障现象记录	
排查内容	检查结果
异常、故障判断	
异常、故障处理方法	

三、结束工作

表 2-35 结束工作清单

序号	内容	确认
1	确认被试装置异常已恢复正常	
2	依据二次安全措施票的记录恢复保护连接片状态，恢复二次安全措施	
3	核对保护定值，恢复保护装置原始状态	
4	检查记录均正确无误	
5	再次检查试验现场有无遗留物，均正确无误后，向试验负责人汇报测试工作结束和测试结果、结论等	

任务评价

表 2-36　　自动重合闸的异常判断与处理任务评价表

自动重合闸的异常判断与处理任务评价表						
姓名		学号		扣分	得分	备注
序号	评分项目	评分内容及要求	评分标准			
1	预备工作（5 分）	（1）着装。 （2）工作场地准备。 （3）仪器仪表准备。 （4）工器具准备。 （5）材料资料准备	（1）未按照规定着装，每处扣 1 分。 （2）工作场地未主动布置，扣 1 分。 （3）仪器仪表选择错误，每次扣 1 分。 （4）工器具准备不充分，每件扣 1 分。 （5）材料资料未准备充分，每件扣 1 分			
2	安全措施实施（10 分）	（1）正确制订二次安全措施票。 （2）正确实施二次安全措施票。 （3）其他安全措施	（1）未正确制订二次安全措施票扣 1～3 分。 （2）未正确执行二次安全措施扣 1～3 分。 （3）其他不符合条件，酌情扣分			
3	异常判断（30 分）	通过异常现象判断出异常原因	（1）未判断出故障原因扣 30 分。 （2）故障判断不准确扣 10 分。 （3）其他不符合条件，酌情扣分			
4	异常处理（35 分）	（1）正确处理异常。 （2）正确使用仪器，完成处理	（1）处理方法错误，扣 30 分。 （2）操作不当，造成其他故障扣 10 分。 （3）仪器仪表使用不当，每处扣 5 分。 （4）其他不符合条件，酌情扣分			
5	试验报告（10 分）	完整填写试验报告	（1）未填写试验报告，扣 10 分。 （2）未对试验结果进行判断，扣 8 分。 （3）试验报告填写不全，每处扣 1 分			

续表

序号	评分项目	评分内容及要求	评分标准	扣分	得分	备注
6	整理现场 （5分）	恢复到初始状态	（1）未整理现场，扣5分。 （2）现场有遗漏，每处扣1分。 （3）离开现场前未检查，扣2分。 （4）其他情况，请酌情扣分			
7	综合素质 （5分）	（1）遵守纪律、听从指导教师安排。 （2）态度端正、积极、认真。 （3）工作组织有序、小组协作良好。 （4）遵守电力安全规定及相关规程				
8	总分 （100分）					
试验开始时间　　时　分 试验结束时间　　时　分				时间： 时　分		
教师						

学习与思考

1. 说明线路保护装置和与之关联的操作机构箱中有关单相自动重合闸的信号的含义。

2. 输电线路保护装置中有关重合闸有哪些常见异常（故障）？说明出现这些异常（故障）的排查方法。

情境三　电力系统低频低压减负荷装置运行与维护

任务一　低频低压减负荷装置通用检验

任务准备

一、工器具准备

表 3-1　　工器具清单

类别	序号	名称	数量	确认
仪器仪表	1	微机保护测试仪	1 套	
	2	数字式万用表	1 块	
	3	试验用接线	2 套	
	4	多用电源插座（带漏电保护）	1 台	
	5	模拟断路器	2 台	
工器具	6	线手套	5 双	
	7	螺丝刀	1 把	
	8	安全帽	10 个	
	9	绝缘胶带	1 卷	

二、资料准备

表 3-2　　资料清单

类别	序号	名称	数量	确认
图纸	1	低频低压减负荷装置屏原理图	1 本	
	2	低频低压减负荷装置屏二次接线图	1 本	
说明书	3	PCS-994C 说明书	1 本	
	4	PCS-994C 调试大纲	1 本	
记录本	5	检验记录本	1 本	
定值通知单	6	整定方案	1 本	
	7	定值单	1 本	

三、人员准备

表 3-3　　人员准备清单

序号	内容	确认
1	小组成员穿着全棉长袖工作服，戴线手套	
2	小组成员精神状态无异常	
3	所有小组成员已明确本次工作的安全措施	
4	所有小组成员已明确本次工作的危险点及防范措施	
5	所有小组成员已明确本次工作内容	
6	所有小组成员已明确：每一项工作前需要指导教师检查确认无误	
7	已明确小组成员分工	

四、场地准备

表 3-4　　场地准备清单

序号	内容	确认
1	检查实训场地包含表 3-1 中所列工器具	
2	用遮栏将要检验的 PCS-994C 型频率电压紧急控制装置所在屏与其他设备隔开	
3	屏柜正面放置“在此工作”牌	
4	屏柜背面放置“在此工作”牌	
5	实训现场已配备合格、充足的安全工器具	
6	实训现场具备明显的应急疏散标识	

五、危险点分析及防范措施

表 3-5　　工作危险点分析及防范措施清单

序号	内容	确认
1	了解工作现场相关一、二次设备运行情况	
2	认清工作地点，防止误入带电间隔，检查相邻带电运行设备安全遮栏是否完备	
3	接、拆低压电源时，必须使用装有剩余电流动作保护器的电源盘	
4	接拆电源时至少有两人执行，必须在电源开关拉开的情况下进行	
5	临时电源必须使用专用电源，禁止从运行设备上取得电源	
6	工作中如涉及二次回路拆动，应先核对图纸及回路标号，做好记录，待检查工作结束后及时正确恢复	
7	使用绝缘良好的工具并应采取措施防止造成直流回路短路、接地，交流电压回路短路、电流回路开路等。试验过程中应加强监护	
8	凡与其他运行设备二次回路相连的连接片和接线应有明显标记，并按安全措施票仔细地将有关回路断开或短路，做好记录	

任务实施

一、执行二次安全措施票

表 3-6　　　　二次安全措施票

工作单位：		编号	
被试设备名称：			
工作负责人：	工作时间：　　年　　月　　日	审核人：	
工作内容：			
安全措施：			

序号	执行	安全措施内容					恢复
		措施类型	盘名	本侧编号	端子号	备注	

执行人：　　　　　监护人：　　　　　恢复人：　　　　　监护人：

二、试验报告

表 3-7　　PCS-994C 装置通用检验试验报告

1. 基本信息检查

型号	生产厂家	版本号	出厂编号
RCS-994C	南瑞继保	V1.52	

2. 外观检查

序号	检查项目	检查结果
1	检查装置内、外部是否清洁无积尘	
2	检查各插件上元件是否焊接良好，芯片是否插紧	
3	检查各插件上变换器、继电器是否固定好，有无松动	
4	检查各插件印制电路板是否有损伤或变形，连线良好	
5	检查装置端子排螺栓是否拧紧，后板配线连接是否连接好	
6	检查装置的小开关、拨轮及按钮是否良好	
7	装置的硬件配置、端子排连接可靠，且标号清晰正确	

3. 装置通电检查

序号	检查项目	检查结果
1	LCD 显示屏显示正常画面，无告警呼唤信息	
2	LED 指示灯显示正常状态，无告警呼唤指示	
3	键盘应接触良好，操作灵活	
4	检查装置的软件信息和配置信息，应和装置型号一致	
5	检查装置的日历时钟应该是准确的，否则需要校准	
6	检查定值输入、固化、输出功能	
7	检查打印机，字迹清楚，走纸顺畅	

4. 工作电源检查

序号	检查项目	检查结果
1	80%额定工作电源下检验	
2	电源自启动试验	
3	直流电源拉合试验	
4	在保护装置上电掉电检验，不误发信号	

5. 零漂检查

项目	U_{ab1}	U_{bc1}	U_{ac1}	U_{ab2}	U_{bc2}	U_{ac2}	f_1	f_2
显示值								
检查结果（零漂合格）								

续表

6. 电压频率采样检查

电压回路采样试验记录表（角度误差不大于±2°，幅值误差不大于±2%）

序号	项目	输入值	装置显示值		
			A	B	C
1	Ⅰ母电压	20∠0° V			
2		40∠240° V			
3		60∠120° V			
4	Ⅱ母电压	20∠0° V			
5		40∠240° V			
6		60∠120° V			

频率回路采样试验记录表（频率误差不大于±0.01Hz）

输入值	46Hz	48Hz	50Hz	52Hz	54Hz
Ⅰ母频率					
Ⅱ母频率					

7. 开入量检查

根据装置原理接线图给各开入量输入端子分别加正电源。此时应有对应开入量变化的显示输出

序号	开入名称	投入	退出	备注
1	1LP1 装置检修连接片			
2	1LP2 Ⅰ母低频投入			
3	1LP3 Ⅰ母低压投入			
4	1LP4 Ⅱ母低频投入			
5	1LP5 Ⅱ母低压投入			
6	1LP6 母线分列运行投入			

8. 开出检查

在装置面板，调试 - 装置测试 - 出口传动，依次开出传动出口 1 至出口 10（备用不检查）

序号	开出名称及测试端子	结果	备注
1	负荷线路 01 出口，测试 1C1D1 和 1C1D3		
2	负荷线路 02 出口，测试 1C2D1 和 1C2D3		
3	负荷线路 03 出口，测试 1C3D1 和 1C3D3		
4	负荷线路 04 出口，测试 1C4D1 和 1C4D3		
5	负荷线路 05 出口，测试 1C5D1 和 1C5D3		
6	负荷线路 06 出口，测试 1C6D1 和 1C6D3		
7	负荷线路 07 出口，测试 1C7D1 和 1C7D3		
8	负荷线路 08 出口，测试 1C8D1 和 1C8D3		
9	负荷线路 09 出口，测试 1C9D1 和 1C9D3		
10	负荷线路 10 出口，测试 1C10D1 和 1C10D3		

续表

9. 定值检查		
序号	检查项目	结论
1	设备参数定值	
2	保护定值	
3	跳闸矩阵定值	
4	功能软压板	

三、结束工作

表3-8　结束工作清单

序号	内容	确认
1	确认试验项目无遗漏，记录保护装置铭牌数据、试验结果等内容完整无缺项	
2	确认测试结果符合要求	
3	确认测试仪的电源开关已关闭，取下测试线	
4	确认依据安全措施票恢复二次安全措施，恢复保护连接片状态，确认时钟已校正同步	
5	核对保护定值，恢复保护装置原始状态	
6	再次检查试验现场有无遗留物，均正确无误后，向试验负责人汇报测试工作结束和测试结果、结论等	

任务评价

表3-9　PCS-994C频率电压紧急控制装置通用检验任务评价表

PCS-994C频率电压紧急控制装置通用检验任务评价表						
姓名		学号		扣分	得分	备注
序号	评分项目	评分内容及要求	评分标准			
1	预备工作（5分）	（1）着装。 （2）工作场地准备。 （3）仪器仪表准备。 （4）工器具准备。 （5）材料资料准备	（1）未按照规定着装，每处扣1分。 （2）工作场地未主动布置，扣1分。 （3）仪器仪表选择错误，每次扣1分。 （4）工器具准备不充分，每件扣1分。 （5）材料资料未准备充分，每件扣1分			

续表

序号	评分项目	评分内容及要求	评分标准	扣分	得分	备注
2	安全措施实施（10分）	（1）正确制订二次安全措施票。 （2）正确实施二次安全措施票。 （3）其他安全措施	（1）未正确制订二次安全措施票扣1~3分。 （2）未正确执行二次安全措施扣1~3分。 （3）其他不符合条件，酌情扣分			
3	PCS-994C频率电压紧急控制装置通用检验（65分）	（1）基本信息、外观检查、装置通电检查	（1）基本信息检查有漏项，每处扣1分。 （2）外观检查有漏项，每处扣1分。 （3）装置通电检查有漏项，每处扣1分			
		（2）工作电源检查	（1）试验方法错误，扣5分。 （2）有漏项，每处扣1分			
		（3）零漂检查	（1）试验方法错误，扣5分。 （2）有漏项，每处扣1分			
		（4）电压频率采样检查	（1）接线错误，扣10分。 （2）试验方法错误，每处扣5分。 （3）有漏项，每处扣1分。 （4）保护测试仪试验不规范，每处扣2分			
		（5）开入量检查	（1）试验方法错误，扣5分。 （2）有漏项，每处扣1分			
		（6）开出检查	（1）试验方法错误，扣5分。 （2）有漏项，每处扣1分			
		（7）定值检查	（1）定值输入不完整，每处扣2分。 （2）检查方法错误，扣5分			
4	试验报告（10分）	完整填写试验报告	（1）未填写试验报告，扣10分。 （2）未对试验结果进行判断，扣8分。 （3）试验报告填写不全，每处扣1分			

续表

序号	评分项目	评分内容及要求	评分标准	扣分	得分	备注
5	整理现场 （5分）	恢复到初始状态	（1）未整理现场，扣5分。 （2）现场有遗漏，每处扣1分。 （3）离开现场前未检查，扣2分。 （4）其他情况，请酌情扣分			
6	综合素质 （5分）	（1）遵守纪律、听从指导教师安排。 （2）态度端正、积极、认真。 （3）工作组织有序、小组协作良好。 （4）遵守电力安全规定及相关规程				
7	总分 （100分）					
试验开始时间 试验结束时间		时　分 时　分		时间： 时　分		
教师						

学习与思考

1. 在电力系统中低频低压减负荷的作用是什么？
2. PCS-994C整定值有哪几类？各有何作用？
3. 进行模拟量采样精确度检验时，保护测试仪与PCS-994C的哪些回路连接？
4. 进行模拟量采样检验时，应如何设置各保护连接片？

任务二　自动按频率减负荷动作定值及逻辑检验

任务准备

一、工器具准备

表 3-10　　工器具清单

类别	序号	名称	数量	确认
仪器仪表	1	微机保护测试仪	1 套	
	2	数字式万用表	1 块	
	3	试验用接线	2 套	
	4	多用电源插座（带漏电保护）	1 台	
	5	模拟断路器	2 台	
工器具	6	线手套	5 双	
	7	螺丝刀	1 把	
	8	安全帽	10 个	
	9	绝缘胶带	1 卷	

二、资料准备

表 3-11　　资料清单

类别	序号	名称	数量	确认
图纸	1	低频低压减负荷保护屏原理图	1 本	
	2	低频低压减负荷保护屏二次接线图	1 本	
说明书	3	PCS-994C 说明书	1 本	
	4	PCS-994C 调试大纲	1 本	
记录本	5	检验记录本	1 本	
定值通知单	6	整定方案	1 本	
	7	定值单	1 本	

三、人员准备

表 3-12　　人员准备清单

序号	内容	确认
1	小组成员穿着全棉长袖工作服，戴线手套	
2	小组成员精神状态无异常	

续表

序号	内容	确认
3	所有小组成员已明确本次工作的安全措施	
4	所有小组成员已明确本次工作的危险点及防范措施	
5	所有小组成员已明确本次工作内容	
6	所有小组成员已明确：每一项工作前需要指导教师检查确认无误	
7	已明确小组成员分工	

四、场地准备

表 3-13 场地准备清单

序号	内容	确认
1	检查实训场地包含表 3-10 中所列工器具	
2	用遮栏将要检验的 PCS-994C 型频率电压紧急控制装置所在屏与其他设备隔开	
3	屏柜正面放置“在此工作”牌	
4	屏柜背面放置“在此工作”牌	
5	实训现场已配备合格、充足的安全工器具	
6	实训现场具备明显的应急疏散标识	

五、危险点分析及防范措施

表 3-14 工作危险点分析及防范措施清单

序号	内容	确认
1	了解工作现场相关一、二次设备运行情况	
2	认清工作地点，防止误入带电间隔，检查相邻带电运行设备安全遮栏是否完备	
3	接、拆低压电源时，必须使用装有剩余电流动作保护器的电源盘	
4	接拆电源时至少有两人执行，必须在电源开关拉开的情况下进行	
5	临时电源必须使用专用电源，禁止从运行设备上取得电源	
6	工作中如涉及二次回路拆动，应先核对图纸及回路标号，做好记录，待检查工作结束后及时正确恢复	
7	使用绝缘良好的工具并应采取措施防止造成直流回路短路、接地，交流电压回路短路、电流回路开路等。试验过程中应加强监护	
8	凡与其他运行设备二次回路相连的连接片和接线应有明显标记，并按安全措施票仔细地将有关回路断开或短路，做好记录	

任务实施

一、 执行二次安全措施票

表 3-15　　二次安全措施票

工作单位：		编号	
被试设备名称：			
工作负责人：	工作时间：　　年　　月　　日	审核人：	
工作内容：			
安全措施：			

序号	执行	安全措施内容					恢复
		措施类型	盘名	本侧编号	端子号	备注	

执行人：　　　　　　　监护人：　　　　　　　恢复人：　　　　　　　监护人：

二、 试验报告

表 3-16　自动按频率减负荷动作定值检验及动作逻辑检验试验报告

1. 动作定值检验及动作逻辑检验（频率定值误差应小于 ±0.01 Hz，动作延时误差应小于 0.02s）				
测试项目	定值	实测值	实验结果	结论
低频启动	49.5Hz/0.05s		低频启动	

续表

测试项目	定值	实测值	实验结果	结论
低频第 1 轮	49.0Hz/0.2s		低频第 1 轮动作，切负荷线 01 切负荷线 02	
低频第 2 轮	48.8Hz/0.2s		低频第 2 轮动作，切负荷线 07 切负荷线 08	
低频第 3 轮	48.6Hz/0.2s		低频第 3 轮动作，不出口	
低频第 4 轮	48.4Hz/0.2s		低频第 4 轮动作，切负荷线 09 切负荷线 10	
低频第 5 轮	48.0Hz/0.2s		低频第 5 轮动作，切负荷线 05 切负荷线 06	
加速切第 2 轮	1.0Hz/0.2s		加速切第 2 轮，切负荷线 07 切负荷线 08	
加速切第 2、3 轮	2.0Hz/0.2s		低频第 3 轮动作，不出口，低频第 1、2 轮动作出口	
Ⅰ母低频特殊 1 轮	49.2Hz/10s		低频特殊第 1 轮动作，切负荷线 03	
Ⅰ母低频特殊 2 轮	49.2Hz/15s		低频特殊第 2 轮动作，不出口	
Ⅰ母低频特殊 3 轮	49.2Hz/20s		低频特殊第 3 轮动作，不出口	

2. 闭锁逻辑检验

测试项目	试验验结果	结论
低压闭锁		
滑差闭锁		
频率异常		

三、结束工作

表 3-17　　结束工作清单

序号	内容	确认
1	确认试验项目无遗漏，记录保护装置铭牌数据、试验结果等内容完整无缺项	
2	确认测试结果符合要求	
3	确认测试仪的电源开关已关闭，取下测试线	
4	确认依据安全措施票恢复二次安全措施，恢复保护连接片状态，确认时钟已校正同步	
5	核对保护定值，恢复保护装置原始状态	
6	再次检查试验现场有无遗留物，均正确无误后，向试验负责人汇报测试工作结束和测试结果、结论等	

任务评价

表 3-18　自动按频率减负荷动作定值及动作逻辑检验任务评价表

自动按频率减负荷动作定值及动作逻辑检验任务评价表						
姓名		学号		扣分	得分	备注
序号	评分项目	评分内容及要求	评分标准			
1	预备工作（5 分）	（1）着装。 （2）工作场地准备。 （3）仪器仪表准备。 （4）工器具准备。 （5）材料资料准备	（1）未按照规定着装，每处扣 1 分。 （2）工作场地未主动布置，扣 1 分。 （3）仪器仪表选择错误，每次扣 1 分。 （4）工器具准备不充分，每件扣 1 分。 （5）材料资料未准备充分，每件扣 1 分			
2	安全措施实施（10 分）	（1）正确制订二次安全措施票。 （2）正确实施二次安全措施票。 （3）其他安全措施	（1）未正确制订二次安全措施票扣 1～3 分。 （2）未正确执行二次安全措施扣 1～3 分。 （3）其他不符合条件，酌情扣分			
3	PCS-994C 装置低频减负荷定值检验及动作逻辑检验（30 分）	（1）低频启动条件检验。 （2）低频第 1～5 轮启动条件检验。 （3）加速切第 2、3 轮检验。 （4）Ⅰ母低频特殊 1～3 轮检验	（1）接线错误，扣 15 分。 （2）仪器操作不当，扣 5 分。 （3）连接片设置错误，扣 5 分。 （4）开关投退错误扣 5 分。 （5）其他不符合操作规范的酌情扣分			
4	PCS-994C 装置低频减负荷闭锁逻辑检验（35 分）	（1）低压闭锁检验。 （2）滑差闭锁检验。 （3）频率值异常闭锁	（1）接线错误，扣 15 分。 （2）仪器操作不当，扣 5 分。 （3）连接片设置错误，扣 5 分。 （4）开关投退错误扣 5 分。 （5）其他不符合操作规范的酌情扣分			
5	试验报告（10 分）	完整填写试验报告	（1）未填写试验报告，扣 10 分。 （2）未对试验结果进行判断，扣 8 分。 （3）试验报告填写不全，每处扣 1 分			

续表

序号	评分项目	评分内容及要求	评分标准	扣分	得分	备注
6	整理现场（5分）	恢复到初始状态	（1）未整理现场，扣5分。 （2）现场有遗漏，每处扣1分。 （3）离开现场前未检查，扣2分。 （4）其他情况，请酌情扣分			
7	综合素质（5分）	（1）遵守纪律、听从指导教师安排。 （2）态度端正、积极、认真。 （3）工作组织有序、小组协作良好。 （4）遵守电力安全规定及相关规程				
8	总分（100分）					
试验开始时间 试验结束时间		时 分 时 分		时间： 时 分		
教师						

学习与思考

1. PCS-994C装置低频切负荷的闭锁条件有哪些？有什么作用？
2. 进行低频切负荷闭锁条件检验时要如何设置输入参数？
3. 进行低频切负荷动作值检验时如何设置频率变化速度？
4. 低频切负荷动作值及动作时间的精确度有何要求？
5. 怎样才能精确测量低频切负荷动作值及动作时间？

任务三　自动按电压减负荷动作定值及动作逻辑检验

任务准备

一、工器具准备

表 3 - 19　　工器具清单

类别	序号	名称	数量	确认
仪器仪表	1	微机保护测试仪	1 套	
	2	数字式万用表	1 块	
	3	试验用接线	2 套	
	4	多用电源插座（带漏电保护）	1 台	
	5	模拟断路器	2 台	
工器具	6	线手套	5 双	
	7	螺丝刀	1 把	
	8	安全帽	10 个	
	9	绝缘胶带	1 卷	

二、资料准备

表 3 - 20　　资料清单

类别	序号	名称	数量	确认
图纸	1	低频低压减负荷装置屏原理图	1 本	
	2	低频低压减负荷装置屏二次接线图	1 本	
说明书	3	PCS - 994C 说明书	1 本	
	4	PCS - 994C 调试大纲	1 本	
记录本	5	检验记录本	1 本	
定值通知单	6	整定方案	1 本	
	7	定值单	1 本	

三、人员准备

表 3 - 21　　人员准备清单

序号	内容	确认
1	小组成员穿着全棉长袖工作服，戴线手套	
2	小组成员精神状态无异常	
3	所有小组成员已明确本次工作的安全措施	

续表

序号	内容	确认
4	所有小组成员已明确本次工作的危险点及防范措施	
5	所有小组成员已明确本次工作内容	
6	所有小组成员已明确：每一项工作前需要指导教师检查确认无误	
7	已明确小组成员分工	

四、场地准备

表 3-22 场地准备清单

序号	内容	确认
1	检查实训场地包含表 3-19 中所列工器具	
2	用遮栏将要检验的 PCS-994C 型频率电压紧急控制装置所在屏与其他设备隔开	
3	屏柜正面放置“在此工作”牌	
4	屏柜背面放置“在此工作”牌	
5	实训现场已配备合格、充足的安全工器具	
6	实训现场具备明显的应急疏散标识	

五、危险点分析及防范措施

表 3-23 工作危险点分析及防范措施清单

序号	内容	确认
1	了解工作现场相关一、二次设备运行情况	
2	认清工作地点，防止误入带电间隔，检查相邻带电运行设备安全遮栏是否完备	
3	接、拆低压电源时，必须使用装有剩余电流动作保护器的电源盘	
4	接拆电源时至少有两人执行，必须在电源开关拉开的情况下进行	
5	临时电源必须使用专用电源，禁止从运行设备上取得电源	
6	工作中如涉及二次回路拆动，应先核对图纸及回路标号，做好记录，待检查工作结束后及时正确恢复	
7	使用绝缘良好的工具并应采取措施防止造成直流回路短路、接地，交流电压回路短路、电流回路开路等。试验过程中应加强监护	
8	凡与其他运行设备二次回路相连的连接片和接线应有明显标记，并按安全措施票仔细地将有关回路断开或短路，做好记录	

任务实施

一、 执行二次安全措施票

表 3-24　　二次安全措施票

工作单位：		编号	
被试设备名称：			
工作负责人：	工作时间：　　年　　月　　日	审核人：	
工作内容：			
安全措施：			

序号	执行	安全措施内容					恢复
		措施类型	盘名	本侧编号	端子号	备注	

执行人：　　　　监护人：　　　　恢复人：　　　　监护人：

二、 试验报告

表 3-25　　PCS-994C 装置低电压减负荷定值检验及动作逻辑检验试验报告

1. 定值检验及动作逻辑检验报告（电压动作值误差应小于±1%， 动作时间误差不大于 0.02s）

测试项目	定值	实测值	实验结果	结论
低压启动	50.8V/0.05s		低压启动	

续表

测试项目	定值	实测值	实验结果	结论
低压第 1 轮	$85\%U_n/1s$		低压第 1 轮动作，切负荷线 03	
低压第 2 轮	$80\%U_n/2s$		低压第 2 轮动作，切负荷线 01	
低压第 3 轮	$75\%U_n/10s$		不出口	
低压第 4 轮	$70\%U_n/10s$		不出口	
低压第 5 轮	$65\%U_n/10s$		不出口	
加速切第 2 轮	$30\%U_n/s$		加速切第 2 轮，切负荷线 01	
加速切第 2、3 轮	$50\%U_n/s$		不出口	
Ⅰ母低压特殊 1 轮	$95\%U_n/10s$		低压特殊第 1 轮动作，切负荷线 02	
低压特殊 2 轮定值	$80\%U_n/20s$		不出口	
低压特殊 3 轮定值	$75\%U_n/20s$		不出口	

2. 闭锁逻辑检验记录

测试项目	试验验结果	结论
正序低压闭锁		
负序电压闭锁		
电压突变闭锁（滑差闭锁）		

三、结束工作

表 3-26 结束工作清单

序号	内容	确认
1	确认试验项目无遗漏，记录保护装置铭牌数据、试验结果等内容完整无缺项	
2	确认测试结果符合要求	
3	确认测试仪的电源开关已关闭，取下测试线	
4	确认依据安全措施票恢复二次安全措施，恢复保护连接片状态，确认时钟已校正同步	
5	核对保护定值，恢复保护装置原始状态	
6	再次检查试验现场有无遗留物，均正确无误后，向试验负责人汇报测试工作结束和测试结果、结论等	

任务评价

表 3-27　自动按电压减负荷动作定值及动作逻辑检验任务评价表

自动按电压减负荷动作定值及动作逻辑检验任务评价表						
姓名		学号		扣分	得分	备注
序号	评分项目	评分内容及要求	评分标准			
1	预备工作（5分）	（1）着装。 （2）工作场地准备。 （3）仪器仪表准备。 （4）工器具准备。 （5）材料资料准备	（1）未按照规定着装，每处扣1分。 （2）工作场地未主动布置，扣1分。 （3）仪器仪表选择错误，每次扣1分。 （4）工器具准备不充分，每件扣1分。 （5）材料资料未准备充分，每件扣1分			
2	安全措施实施（10分）	（1）正确制订二次安全措施票。 （2）正确实施二次安全措施票。 （3）其他安全措施	（1）未正确制订二次安全措施票扣1～3分。 （2）未正确执行二次安全措施扣1～3分。 （3）其他不符合条件，酌情扣分			
3	PCS-994C装置低压减负荷定值检验及动作逻辑检验（30分）	（1）低压启动条件检验。 （2）低压第1～5轮启动条件检验。 （3）加速切第2、3轮检验。 （4）Ⅰ母低压特殊1～3轮检验	（1）接线错误，扣15分。 （2）仪器操作不当，扣5分。 （3）连接片设置错误，扣5分。 （4）开关投退错误扣5分。 （5）其他不符合操作规范的酌情扣分			
4	PCS-994C装置低压减负荷闭锁逻辑检验（35分）	（1）正序低压闭锁检验。 （2）负序电压闭锁检验。 （3）电压突变（滑差闭锁）检验	（1）接线错误，扣15分。 （2）仪器操作不当，扣5分。 （3）连接片设置错误，扣5分。 （4）开关投退错误扣5分。 （5）其他不符合操作规范的酌情扣分			
5	试验报告（10分）	完整填写试验报告	（1）未填写试验报告，扣10分。 （2）未对试验结果进行判断，扣8分。 （3）试验报告填写不全，每处扣1分			

续表

序号	评分项目	评分内容及要求	评分标准	扣分	得分	备注
6	整理现场 （5分）	恢复到初始状态	（1）未整理现场，扣5分。 （2）现场有遗漏，每处扣1分。 （3）离开现场前未检查，扣2分。 （4）其他情况，请酌情扣分			
7	综合素质 （5分）	（1）遵守纪律、听从指导教师安排。 （2）态度端正、积极、认真。 （3）工作组织有序、小组协作良好。 （4）遵守电力安全规定及相关规程				
8	总分 （100分）					
试验开始时间　　时　　分 试验结束时间　　时　　分				时间： 时　分		
教师						

学习与思考

1. PCS-994C装置低压切负荷的闭锁条件有哪些？有什么作用？
2. 进行低电压切负荷闭锁条件检验时要如何设置输入参数？
3. 进行低电压切负荷动作值检验时如何设置频率变化速度？
4. 低电压切负荷动作值及动作时间的精确度有什么要求？

任务四　自动按频率电压减负荷装置的异常判断与处理

任务准备

一、工器具准备

表 3 - 28　　工 器 具 清 单

类别	序号	名称	数量	确认
仪器仪表	1	微机保护测试仪	1 套	
	2	数字式万用表	1 块	
	3	试验用接线	2 套	
	4	多用电源插座（带漏电保护）	1 台	
	5	1000V 绝缘电阻表 1 块	1 块	
工器具	6	线手套	5 双	
	7	工具（尖嘴钳、斜口钳、十字螺丝刀、平口螺丝刀、过渡板、活动扳手等）	1 套	
	8	安全帽	10 个	
	9	绝缘胶带	1 卷	

二、资料准备

表 3 - 29　　资 料 清 单

类别	序号	名称	数量	确认
图纸	1	低频低压减负荷装置 PCS - 994C 保护屏原理图	1 本	
	2	低频低压减负荷装置 PCS - 994C 保护屏二次接线图	1 本	
说明书	3	PCS - 994C 说明书	1 本	
	4	PCS - 994C 调试大纲	1 本	
记录本	5	检验记录本	1 本	
定值通知单	6	整定方案	1 份	
	7	定值单	1 份	

三、人员准备

表 3 - 30　　人 员 准 备 清 单

序号	内容	确认
1	小组成员穿着全棉长袖工作服，戴线手套	
2	小组成员精神状态无异常	

续表

序号	内容	确认
3	所有小组成员已明确本次工作的安全措施	
4	所有小组成员已明确本次工作的危险点及防范措施	
5	所有小组成员已明确本次工作内容	
6	所有小组成员已明确：每一项工作前需要指导教师检查确认无误	
7	已明确小组成员分工	

四、场地准备

表 3-31　　场地准备清单

序号	内容	确认
1	检查实训场地包含表 3-28 中所列工器具	
2	用遮栏将要检验的 PCS-994C 型频率电压紧急控制装置所在屏与其他设备隔开	
3	屏柜正面放置“在此工作”牌	
4	屏柜背面放置“在此工作”牌	
5	实训现场已配备合格、充足的安全工器具	
6	实训现场具备明显的应急疏散标识	

五、危险点分析及防范措施

表 3-32　　工作危险点分析及防范措施清单

序号	内容	确认
1	了解工作现场相关一、二次设备运行情况	
2	认清工作地点，防止误入带电间隔，检查相邻带电运行设备安全遮栏是否完备	
3	接、拆低压电源时，必须使用装有剩余电流动作保护器的电源盘。接拆电源时至少有两人执行，必须在电源开关拉开的情况下进行。临时电源必须使用专用电源，禁止从运行设备上取得电源	
4	工作中如涉及二次回路拆动，应先核对图纸及回路标号，做好记录，待检查工作结束后及时正确恢复	
5	处理过程中应加强监护，使用绝缘良好的工具并应采取措施防止造成直流回路短路、接地，交流电压回路短路、电流回路开路等	

续表

序号	内容	确认
6	凡与其他运行设备二次回路相连的连接片和接线应有明显标记，并按安全措施票仔细地将有关回路断开或短路，做好记录	
7	用试验装置加电压模拟量前，应确保电压二次回路至电压互感器根部有明显断开点，以防止二次电压反送电	
8	用万用表进行回路检查时，测量电位前务必检查所用挡位是否正确，错误地使用电流挡进行直流电压测量，可能造成直流接地短路、损坏万用表	

任务实施

一、执行二次安全措施票

表 3-33　二次安全措施票

工作单位：		编号	
被试设备名称：			
工作负责人：	工作时间：　　年　　月　　日	审核人：	
工作内容：			
安全措施：			

序号	执行	安全措施内容					恢复
		措施类型	盘名	本侧编号	端子号	备注	

续表

序号	执行	安全措施内容					恢复
		措施类型	盘名	本侧编号	端子号	备注	
执行人：		监护人：		恢复人：		监护人：	

二、试验报告

表 3-34　　自动按频率电压减负荷装置异常判断与处理报告

异常、故障现象记录	
排查内容	检查结果
异常、故障判断	
异常、故障处理方法	

三、结束工作

表 3-35　　结束工作清单

序号	内容	确认
1	确认被试装置异常已恢复正常	
2	依据二次安全措施票的记录恢复保护连接片状态，恢复二次安全措施	
3	核对保护定值，恢复保护装置原始状态	
4	检查记录保护装置铭牌数据、试验结果等内容均正确无误	
5	再次检查试验现场有无遗留物，均正确无误后，向试验负责人汇报测试工作结束和测试结果、结论等	

任务评价

表 3-36　　低频低压减负荷装置异常判断与处理任务评价表

低频低压减负荷装置异常判断与处理任务评价表						
姓名		学号		扣分	得分	备注
序号	评分项目	评分内容及要求	评分标准			
1	预备工作（5 分）	（1）着装。 （2）工作场地准备。 （3）仪器仪表准备。 （4）工器具准备。 （5）材料资料准备	（1）未按照规定着装，每处扣 1 分。 （2）工作场地未主动布置，扣 1 分。 （3）仪器仪表选择错误，每次扣 1 分。 （4）工器具准备不充分，每件扣 1 分。 （5）材料资料未准备充分，每件扣 1 分			
2	安全措施实施（10 分）	（1）正确制订二次安全措施票。 （2）正确实施二次安全措施票。 （3）其他安全措施	（1）未正确制订二次安全措施票扣 1～3 分。 （2）未正确执行二次安全措施扣 1～3 分。 （3）其他不符合条件，酌情扣分			
3	故障判断（30 分）	通过故障现象判断出故障原因	（1）未判断出故障原因扣 30 分。 （2）故障判断不准确扣 10 分。 （3）其他不符合条件，酌情扣分			
4	故障处理（35 分）	（1）正确处理故障。 （2）正确使用仪器，完成处理	（1）处理方法错误，扣 30 分。 （2）操作不当，造成其他故障扣 10 分。 （3）仪器仪表使用不当，每处扣 5 分。 （4）其他不符合条件，酌情扣分			
5	试验报告（10 分）	完整填写试验报告	（1）未填写试验报告，扣 10 分。 （2）未对试验结果进行判断，扣 8 分。 （3）试验报告填写不全，每处扣 1 分			

续表

序号	评分项目	评分内容及要求	评分标准	扣分	得分	备注
6	整理现场 （5 分）	恢复到初始状态	（1）未整理现场，扣 5 分。 （2）现场有遗漏，每处扣 1 分。 （3）离开现场前未检查，扣 2 分。 （4）其他情况，请酌情扣分			
7	综合素质 （5 分）	（1）遵守纪律、听从指导教师安排。 （2）态度端正、积极、认真。 （3）工作组织有序、小组协作良好。 （4）遵守电力安全规定及相关规程				
8	总分 （100 分）					
试验开始时间 试验结束时间		时　分 时　分		时间： 时　分		
教师						

学习与思考

1. 说明 PCS-994C 型频率电压紧急控制装置的电压互感器断线的判定方法。

2. 低频低压减负荷装置中有哪些常见异常（故障）？说明出现这些异常（故障）的排查方法。

情境四　故障录波装置运行与维护

任务一　故障录波装置通用检验

任务准备

一、工器具准备

表 4 - 1　　工器具清单

类别	序号	名称	数量	确认
仪器仪表及工器具	1	微机保护测试仪	1 台	
	2	数字式万用表	1 块	
	3	试验线包	1 套	
	4	工具（尖嘴钳、斜口钳、十字螺丝刀、平口螺丝刀、过渡板、活动扳手等）	1 套	
	5	多用电源插座（带漏电保护）	1 个	
	6	线手套	20 双	
	7	安全帽	20 个	

二、材料准备

表 4 - 2　　材料清单

类别	序号	名称	数量	确认
消耗材料	1	绝缘胶布	1 卷	
	2	打印纸	1 包	
图纸资料	3	FH - 3000 型故障录波装置说明书、图纸	各 1 套	
	4	FH - 3000 型故障录波装置最新定值通知单	1 份	

三、人员准备

表 4 - 3　　人员准备清单

序号	内容	确认
1	小组成员穿着全棉长袖工作服，戴线手套	
2	小组成员精神状态无异常	
3	所有小组成员已明确本次工作的安全措施	
4	所有小组成员已明确本次工作的危险点及防范措施	

续表

序号	内容	确认
5	所有小组成员已明确本次工作内容	
6	所有小组成员已明确：每一项工作前需要指导教师检查确认无误	
7	已明确小组成员分工	

四、场地准备

表 4-4 场地准备清单

序号	内容	确认
1	检查实训场地包含表 4-1 中所列工器具	
2	用遮栏将要检验的 FH-3000 型故障录波装置所在屏与其他设备隔开	
3	屏柜正面放置“在此工作”牌	
4	屏柜背面放置“在此工作”牌	
5	实训现场已配备合格、充足的安全工器具	
6	实训现场具备明显的应急疏散标识	

五、工作危险点分析及防范措施

表 4-5 工作危险点分析及防范措施清单

序号	内容	确认
1	了解工作现场相关一、二次设备运行情况	
2	认清工作地点，防止误入带电间隔，检查相邻带电运行设备安全遮栏是否完备	
3	接、拆低压电源时，必须使用装有剩余电流动作保护器的电源盘。接拆电源时至少有两人执行，必须在电源开关拉开的情况下进行。临时电源必须使用专用电源，禁止从运行设备上取得电源	
4	工作中如涉及二次回路拆动，应先核对图纸及回路标号，做好记录，待检查工作结束后及时正确恢复	
5	处理过程中应加强监护，使用绝缘良好的工具并应采取措施防止造成直流回路短路、接地，交流电压回路短路、电流回路开路等	
6	凡与其他运行设备二次回路相连的连接片和接线应有明显标记，并按安全措施票仔细地将有关回路断开或短路，做好记录	
7	试验前应将测试仪可靠接地，以保护人身和设备	
8	拔调试芯片时应先断开电源，再用专用的起拔器取出	

任务实施

一、执行二次安全措施票

表 4-6　　二次安全措施票

工作单位：		编号	
被试设备名称：			
工作负责人：	工作时间：　　年　　月　　日	审核人：	
工作内容：			
安全措施：			

序号	执行	安全措施内容					恢复
		措施类型	盘名	本侧编号	端子号	备注	
1							
2							
3							
4							
5							
6							
7							
8							
9							
10							
11							
12							
13							
14							
15							
16							
17							
18							
19							
20							

执行人：　　　　监护人：　　　　恢复人：　　　　监护人：

二、 试验报告

表4-7 故障录波装置通用检验报告

1. 故障录波器的基本信息			
基本参数			
装置型号			
软件版本		生产厂家	
操作系统		校验码	

2. 外观检查

序号	项目	测试结果
1	检查装置内、 外部是否清洁无积尘	
2	检查各插件上元件是否焊接良好， 芯片是否插紧	
3	检查各插件上变换器是否固定好， 有无松动	
4	检查各插件印制电路板是否有损伤或变形， 连线是否连接好	
5	检查装置端子排螺栓是否拧紧， 后板配线连接是否连接好	
6	检查装置的小开关、 拨轮及按钮是否良好	
7	检查装置的端子排连接可靠， 且标号清晰正确	
8	检查装置、 二次电缆接地是否正确	

3. 装置通电检查

序号	项目	测试结果
1	显示屏显示画面正常， 无告警呼唤信息	
2	装置指示灯显示状态正常， 无告警呼唤指示	
3	检查装置的软件信息和配置信息， 应和装置型号一致	
4	检查装置的日历时钟应该是准确的， 否则需要校准	
5	检查装置定值整定是否正常	

4. 工作电源检查

序号	项目	测试结果
1	正常工作状态下检验装置是否能正常工作	
2	110%额定工作电源下检验装置是否能稳定工作	
3	80%额定工作电源下检验装置是否能稳定工作	
4	合上直流电源插件上的电源开关， 将试验直流电源由零缓慢调至80%额定电源值， 此时装置运行灯应燃亮， 装置无异常	
5	在80%直流电源额定电压下拉合3次直流工作电源， 逆变电源可靠启动， 保护装置不误动， 不误发信号	
6	装置断电恢复过程中无异常， 通电后工作稳定正常	
7	在装置上电掉电瞬间， 装置不应发异常数据， 继电器不应误动作	

续表

5. 电流电压采样检查				
通道名称	零漂	采样值（幅值/角度）	要求	测试结果
A 相保护电流 1			$0.98I_N < I_m < 1.02I_N$	
A 相保护电流 2				
B 相保护电流 1				
B 相保护电流 2				
C 相保护电流 1				
C 相保护电流 2				
A 相保护/测量电压 1			$0.95U_N < U_m < 1.05U_N$	
A 相保护/测量电压 2				
B 相保护/测量电压 1				
B 相保护/测量电压 2				
C 相保护/测量电压 1				
C 相保护/测量电压 2				

6. 开入、开出量检查			
序号	开入、开出量名称	测试端子	测试结果
测试结论			

三、结束工作

表 4-8　结束工作清单

序号	内容	确认
1	确认试验项目无遗漏，记录录波装置铭牌数据、试验结果等内容完整无缺项	
2	确认测试结果符合要求	
3	确认测试仪的电源开关已关闭，取下测试线	
4	确认依据安全措施票恢复二次安全措施，恢复保护连接片状态，确认时钟已校正同步	
5	核对保护定值，恢复保护装置原始状态	
6	再次检查试验现场有无遗留物，均正确无误后，向试验负责人汇报测试工作结束和测试结果、结论等	

任务评价

表 4-9 故障录波装置通用检验任务评价表

故障录波装置通用检验任务评价表						
姓名		学号		扣分	得分	备注
序号	评分项目	评分内容及要求	评分标准			
1	预备工作（5分）	（1）着装。 （2）工作场地准备。 （3）仪器仪表准备。 （4）工器具准备。 （5）材料资料准备	（1）未按照规定着装，每处扣1分。 （2）工作场地未主动布置，扣1分。 （3）仪器仪表选择错误，每次扣1分。 （4）工器具准备不充分，每件扣1分。 （5）材料资料未准备充分，每件扣1分			
2	安全措施实施（10分）	（1）正确制订二次安全措施票。 （2）正确实施二次安全措施票。 （3）其他安全措施	（1）未正确制订二次安全措施票扣1~3分。 （2）未正确执行二次安全措施扣1~3分。 （3）其他不符合条件，酌情扣分			
3	故障录波装置通用检验（65分）	（1）基本信息。 （2）外观检查。 （3）装置通电检查	（1）基本信息检查有漏项，每处扣1分。 （2）外观检查有漏项，每处扣1分。 （3）装置通电检查有漏项，每处扣1分			
		（4）工作电源检查	（1）试验方法错误，扣5分。 （2）有漏项，每处扣1分			
		（5）零漂检查	（1）试验方法错误，扣5分。 （2）有漏项，每处扣1分			
		（6）电压频率采样检查	（1）接线错误，扣10分。 （2）试验方法错误，每处扣5分。 （3）有漏项，每处扣1分。 （4）保护测试仪试验不规范，每处扣2分			
		（7）开入量检查	（1）试验方法错误，扣5分。 （2）有漏项，每处扣1分			
		（8）开出检查	（1）试验方法错误，扣5分。 （2）有漏项，每处扣1分			
		（9）定值检查	（1）定值输入不完整，每处扣2分。 （2）检查方法错误，扣5分			

续表

序号	评分项目	评分内容及要求	评分标准	扣分	得分	备注
4	试验报告（10 分）	完整填写试验报告	（1）未填写试验报告，扣 10 分。 （2）未对试验结果进行判断，扣 8 分。 （3）试验报告填写不全，每处扣 1 分			
5	整理现场（5 分）	恢复到初始状态	（1）未整理现场，扣 5 分。 （2）现场有遗漏，每处扣 1 分。 （3）离开现场前未检查，扣 2 分。 （4）其他情况，请酌情扣分			
6	综合素质（5 分）	（1）遵守纪律、听从指导教师安排。 （2）态度端正、积极、认真。 （3）工作组织有序、小组协作良好。 （4）遵守电力安全规定及相关规程				
7	总分（100 分）					
试验开始时间 时 分 试验结束时间 时 分				时间： 时 分		
教师						

学习与思考

1. 在现场测量时，应注意哪些环节？
2. 现场测试时，电流、电压准确度分别是多少？
3. 故障录波装置采集的电压、电流量从哪里获取？
4. 故障录波装置采集的开关量有哪几类？

任务二 故障录波装置定值输入与启动量检验

任务准备

一、工器具准备

表 4-10 工 器 具 清 单

类别	序号	名称	数量	确认
仪器仪表及工器具	1	微机保护测试仪	1 台	
	2	数字式万用表	1 块	
	3	试验线包	1 套	
	4	工具（尖嘴钳、斜口钳、十字螺丝刀、平口螺丝刀、过渡板、活动扳手等）	1 套	
	5	多用电源插座（带漏电保护）	1 个	
	6	线手套	20 双	
	7	安全帽	20 个	

二、资料准备

表 4-11 材 料 清 单

类别	序号	名称	数量	确认
消耗材料	1	绝缘胶布	1 卷	
	2	打印纸	1 包	
图纸资料	3	FH-3000 型故障录波装置说明书、图纸	各 1 套	
	4	FH-3000 型故障录波装置最新定值通知单	1 份	

三、人员准备

表 4-12 人 员 准 备 清 单

序号	内容	确认
1	小组成员穿着全棉长袖工作服，戴线手套	
2	小组成员精神状态无异常	
3	所有小组成员已明确本次工作的安全措施	
4	所有小组成员已明确本次工作的危险点及防范措施	
5	所有小组成员已明确本次工作内容	
6	所有小组成员已明确：每一项工作前需要指导教师检查确认无误	
7	已明确小组成员分工	

四、场地准备

表 4-13 场地准备清单

序号	内容	确认
1	检查实训场地包含表 4-10 中所列工器具	
2	用遮栏将要检验的 FH-3000 型故障录波装置所在屏与其他设备隔开	
3	屏柜正面放置“在此工作”牌	
4	屏柜背面放置“在此工作”牌	
5	实训现场已配备合格、充足的安全工器具	
6	实训现场具备明显的应急疏散标识	

五、工作危险点分析及防范措施

表 4-14 工作危险点分析及防范措施清单

序号	内容	确认
1	了解工作现场相关一、二次设备运行情况	
2	认清工作地点，防止误入带电间隔，检查相邻带电运行设备安全遮栏是否完备	
3	接、拆低压电源时，必须使用装有剩余电流动作保护器的电源盘。接拆电源时至少有两人执行，必须在电源开关拉开的情况下进行。临时电源必须使用专用电源，禁止从运行设备上取得电源	
4	工作中如涉及二次回路拆动，应先核对图纸及回路标号，做好记录，待检查工作结束后及时正确恢复	
5	处理过程中应加强监护，使用绝缘良好的工具并应采取措施防止造成直流回路短路、接地，交流电压回路短路、电流回路开路等	
6	凡与其他运行设备二次回路相连的连接片和接线应有明显标记，并按安全措施票仔细地将有关回路断开或短路，做好记录	
7	试验前应将测试仪可靠接地，以保护人身和设备	
8	拔调试芯片时应先断开电源，再用专用的起拔器取出	

任务实施

一、执行二次安全措施票

表 4-15 二次安全措施票

<table>
<tr><td colspan="2">工作单位：</td><td>编号</td><td></td></tr>
<tr><td colspan="4">被试设备名称：</td></tr>
<tr><td>工作负责人：</td><td>工作时间：　　年　　月　　日</td><td colspan="2">审核人：</td></tr>
</table>

续表

工作内容：

安全措施：

序号	执行	安全措施内容					恢复
		措施类型	盘名	本侧编号	端子号	备注	

执行人：　　　　监护人：　　　　恢复人：　　　　监护人：

二、 试验报告

表 4 - 16　　故障录波装置定值输入与启动量检验报告

基本参数			
装置型号			
软件版本		生产厂家	
操作系统		校验码	

续表

1. 基本定值

间隔	项目	定值	突变量	高越限	低越限/电流变化率	3 次谐波	5 次谐波
电压量	U_A	整定值（V）					
		动作值（V）					
	U_B	整定值（V）					
		动作值（V）					
	U_C	整定值（V）					
		动作值（V）					
	U_0	整定值（V）			—		
		动作值（V）					
电流量	I_A	整定值（A）			—		
		动作值（A）			—		
	I_B	整定值（A）			—		
		动作值（A）			—		
	I_C	整定值（A）			—		
		动作值（A）			—		
	I_0	整定值（A）			—		
		动作值（A）					
结论							

2. 序分量定值

间隔	项目	定值	负序越限	零序越限	正序高越限	正序低越限
	U_{ABC}	整定值（V）				
		动作值（V）				
	U_{ABC}	整定值（V）				
		动作值（V）				
	I_{ABC}	整定值（A）			—	
		动作值（A）				
	I_{ABC}	整定值（A）				
		动作值（A）				
结论						

续表

3. 频率定值					
间隔	项目	定值	频率低越限	频率高越限	频率变化率 0.1Hz/s
	U_{ABC}	整定值（Hz）			
		动作值（Hz）			
	U_{ABC}	整定值（Hz）			
		动作值（Hz）			
	U_{ABC}	整定值（Hz）			
		动作值（Hz）			
	U_{ABC}	整定值（Hz）			
		动作值（Hz）			
	U_{ABC}	整定值（Hz）			
		动作值（Hz）			
	U_{ABC}	整定值（Hz）			
		动作值（Hz）			
结论					

4. 开关量变化启动录波功能校验				
序号	开关量	装置录波情况检查	波形情况检查	报告情况检查
结论				

三、结束工作

表 4-17　　结束工作清单

序号	内容	确认
1	确认试验项目无遗漏，记录录波装置铭牌数据、试验结果等内容完整无缺项	
2	确认测试结果符合要求	
3	确认测试仪的电源开关已关闭，取下测试线	
4	确认依据安全措施票恢复二次安全措施，恢复保护连接片状态，确认时钟已校正同步	
5	核对保护定值，恢复保护装置原始状态	
6	再次检查试验现场有无遗留物，均正确无误后，向试验负责人汇报测试工作结束和测试结果、结论等	

任务评价

表 4-18 故障录波装置定值输入与启动量检验任务评价表

故障录波装置定值输入与启动量检验任务评价表						
姓名		学号		扣分	得分	备注
序号	评分项目	评分内容及要求	评分标准			
1	预备工作（5分）	（1）着装。 （2）工作场地准备。 （3）仪器仪表准备。 （4）工器具准备。 （5）材料资料准备	（1）未按照规定着装，每处扣1分。 （2）工作场地未主动布置，扣1分。 （3）仪器仪表选择错误，每次扣1分。 （4）工器具准备不充分，每件扣1分。 （5）材料资料未准备充分，每件扣1分			
2	安全措施实施（10分）	（1）正确制订二次安全措施票。 （2）正确实施二次安全措施票。 （3）其他安全措施	（1）未正确制订二次安全措施票扣1~3分。 （2）未正确执行二次安全措施扣1~3分。 （3）其他不符合条件，酌情扣分			
3	录波启动量定值录入及核对（15分）	（1）录波启动量定值录入。 （2）录波启动量定值核对	（1）录入错误，扣5分。 （2）核对错误，扣3分。 （3）其他不符合条件，酌情扣分			
4	试验接线与测试（20分）	（1）正确接线。 （2）正确使用仪器	（1）接线错误，扣5分。 （2）仪器操作不当，扣5分			
5	录波启动量定值校验（30分）	（1）基本定值。 （2）序分量定值。 （3）频率定值。 （4）开关量变化启动录波功能校验	（1）接线错误，扣5分。 （2）仪器操作不当，扣5分。 （3）漏检一项，每处扣2分。 （4）结论错误，每处扣5分。 （5）其他不符合条件，酌情扣分			

续表

序号	评分项目	评分内容及要求	评分标准	扣分	得分	备注
6	试验报告（10分）	完整填写试验报告	（1）未填写试验报告，扣10分。 （2）未对试验结果进行判断，扣8分。 （3）试验报告填写不全，每处扣1分			
7	整理现场（5分）	恢复到初始状态	（1）未整理现场，扣5分。 （2）现场有遗漏，每处扣1分。 （3）离开现场前未检查，扣2分。 （4）其他情况，请酌情扣分			
8	综合素质（5分）	（1）遵守纪律、听从指导教师安排。 （2）态度端正、积极、认真。 （3）工作组织有序、小组协作良好。 （4）遵守电力安全规定及相关规程				
9	总分（100分）					
试验开始时间 试验结束时间		时　分 时　分		时间： 时　分		
	教师					

学习与思考

1. 故障录波装置的启动方式有哪几种？
2. 故障录波装置频繁启动如何处理？
3. 如何进行负序电压越限启动检验？
4. 如何进行零序电压突变量启动检验？

任务三　故障录波信息的调取与分析

任务准备

一、工器具准备

表 4-19　　工器具清单

类别	序号	名称	数量	确认
仪器仪表及工器具	1	直尺	20 把	
	2	科学计算器	20 个	
	3	线手套	20 双	
	4	安全帽	20 个	

二、资料准备

表 4-20　　材料清单

类别	序号	名称	数量	确认
耗材	1	打印纸	1 包	
图纸资料	2	FH-3000 型故障录波装置说明书、图纸	各 1 套	

三、人员准备

表 4-21　　人员准备清单

序号	内容	确认
1	小组成员穿着全棉长袖工作服，戴线手套	
2	小组成员精神状态无异常	
3	所有小组成员已明确本次工作的安全措施	
4	所有小组成员已明确本次工作的危险点及防范措施	
5	所有小组成员已明确本次工作内容	
6	所有小组成员已明确：每一项工作前需要指导教师检查确认无误	
7	已明确小组成员分工	

四、场地准备

表 4-22　　场地准备清单

序号	内容	确认
1	检查实训场地包含表 4-19 中所列工器具	
2	用遮栏将要检验的 FH-3000 型故障录波装置所在屏与其他设备隔开	
3	屏柜正面放置“在此工作”牌	

续表

序号	内容	确认
4	屏柜背面放置“在此工作”牌	
5	实训现场已配备合格、充足的安全工器具	
6	实训现场具备明显的应急疏散标识	

五、工作危险点分析及防范措施

表 4-23 工作危险点分析及防范措施清单

序号	内容	确认
1	了解工作现场相关一、二次设备运行情况	
2	认清工作地点，防止误入带电间隔，检查相邻带电运行设备安全遮栏是否完备	
3	工作中如涉及二次回路拆动，应先核对图纸及回路标号，做好记录，待检查工作结束后及时正确恢复	
4	处理过程中应加强监护，使用绝缘良好的工具并应采取措施防止造成直流回路短路、接地，交流电压回路短路、电流回路开路等	
5	凡与其他运行设备二次回路相连的连接片和接线应有明显标记，并按安全措施票仔细地将有关回路断开或短路，做好记录	
6	故障录波信息调取过程应按照操作步骤进行，防止误改定值及装置配置，造成数据出错	

任务实施

一、试验报告

表 4-24 故障录波信息分析报告

<table>
<tr><th colspan="8">故障录波信息分析报告</th></tr>
<tr><td colspan="8">1. 基本信息</td></tr>
<tr><td>变电站</td><td></td><td>工作日期</td><td></td><td>工作人员</td><td></td><td>工作地点</td><td></td></tr>
<tr><td>报告日期</td><td></td><td>编制人</td><td></td><td>审核人</td><td></td><td>批准人</td><td></td></tr>
<tr><td>装置型号</td><td></td><td>环境温度（℃）</td><td></td><td>环境相对湿度（%）</td><td></td><td></td><td></td></tr>
<tr><td colspan="8">2. 故障录波信息分析</td></tr>
<tr><td colspan="2">故障间隔名称</td><td colspan="6"></td></tr>
<tr><td colspan="2">故障时间</td><td colspan="3"></td><td colspan="2">故障相别</td><td></td></tr>
</table>

续表

最大故障电流（一次）	A相	B相	C相
故障测距			
故障持续时间			
保护出口动作时间			
断路器跳闸时间			
保护出口返回时间			
重合闸出口时间			
断路器合闸时间			
加速跳闸出口时间			
断路器再跳闸时间			
结　论			
备　注			

二、结束工作

表4-25　　结束工作清单

序号	内容	确认
1	确认试验项目无遗漏，记录录波装置铭牌数据、试验结果等内容完整无缺项	
2	确认测试结果符合要求	
3	再次检查试验现场有无遗留物，均正确无误后，向试验负责人汇报测试工作结束和测试结果、结论等	

任务评价

表 4-26　　故障录波信息的调取与分析任务评价表

故障录波信息的调取与分析任务评价表						
姓名		学号		扣分	得分	备注
序号	评分项目	评分内容及要求	评分标准			
1	预备工作（5分）	（1）着装。 （2）工作场地准备。 （3）仪器仪表准备。 （4）工器具准备。 （5）材料资料准备	（1）未按照规定着装，每处扣1分。 （2）工作场地未主动布置，扣1分。 （3）仪器仪表选择错误，每次扣1分。 （4）工器具准备不充分，每件扣1分。 （5）材料资料未准备充分，每件扣1分			
2	安全措施实施（10分）	（1）正确制订二次安全措施票。 （2）正确实施二次安全措施票。 （3）其他安全措施	（1）未正确制订二次安全措施票扣1~3分。 （2）未正确执行二次安全措施扣1~3分。 （3）其他不符合条件，酌情扣分			
3	故障录波信息的调取与分析（65分）	（1）正确调取录波信息。 （2）正确操作并分析故障信息	（1）未能正确调取故障录波信息，扣30分。 （2）故障测距分析方法错误，扣5分。 （3）故障持续时间分析方法错误，扣5分。 （4）保护出口动作时间分析方法错误，扣5分。 （5）断路器跳闸时间分析方法错误，扣5分。 （6）保护出口返回时间分析方法错误，扣5分。 （7）重合闸出口时间分析方法错误，扣5分。 （8）断路器合闸时间分析方法错误，扣5分。 （9）加速跳闸出口时间分析方法错误，扣5分。 （10）断路器再跳闸时间分析方法错误，扣5分			

续表

序号	评分项目	评分内容及要求	评分标准	扣分	得分	备注
4	试验报告 （10分）	完整填写试验报告	（1）未填写试验报告，扣10分。 （2）未对试验结果进行判断，扣8分。 （3）试验报告填写不全，每处扣1分			
5	整理现场 （5分）	恢复到初始状态	（1）未整理现场，扣5分。 （2）现场有遗漏，每处扣1分。 （3）离开现场前未检查，扣2分。 （4）其他情况，请酌情扣分			
6	综合素质 （5分）	（1）遵守纪律、听从指导教师安排。 （2）态度端正、积极、认真。 （3）工作组织有序、小组协作良好。 （4）遵守电力安全规定及相关规程				
7	总分 （100分）					
试验开始时间　　时　分 试验结束时间　　时　分				时间： 时　分		
教师						

学习与思考

1. 若故障波形出现不符合上述典型特点的情况，应怎样分析和判断问题所在？
2. 请根据不同故障录波波形图画出相应的相量分析图。

任务四　故障录波装置的异常处理

任务准备

一、工器具准备

表 4-27　　工器具清单

类别	序号	名称	数量	确认
仪器仪表	1	微机型继电保护测试仪	1 套	
	2	数字式万用表	1 块	
	3	试验用接线	2 套	
	4	多用电源插座（带漏电保护）	1 台	
	5	1000V 绝缘电阻表	1 块	
	6	网线测试仪	1 块	
	7	钳形电流表	1 块	
工器具	8	线手套	5 双	
	9	工具（尖嘴钳、斜口钳、十字螺丝刀、平口螺丝刀、过渡板、活动扳手等）	1 套	
	10	安全帽	10 个	
	11	绝缘胶带	1 卷	

二、资料准备

表 4-28　　资料清单

类别	序号	名称	数量	确认
图纸	1	FH-3000 型故障录波装置二次接线图	1 本	
说明书	2	FH-3000 型故障录波装置说明书	1 本	
	3	FH-3000 型故障录波装置调试大纲	1 本	
定值通知单	4	整定方案	1 份	
	5	FH-3000 型故障录波装置最新定值通知单	1 份	
记录本	6	检验记录本	1 本	

三、人员准备

表 4-29　　人员准备清单

序号	内容	确认
1	小组成员穿着全棉长袖工作服，戴线手套	

续表

序号	内容	确认
2	小组成员精神状态无异常	
3	所有小组成员已明确本次工作的安全措施	
4	所有小组成员已明确本次工作的危险点及防范措施	
5	所有小组成员已明确本次工作内容	
6	所有小组成员已明确：每一项工作前需要指导教师检查确认无误	
7	已明确小组成员分工	

四、场地准备

表 4-30 场地准备清单

序号	内容	确认
1	检查实训场地包含表 4-27 中所列工器具	
2	用遮栏将要检验的 FH-3000 型故障录波装置所在屏与其他设备隔开	
3	屏柜正面放置“在此工作”牌	
4	屏柜背面放置“在此工作”牌	
5	实训现场已配备合格、充足的安全工器具	
6	实训现场具备明显的应急疏散标识	

五、工作危险点分析及防范措施

表 4-31 工作危险点分析及防范措施清单

序号	内容	确认
1	了解工作现场相关一、二次设备运行情况	
2	认清工作地点，防止误入带电间隔，检查相邻带电运行设备安全遮栏是否完备	
3	接、拆低压电源时，必须使用装有剩余电流动作保护器的电源盘。接拆电源时至少有两人执行，必须在电源开关拉开的情况下进行。临时电源必须使用专用电源，禁止从运行设备上取得电源	
4	工作中如涉及二次回路拆动，应先核对图纸及回路标号，做好记录，待检查工作结束后及时正确恢复	
5	处理过程中应加强监护，使用绝缘良好的工具并应采取措施防止造成直流回路短路、接地，交流电压回路短路、电流回路开路等	
6	凡与其他运行设备二次回路相连的连接片和接线应有明显标记，并按安全措施票仔细地将有关回路断开或短路，做好记录	
7	试验前应将测试仪可靠接地，以保护人身和设备	
8	拔调试芯片时应先断开电源，再用专用的起拔器取出	

任务实施

一、 执行二次安全措施票

表 4-32 二次安全措施票

工作单位：		编号	
被试设备名称：			
工作负责人：	工作时间： 年 月 日	审核人：	
工作内容：			
安全措施：			

序号	执行	安全措施内容					恢复
		措施类型	盘名	本侧编号	端子号	备注	

执行人： 监护人： 恢复人： 监护人：

二、试验报告

表 4-33 故障录波装置的异常处理报告

异常、故障现象记录	
排查内容	检查结果
异常、故障判断	
异常、故障处理方法	

三、结束工作

表 4-34 结 束 工 作 清 单

序号	内容	确认
1	确认被试装置异常已恢复正常	
2	依据二次安全措施票的记录恢复保护连接片状态，恢复二次安全措施	
3	核对保护定值，恢复保护装置原始状态	
4	检查记录保护装置铭牌数据、试验结果等内容均正确无误	
5	再次检查试验现场有无遗留物，均正确无误后，向试验负责人汇报测试工作结束和测试结果、结论等	

任务评价

表 4-35 故障录波装置的异常处理任务评价表

故障录波装置的异常处理任务评价表						
姓名		学号		扣分	得分	备注
序号	评分项目	评分内容及要求	评分标准			
1	预备工作（5分）	（1）着装。 （2）工作场地准备。 （3）仪器仪表准备。 （4）工器具准备。 （5）材料资料准备	（1）未按照规定着装，每处扣1分。 （2）工作场地未主动布置，扣1分。 （3）仪器仪表选择错误，每次扣1分。 （4）工器具准备不充分，每件扣1分。 （5）材料资料未准备充分，每件扣1分			

续表

序号	评分项目	评分内容及要求	评分标准	扣分	得分	备注
2	安全措施实施（10分）	（1）正确制订二次安全措施票。 （2）正确实施二次安全措施票。 （3）其他安全措施	（1）未正确制订二次安全措施票扣1~3分。 （2）未正确执行二次安全措施扣1~3分。 （3）其他不符合条件，酌情扣分			
3	故障判断（30分）	通过故障现象判断出故障原因	（1）未判断出故障原因扣30分。 （2）故障判断不准确扣10分。 （3）其他不符合条件，酌情扣分			
4	故障处理（35分）	（1）正确处理故障。 （2）正确使用仪器，完成处理	（1）处理方法错误，扣30分。 （2）操作不当，造成其他故障扣10分。 （3）仪器仪表使用不当，每处扣5分。 （4）其他不符合条件，酌情扣分			
5	试验报告（10分）	完整填写试验报告	（1）未填写试验报告，扣10分。 （2）未对试验结果进行判断，扣8分。 （3）试验报告填写不全，每处扣1分			
6	整理现场（5分）	恢复到初始状态	（1）未整理现场，扣5分。 （2）现场有遗漏，每处扣1分。 （3）离开现场前未检查，扣2分。 （4）其他情况，请酌情扣分			
7	综合素质（5分）	（1）遵守纪律、听从指导教师安排。 （2）态度端正、积极、认真。 （3）工作组织有序、小组协作良好。 （4）遵守电力安全规定及相关规程				
8	总分（100分）					
试验开始时间 试验结束时间		时　分 时　分		时间： 时　分		
教师						

学习与思考

1. 在异常检查过程中，开入开出量和公共端之间使用的是正、负直流电，为什么可以用短接线直接短接而不会造成直流系统短路？

2. 试着画出故障录波装置开入量接入的完整二次回路图。

情境五　电力系统稳定控制装置运行与维护

任务一　电力系统稳定控制装置通用检验

任务准备

一、工器具准备

表 5-1　　工器具清单

类别	序号	名称	数量	确认
仪器仪表	1	微机型继电保护测试仪	1 套	
	2	数字式万用表	1 块	
	3	试验用接线	2 套	
	4	多用电源插座（带漏电保护）	1 台	
	5	1000V 绝缘电阻表 1 块	1 块	
工器具	6	线手套	5 双	
	7	工具（尖嘴钳、斜口钳、十字螺丝刀、平口螺丝刀、过渡板、活动扳手等）	1 套	
	8	安全帽	10 个	
	9	绝缘胶带	1 卷	
	10	其他工具		
屏柜	11	PCS-992 型稳定控制屏	2 面	
	12	直流电源屏	1 面	
	13	交流电源屏	1 面	
	14	公用测控屏	1 面	
	15	后台机	1 套	
	16	对时系统	1 套	

二、资料准备

表 5-2　　资料清单

类别	序号	名称	数量	确认
图纸	1	稳控装置屏原理图	1 本	
	2	稳控装置屏二次接线图	1 本	

续表

类别	序号	名称	数量	确认
说明书	3	PCS - 992 说明书	1 本	
	4	PCS - 992 调试大纲	1 本	
记录本	5	检验记录本	1 本	
定值通知单	6	定值单	1 份	

三、人员准备

表 5 - 3　　人员准备清单

序号	内容	确认
1	小组成员穿着全棉长袖工作服，戴线手套	
2	小组成员精神状态无异常	
3	所有小组成员已明确本次工作的安全措施	
4	所有小组成员已明确本次工作的危险点及防范措施	
5	所有小组成员已明确本次工作内容	
6	所有小组成员已明确：每一项工作前需要指导教师检查确认无误	
7	已明确小组成员分工	

四、场地准备

表 5 - 4　　场地准备清单

序号	内容	确认
1	检查实训场地包含表 5 - 1 中所列工器具	
2	将 PCS - 992 型稳定控制屏通过通信线和电缆与公用测控屏连接好，确保通信正常	
3	将公用测控屏通过通信线与后台机连接好，确保通信正常	
4	将 2 面 PCS - 992 型稳定控制屏通过光纤连接好，确保通道正常	
5	将要检验的 PCS - 992 型稳定控制屏通过对时线与对时系统连接好，确保对时正常	
6	用遮栏将要检验的 PCS - 992 型稳定控制屏与其他设备隔开	
7	屏柜正面放置“在此工作”牌	
8	屏柜背面放置“在此工作”牌	
9	实训现场已配备合格、充足的安全工器具	
10	实训现场具备明显的应急疏散标识	

五、 危险点分析和安全预控措施

表 5-5　　危险点分析和安全预控措施

序号	类别	危险点	安全预控措施	确认
1	误投退连接片	被检验装置的出口连接片没有退出，或试验过程中误投入	被检验装置的所有出口连接片均已退出并固定	
2		被检验装置与运行中的稳控系统在通信上未完全隔离，调试过程中所发出的信息或命令误送至运行中的稳控系统	被检验装置所有的通道连接片均已退出；相关所有的通道开关均已断开，或同轴电缆头、光纤均已拔出	
3	误接线	现场安全技术措施及图纸有误，做安全技术措施时可能造成误跳运行设备	必须具备与现场设备一致的图纸。工作前须再次核对确认图纸与现场情况一致	
4		拆除二次回路接线时，易发生遗漏及误恢复事故；隔离不当造成电压互感器短路和电流互感器开路	（1）严格执行技术措施单，不跳项，漏项；严禁电流互感器开路；加入试验电压前，应先用万用表测量确无电压。 （2）拆、接二次线至少有两人执行，并做好记录。 （3）试验接线要经第二人复查后方可通电	
5		拆动二次接线（特别是端子外侧接线），有可能造成二次交、直流电压回路短路、接地，联跳回路误跳运行设备	拆动端子前应当先核对无误；接线解除开后当用绝缘胶布包好，并做好记录	
6		试验过程中对被检验装置施加试验量时，影响同一回路中串接的其他设备，特别是后级串接的电流回路	（1）涉及试验的电流回路在装置引入端均已可靠短接，端子连接片均已断开。 （2）涉及试验的电压回路均已将交流电压空气开关置于断开位置。 （3）必要时应退出相关设备	
7		装置跳闸出口功能检查时，使用万用表测量出口连接片正、负极的出口电压时，采用不正确的测量方法，造成装置误动作误切负荷或机组	采用负极对地或正极对地的测量方法，严禁采用正极对负极的测量方法	

续表

序号	类别	危险点	安全预控措施	确认
8	误碰	误动运行设备	（1）工作前要先熟悉屏内运行设备相关或带电接线。 （2）工作前交流电压、直流电源及出口连接片、端子排用绝缘胶布封好。 （3）清尘时使用绝缘工具，不得使用带金属的清扫工具。 （4）进入内嵌式屏柜时，金属器具不得误碰屏内接线，拉合屏柜门时不能用力过大，以防造成厂家屏内配线松动或断裂	
9	误整定	装置误整定定值	试验结束后，核对装置显示定值、打印定值单与最新定值单无误	
10	误操作	使用万用表挡位不正确	万用表应在正确的挡位	
11	走错间隔	误入其他带电运行间隔	（1）工作前与运行人员共同确定工作地点，核对设备双编号。 （2）工作负责人应向全体工作班成员进行工作范围的交底，专人监护。 （3）悬挂工作标示牌、放置隔离护栏等。 （4）相邻运行的设备需挂红布帘	

任务实施

一、执行二次安全措施票

表 5-6 二次安全措施票

工作单位：		编号	
被试设备名称：			
工作负责人：	工作时间： 年 月 日	审核人：	
工作内容：			
安全措施：			

续表

序号	执行	安全措施内容					恢复
		措施类型	盘名	本侧编号	端子号	备注	
执行人：		监护人：		恢复人：		监护人：	

二、试验报告

表 5-7　　稳控装置通用检验及定值检验试验报告

一、稳控装置电源检验			
1. 稳控装置直流电源回路绝缘试验	检验标准：（1）若装置与外部的回路不断开，则绝缘电阻应不小于 2MΩ。 （2）若装置与外部的回路断开，则绝缘电阻应不小于 10 MΩ		
	仪表选用：1000V 绝缘电阻表		
	检验内容：稳控屏直流电源回路对地、各电源回路之间绝缘（自己列出检验项目）		
序号	检验项目	绝缘电阻	结论

续表

一、 稳控装置电源检验

2. 稳控屏直流电源检查	仪表选用： 万用表
	检验内容： 用万用表直流挡测量各直流端子正极对地直流电压为＋110V， 测量各直流端子负极对地直流电压为－110V， 测量正负极之间直流电压为＋220V。 推上稳控装置直流电源空气开关， 检查 PCS - 992M （主机）、 PCS - 992S （从机） 装置面板运行灯为绿色常亮状态

序号	检验项目	测试值	结论

3. 稳控屏交流电源检查	仪表选用： 万用表
	检验内容： 测量稳控屏交流输入端子的交流电压； 合交流开关， 检查打印机状态

序号	检验项目	测试值	结论

二、 稳控装置采样检验

1. 零漂检查	检验标准： 电流零漂值应在 0.05A 以内， 电压零漂应在 0.05V 以内
	仪表选用： 无
	检验内容： PCS - 992S 装置 （从机 1n） 各线路的三相电流零漂和三相电压零漂 （自己列出检验项目）

线路一交流量	I_A	I_B	I_C	U_A	U_B	U_C
显示最大值						
显示最小值						

2. 交流电流采样精度检验	检验标准： 显示的采样值与输入标准值的相对误差小于 5%， 额定电流 5A
	仪表选用： 微机型继电保护测试仪
	检验内容： PCS - 992S 装置 （从机 1n） 各线路的三相电流精度

线路一输入电流 （A）	A 相电流 （A） 及角度	B 相电流 （A） 及角度	C 相电流 （A） 及角度
$0.1I_n$			
$0.2I_n$			
$1.5I_n$			
结论			

续表

3. 交流电压采样精度检验	检验标准：显示的采样值与输入标准值的相对误差小于 5%，额定电压 57.7V		
	仪表选用：微机型继电保护测试仪		
	检验内容：PCS-992S 装置（从机 1n）各线路的三相电压精度		
线路一输入电压（V）	A 相电压（V）及角度	B 相电压（V）及角度	C 相电压（V）及角度
15			
30			
57.7			
70			
结论			

三、稳控装置开入检验［稳控装置主机 PCS-992M（9n）的开关量输入回路检验，自己填写检验项目］

开入名称	结论

四、稳控装置开出检验

1. 稳控装置主机 PCS-992M（9n）开关量输出回路检验	通过模拟稳控装置主机满足闭锁条件、告警条件或动作条件，观察后台计算机是否报出正确信息（自己拟定开关量输出检验项目）
开出量名称	结论
2. 稳控装置从机 PCS-992S（1n）开关量输出回路检验	模拟从机 PCS-992S（1n）接到主机切负荷命令，并满足其他切负荷条件时，检验从机 1n 能否正确执行切负荷命令，从而检验开关量输出回路是否正常（自己拟定开关量输出检验项目）
开出量名称	结论

续表

五、稳控装置通信检验	
该检验项目通过接通、断开稳控屏与公用测控屏、后台机之间的通信线，验证通信中断及恢复告警的正确性（自己列出通信线编号）	
通信线	结论
六、稳控装置通道检验	
该项目断开、接通通信线检验稳控屏主机与从机之间、稳控主站与子站之间通信通道中断、恢复时告警信号的正确性（自己列出通信线编号）	
通道编号	结论
七、稳控装置定值整定	
检验项目	结论
定值输入核对	
断电后定值	

三、结束工作

表5-8　　结束工作清单

序号	内容	确认
1	确认被试装置异常已恢复正常	
2	依据二次安全措施票的记录恢复保护连接片状态，恢复二次安全措施	
3	核对保护定值，恢复保护装置原始状态	
4	检查记录保护装置铭牌数据、试验结果等内容均正确无误	
5	再次检查试验现场有无遗留物，均正确无误后，向试验负责人汇报测试工作结束和测试结果、结论等	

任务评价

表 5-9　　电力系统稳定控制装置通用检验任务评价表

电力系统稳定控制装置通用检验任务评价表						
姓名		学号		扣分	得分	备注
序号	评分项目	评分内容及要求	评分标准			
1	预备工作（5 分）	（1）着装。 （2）工作场地准备。 （3）仪器仪表准备。 （4）工器具准备。 （5）材料资料准备	（1）未按照规定着装，每处扣 1 分。 （2）工作场地未主动布置，扣 1 分。 （3）仪器仪表选择错误，每次扣 1 分。 （4）工器具准备不充分，每件扣 1 分。 （5）材料资料未准备充分，每件扣 1 分			
2	安全措施实施（10 分）	（1）正确制订二次安全措施票。 （2）正确实施二次安全措施票。 （3）其他安全措施	（1）未正确制订二次安全措施票扣 1~3 分。 （2）未正确执行二次安全措施扣 1~3 分。 （3）其他不符合条件，酌情扣分			
3	稳控装置通用检验（65 分）	（1）电源检验	（1）操作步骤不正确扣 3 分。 （2）检验方法不合规范或不正确扣 2 分			
		（2）采样检验	（1）接线错误扣 5 分。 （2）操作步骤不正确扣 4 分。 （3）检验方法不合规范或不正确扣 4 分。 （4）仪表使用不当扣 4 分			
		（3）开入检验	（1）操作步骤不正确扣 5 分。 （2）检验方法不合规范或不正确扣 5 分			
		（4）开出检验	（1）操作步骤不正确扣 5 分。 （2）检验方法不合规范或不正确扣 5 分。 （3）仪表使用不当扣 5 分			
		（5）通信检验	（1）操作步骤不正确扣 5 分。 （2）检验方法不合规范或不正确扣 5 分。 （3）仪表使用不当扣 5 分			

续表

序号	评分项目	评分内容及要求	评分标准	扣分	得分	备注
3	稳控装置通用检验（65分）	（6） 通道检验	（1）操作步骤不正确扣5分。 （2）检验方法不合规范或不正确扣5分。 （3）仪表使用不当扣5分			
		（7） 定值整定	（1）操作步骤不正确扣2分。 （2）检验方法不合规范或不正确扣3分			
4	试验报告（10分）	完整填写试验报告	（1）未填写试验报告，扣10分。 （2）未对试验结果进行判断，扣8分。 （3）试验报告填写不全，每处扣1分			
5	整理现场（5分）	恢复到初始状态	（1）未整理现场，扣5分。 （2）现场有遗漏，每处扣1分。 （3）离开现场前未检查，扣2分。 （4）其他情况，请酌情扣分			
6	综合素质（5分）	（1） 遵守纪律、听从指导教师安排。 （2） 态度端正、积极、认真。 （3） 工作组织有序、小组协作良好。 （4） 遵守电力安全规定及相关规程				
7	总分（100分）					
试验开始时间 试验结束时间		时 分 时 分		时间： 时 分		
教师						

学习与思考

1. 稳控系统在电力系统中起到什么作用？
2. 如果在检验过程中出现异常情况，如何做？

任务二　电力系统稳定控制装置动作逻辑检验

任务准备

一、工器具准备

表 5 - 10　　工器具清单

类别	序号	名称	数量	确认
仪器仪表	1	微机型继电保护测试仪	1 套	
	2	数字式万用表	1 块	
	3	试验用接线	2 套	
	4	多用电源插座（带漏电保护）	1 台	
	5	1000V 绝缘电阻表 1 块	1 块	
工器具	6	线手套	5 双	
	7	工具（尖嘴钳、斜口钳、十字螺丝刀、平口螺丝刀、过渡板、活动扳手等）	1 套	
	8	安全帽	10 个	
	9	绝缘胶带	1 卷	
	10	其他工具		

二、资料准备

表 5 - 11　　资料清单

类别	序号	名称	数量	确认
图纸	1	稳控装置屏原理图	1 本	
	2	稳控装置屏二次接线图	1 本	
说明书	3	PCS - 992 说明书	1 本	
	4	PCS - 992 调试大纲	1 本	
记录本	5	检验记录本	1 本	
定值通知单	6	定值单	1 份	

三、人员准备

表 5 - 12　　人员准备清单

序号	内容	确认
1	小组成员穿着全棉长袖工作服，戴线手套	

续表

序号	内容	确认
2	小组成员精神状态无异常	
3	所有小组成员已明确本次工作的安全措施	
4	所有小组成员已明确本次工作的危险点及防范措施	
5	所有小组成员已明确本次工作内容	
6	所有小组成员已明确：每一项工作前需要指导教师检查确认无误	
7	已明确小组成员分工	

四、场地准备

表 5-13　场地准备清单

序号	内容	确认
1	检查实训场地包含表 5-10 中所列工器具	
2	将 PCS-992 型稳定控制屏通过通信线和电缆与公用测控屏连接好，确保通信正常	
3	将公用测控屏通过通信线与后台机连接好，确保通信正常	
4	将 2 面 PCS-992 型稳定控制屏通过光纤连接好，确保通道正常	
5	将要检验的 PCS-992 型稳定控制屏通过对时线与对时系统连接好，确保对时正常	
6	用遮栏将要检验的 PCS-992 型稳定控制屏与其他设备隔开	
7	屏柜正面放置“在此工作”牌	
8	屏柜背面放置“在此工作”牌	
9	实训现场已配备合格、充足的安全工器具	
10	实训现场具备明显的应急疏散标识	

五、危险点分析和安全预控措施

表 5-14　危险点分析和安全预控措施

序号	类别	危险点	安全预控措施	确认
1	误投退连接片	被检验装置的出口连接片没有退出，或试验过程中误投入	被检验装置的所有出口连接片均已退出并固定	
2		被检验装置与运行中的稳控系统在通信上未完全隔离，调试过程中所发出的信息或命令误送至运行中的稳控系统	被检验装置所有的通道连接片均已退出；相关所有的通道开关均已断开，或同轴电缆头、光纤均已拔出	

续表

序号	类别	危险点	安全预控措施	确认
3		现场安全技术措施及图纸有误，做安全技术措施时可能造成误跳运行设备	必须具备与现场设备一致的图纸。工作前须再次核对确认图纸与现场情况一致	
4		拆除二次回路接线时，易发生遗漏及误恢复事故；隔离不当造成电压互感器短路和电流互感器开路	（1）严格执行技术措施单，不跳项，漏项；严禁电流互感器开路；加入试验电压前，应先用万用表测量确无电压。 （2）拆、接二次线至少有两人执行，并做好记录。 （3）试验接线要经第二人复查后方可通电	
5	误接线	拆动二次接线（特别是端子外侧接线），有可能造成二次交、直流电压回路短路、接地，联跳回路误跳运行设备	拆动端子前应当先核对无误；接线解除开后当用绝缘胶布包好，并做好记录	
6		试验过程中对被检验装置施加试验量时，影响同一回路中串接的其他设备，特别是后级串接的电流回路	（1）涉及试验的电流回路在装置引入端均已可靠短接，端子连接片均已断开。 （2）涉及试验的电压回路均已将交流电压空气开关置于断开位置。 （3）必要时应退出相关设备	
7		装置跳闸出口功能检查时，使用万用表测量出口连接片正、负极的出口电压时，采用不正确的测量方法，造成装置误动作误切负荷或机组	采用负极对地或正极对地的测量方法，严禁采用正极对负极的测量方法	
8	误碰	误动运行设备	（1）工作前要先熟悉屏内运行设备相关或带电接线。 （2）工作前交流电压、直流电源及出口连接片、端子排用绝缘胶布封好。 （3）清尘时使用绝缘工具，不得使用带金属的清扫工具。 （4）进入内嵌式屏柜时，金属器具不得误碰屏内接线，拉合屏柜门时不能用力过大，以防造成厂家屏内配线松动或断裂	
9	误整定	装置误整定定值	试验结束后，核对装置显示定值、打印定值单与最新定值单无误	

续表

序号	类别	危险点	安全预控措施	确认
10	误操作	使用万用表挡位不正确	万用表应在正确的挡位	
11	走错间隔	误入其他带电运行间隔	(1)工作前与运行人员共同确定工作地点，核对设备双编号。 (2)工作负责人应向全体工作班成员进行工作范围的交底，专人监护。 (3)悬挂工作标示牌、放置隔离护栏等。 (4)相邻运行的设备需挂红布帘	

任务实施

一、执行二次安全措施票

表 5-15　二次安全措施票

工作单位：		编号	
被试设备名称：			
工作负责人：	工作时间：　　年　　月　　日	审核人：	
工作内容：			
安全措施：			

序号	执行	安全措施内容					恢复
		措施类型	盘名	本侧编号	端子号	备注	

续表

序号	执行	安全措施内容					恢复
		措施类型	盘名	本侧编号	端子号	备注	

执行人：　　　　　　监护人：　　　　　　恢复人：　　　　　　监护人：

二、 试验报告

表 5-16　　　　稳控装置定值检验及动作逻辑检验试验报告

一、 线路的投停状态判断逻辑检验

检验方法： 使用微机型继电保护测试仪对稳控装置投停逻辑进行检验， 采用电气量进行投停判断逻辑

元件	测试电流	测试功率	检验标准	测试结果
线路一	小于定值 （电压异常）		停	
		小于定值 （电压正常）	停	
	大于定值 （电压异常）		投	
		大于定值 （电压正常）	投	
……				

二、 稳控装置启动逻辑检验

检验方法： 利用微机型继电保护测试仪交流测量功能模拟元件故障对稳控装置启动判断逻辑进行检验。 当稳控装置检测到电流突变量、 功率突变量超过整定值时， 应判断启动。 仅检测电流、 功率突变量启动

续表

元件	突变量	结论
线路一	ΔI	
	ΔP	
……		

三、稳控装置主站与子站通道对应性试验

检验方法：通过投退主站、子站通道 A 连接片，在稳控装置主机液晶上观测报文和告警灯状态，确认主站与子站通道对应

通道名	主站侧通道连接片	子站侧通道连接片	主站通道状态	子站通道状态	结论
通道 A 连接片	投	投	不告警	不告警	
	退	投	不告警	通道告警	
	投	退	通道告警	正常	
	退	退	不告警	不告警	

四、稳控装置子站负荷量上送试验

(1)稳控装置功率采集及上传正确性进行检验	检验方法：将通过微机型继电保护测试仪给稳控装置加入电压电流量，检查该执行站上传至上层站的功率信息是否正确，从而检验稳控装置能否正确采集并上传功率

子站上送负荷量（MW）	主站接收负荷量（MW）	结论
182.9		

(2)控制上送量清零检验	检验方法：投退子站总功能投入连接片 9FLP3、允许切整流变连接片 9FLP12；模拟装置闭锁

厂站	功能连接片	连接片状态	上送可切清零	结论
子站	总功能投入连接片 9FLP3	投	否	
		退	是	
	允许切整流变连接片 9FLP12	投	否	
		退	是	
	装置闭锁		是	

五、稳控装置切负荷逻辑检验

检验方法：检测稳控主站切负荷条件满足时，是否向控制策略确定的切负荷子站发切负荷命令，子站是否可以正确执行该命令

厂站	策略	结论
主站	主站切负荷量 180MW 切子站 需切量 1：180MW 实切量 1：182.9MW	

三、结束工作

表 5 - 17　　结束工作清单

序号	内容	确认
1	确认被试装置异常已恢复正常	
2	依据二次安全措施票的记录恢复保护连接片状态，恢复二次安全措施	
3	核对保护定值，恢复保护装置原始状态	
4	检查记录保护装置铭牌数据、试验结果等内容均正确无误	
5	再次检查试验现场有无遗留物，均正确无误后，向试验负责人汇报测试工作结束和测试结果、结论等	

任务评价

表 5 - 18　　稳控装置动作逻辑检验任务评价表

稳控装置动作逻辑检验任务评价表						
姓名		学号		扣分	得分	备注
序号	评分项目	评分内容及要求	评分标准			
1	预备工作（5 分）	（1）着装。 （2）工作场地准备。 （3）仪器仪表准备。 （4）工器具准备。 （5）材料资料准备	（1）未按照规定着装，每处扣 1 分。 （2）工作场地未主动布置，扣 1 分。 （3）仪器仪表选择错误，每次扣 1 分。 （4）工器具准备不充分，每件扣 1 分。 （5）材料资料未准备充分，每件扣 1 分			
2	安全措施实施（10 分）	（1）正确制订二次安全措施票。 （2）正确实施二次安全措施票。 （3）其他安全措施	（1）未正确制订二次安全措施票扣 1～3 分。 （2）未正确执行二次安全措施扣 1～3 分。 （3）其他不符合条件，酌情扣分			
3	稳控装置动作逻辑检验（65 分）	（1）线路的投停状态判断逻辑检验	（1）接线错误扣 5 分。 （2）操作步骤不正确扣 4 分。 （3）检验方法不合规范或不正确扣 4 分。 （4）仪表使用不当扣 4 分			

续表

序号	评分项目	评分内容及要求	评分标准	扣分	得分	备注
3	稳控装置动作逻辑检验（65分）	（2）稳控装置启动逻辑检验	（1）接线错误扣5分。 （2）操作步骤不正确扣4分。 （3）检验方法不合规范或不正确扣4分。 （4）仪表使用不当扣4分			
		（3）稳控装置主站与子站通道对应性试验				
		（4）稳控装置子站负荷量上送试验				
		（5）稳控装置切负荷逻辑检验				
4	试验报告（10分）	完整填写试验报告	（1）未填写试验报告，扣10分。 （2）未对试验结果进行判断，扣8分。 （3）试验报告填写不全，每处扣1分			
5	整理现场（5分）	恢复到初始状态	（1）未整理现场，扣5分。 （2）现场有遗漏，每处扣1分。 （3）离开现场前未检查，扣2分。 （4）其他情况，请酌情扣分			
6	综合素质（5分）	（1）遵守纪律、听从指导教师安排。 （2）态度端正、积极、认真。 （3）工作组织有序、小组协作良好。 （4）遵守电力安全规定及相关规程				
7	总分（100分）					
试验开始时间 试验结束时间		时　分 时　分		时间： 时　分		
教师						

学习与思考

1. 子站上送负荷量怎么计算？
2. 实际运行中主站的策略如何设置？

任务三　电力系统稳定控制装置的异常判断与处理

任务准备

一、工器具准备

表 5 - 19　　工器具清单

类别	序号	名称	数量	确认
仪器仪表	1	微机型继电保护测试仪	1 套	
	2	数字式万用表	1 块	
	3	试验用接线	2 套	
	4	多用电源插座（带漏电保护）	1 台	
	5	1000V 绝缘电阻表 1 块	1 块	
	6	光功率计	1 块	
	7	钳形电流表	1 块	
工器具	8	线手套	5 双	
	9	工具（尖嘴钳、斜口钳、十字螺丝刀、平口螺丝刀、过渡板、活动扳手等）	1 套	
	10	安全帽	10 个	
	11	绝缘胶带	1 卷	
	12	其他工具		

二、资料准备

表 5 - 20　　资料清单

类别	序号	名称	数量	确认
图纸	1	稳控装置屏原理图	1 本	
	2	稳控装置屏二次接线图	1 本	
说明书	3	PCS - 992 说明书	1 本	
	4	PCS - 992 调试大纲	1 本	
记录本	5	异常及事故处理记录本	1 本	
定值通知单	6	定值单	1 份	

三、人员准备

表 5 - 21　　人员准备清单

序号	内容	确认
1	小组成员穿着全棉长袖工作服，戴线手套	

续表

序号	内容	确认
2	小组成员精神状态无异常	
3	所有小组成员已明确本次工作的安全措施	
4	所有小组成员已明确本次工作的危险点及防范措施	
5	所有小组成员已明确本次工作内容	
6	所有小组成员已明确：每一项工作前需要指导教师检查确认无误	
7	已明确小组成员分工	

四、场地准备

表 5-22　　场地准备清单

序号	内容	确认
1	检查实训场地包含表 5-19 中所列工器具	
2	将 PCS-992 型稳定控制屏通过通信线和电缆与公用测控屏连接好，确保通信正常	
3	将公用测控屏通过通信线与后台机连接好，确保通信正常	
4	将 2 面 PCS-992 型稳定控制屏通过光纤连接好，确保通道正常	
5	将要检验的 PCS-992 型稳定控制屏通过对时线与对时系统连接好，确保对时正常	
6	用遮栏将要检验的 PCS-992 型稳定控制屏与其他设备隔开	
7	屏柜正面放置“在此工作”牌	
8	屏柜背面放置“在此工作”牌	
9	实训现场已配备合格、充足的安全工器具	
10	实训现场具备明显的应急疏散标识	

五、危险点分析和安全预控措施

表 5-23　　危险点分析和安全预控措施

序号	类别	危险点	安全预控措施	确认
1	误投退连接片	被检验装置的出口连接片没有退出，或试验过程中误投入	被检验装置的所有出口连接片均已退出并固定	
2		被检验装置与运行中的稳控系统在通信上未完全隔离，调试过程中所发出的信息或命令误送至运行中的稳控系统	被检验装置所有的通道连接片均已退出；相关所有的通道开关均已断开，或同轴电缆头、光纤均已拔出	

续表

序号	类别	危险点	安全预控措施	确认
3	误接线	现场安全技术措施及图纸有误，做安全技术措施时可能造成误跳运行设备	必须具备与现场设备一致的图纸。工作前须再次核对确认图纸与现场情况一致	
4		拆除二次回路接线时，易发生遗漏及误恢复事故；隔离不当造成电压互感器短路和电流互感器开路	（1）严格执行技术措施单，不跳项，漏项；严禁电流互感器开路；加入试验电压前，应先用万用表测量确无电压。 （2）拆、接二次线至少有两人执行，并做好记录。 （3）试验接线要经第二人复查后方可通电	
5		拆动二次接线（特别是端子外侧接线），有可能造成二次交、直流电压回路短路、接地，联跳回路误跳运行设备	拆动端子前应当先核对无误；接线解除开后当用绝缘胶布包好，并做好记录	
6		试验过程中对被检验装置施加试验量时，影响同一回路中串接的其他设备，特别是后级串接的电流回路	（1）涉及试验的电流回路在装置引入端均已可靠短接，端子连接片均已断开。 （2）涉及试验的电压回路均已将交流电压空气开关置于断开位置。 （3）必要时应退出相关设备	
7		装置跳闸出口功能检查时，使用万用表测量出口连接片正、负极的出口电压时，采用不正确的测量方法，造成装置误动作误切负荷或机组	采用负极对地或正极对地的测量方法，严禁采用正极对负极的测量方法	
8	误碰	误动运行设备	（1）工作前要先熟悉屏内运行设备相关或带电接线。 （2）工作前交流电压、直流电源及出口连接片、端子排用绝缘胶布封好。 （3）清尘时使用绝缘工具，不得使用带金属的清扫工具。 （4）进入内嵌式屏柜时，金属器具不得误碰屏内接线，拉合屏柜门时不能用力过大，以防造成厂家屏内配线松动或断裂	

续表

序号	类别	危险点	安全预控措施	确认
9	误整定	装置误整定定值	试验结束后，核对装置显示定值、打印定值单与最新定值单无误	
10	误操作	使用万用表挡位不正确	万用表应在正确的挡位	
11	走错间隔	误入其他带电运行间隔	（1）工作前与运行人员共同确定工作地点，核对设备双编号。 （2）工作负责人应向全体工作班成员进行工作范围的交底，专人监护。 （3）悬挂工作标示牌、放置隔离护栏等。 （4）相邻运行的设备需挂红布帘	

任务实施

一、执行二次安全措施票

表 5-24　　二次安全措施票

工作单位：		编号
被试设备名称：		
工作负责人：	工作时间：　年　月　日	审核人：
工作内容：		
安全措施：		

序号	执行	安全措施内容					恢复
		措施类型	盘名	本侧编号	端子号	备注	

续表

序号	执行	安全措施内容					恢复
		措施类型	盘名	本侧编号	端子号	备注	

执行人：　　　　监护人：　　　　恢复人：　　　　监护人：

二、 试验报告

表 5-25　　　　稳控装置的异常及事故处理报告

异常、故障现象记录	
排查内容	检查结果
异常、故障判断	
异常、故障处理方法	

三、结束工作

表 5-26　　结束工作清单

序号	内容	确认
1	确认被试装置异常已恢复正常	
2	依据二次安全措施票的记录恢复保护连接片状态，恢复二次安全措施	
3	核对保护定值，恢复保护装置原始状态	
4	检查记录保护装置铭牌数据、试验结果等内容均正确无误	
5	再次检查试验现场有无遗留物，均正确无误后，向试验负责人汇报测试工作结束和测试结果、结论等	

任务评价

表 5-27　　稳控装置异常及故障处理任务评价表

稳控装置异常及故障处理任务评价表						
姓名		学号		扣分	得分	备注
序号	评分项目	评分内容及要求	评分标准			
1	预备工作（5分）	（1）着装。 （2）工作场地准备。 （3）仪器仪表准备。 （4）工器具准备。 （5）材料资料准备	（1）未按照规定着装，每处扣1分。 （2）工作场地未主动布置，扣1分。 （3）仪器仪表选择错误，每次扣1分。 （4）工器具准备不充分，每件扣1分。 （5）材料资料未准备充分，每件扣1分			
2	安全措施实施（10分）	（1）正确制订二次安全措施票。 （2）正确实施二次安全措施票。 （3）其他安全措施	（1）未正确制订二次安全措施票扣1～3分。 （2）未正确执行二次安全措施扣1～3分。 （3）其他不符合条件，酌情扣分			
3	故障判断（30分）	通过故障现象判断出故障原因	（1）未判断出故障原因扣30分。 （2）故障判断不准确扣10分。 （3）其他不符合条件，酌情扣分			

续表

序号	评分项目	评分内容及要求	评分标准	扣分	得分	备注
4	故障处理 （35分）	（1）正确处理故障。 （2）正确使用仪器，完成处理	（1）处理方法错误，扣30分。 （2）操作不当，造成其他故障扣10分。 （3）仪器仪表使用不当，每处扣5分。 （4）其他不符合条件，酌情扣分			
5	试验报告 （10分）	完整填写试验报告	（1）未填写试验报告，扣10分。 （2）未对试验结果进行判断，扣8分。 （3）试验报告填写不全，每处扣1分			
6	整理现场 （5分）	恢复到初始状态	（1）未整理现场，扣5分。 （2）现场有遗漏，每处扣1分。 （3）离开现场前未检查，扣2分。 （4）其他情况，请酌情扣分			
7	综合素质 （5分）	（1）遵守纪律、听从指导教师安排。 （2）态度端正、积极、认真。 （3）工作组织有序、小组协作良好。 （4）遵守电力安全规定及相关规程				
8	总分 （100分）					
试验开始时间　　时　分 试验结束时间　　时　分				时间： 时　分		
教师						

学习与思考

1. 稳控装置出现异常后怎么快速定位？
2. 钳形电流表和光功率计使用时应注意哪些问题？